技工院校计算机类专业教材（中／高级技能层级）

U0861698

计算机组装与维护

（第三版）

主　编　郭　煜　陈小明
副主编　陈俊锦　熊赣金
主　审　柳丽彩

中国劳动社会保障出版社

简介

本书主要内容包括组装计算机、安装配置软件环境和维护计算机等。

本书由郭煜、陈小明担任主编，陈俊锦、熊赣金担任副主编，刘瑞韬、陈江、刘炳松、林晓仪、董曼参加编写；柳丽彩担任主审。

图书在版编目（CIP）数据

计算机组装与维护 / 郭煜，陈小明主编. -- 3 版. 北京：中国劳动社会保障出版社，2025. --（技工院校计算机类专业教材：中 / 高级技能层级）. -- ISBN 978-7-5167-6899-0

Ⅰ. TP30

中国国家版本馆 CIP 数据核字第 2025X3X187 号

中国劳动社会保障出版社出版发行

（北京市惠新东街 1 号　邮政编码：100029）

*

北京宏伟双华印刷有限公司印刷装订　　新华书店经销

787 毫米 ×1092 毫米　16 开本　17.25 印张　340 千字

2025 年 3 月第 3 版　　2025 年 3 月第 1 次印刷

定价：45.00 元

营销中心电话：400-606-6496

出版社网址：https://www.class.com.cn

https://jg.class.com.cn

前 言

为了更好地满足技工院校计算机类专业的教学要求，适应计算机行业的发展现状，全面提升教学质量，我们组织全国有关学校的一线教师和行业、企业专家，在充分调研企业用人需求和学校教学情况、吸收借鉴各地技工院校教学改革的成功经验的基础上，根据人力资源社会保障部颁布的《全国技工院校专业目录》及相关教学文件，对技工院校计算机类专业教材进行了修订和新编。

本次修订（新编）的教材涉及计算机类专业通用基础模块及办公软件、多媒体应用软件、辅助设计软件、计算机应用维修、网络应用、程序设计、操作指导等多个专业模块。

本次修订（新编）工作的重点主要有以下几个方面。

突出技工教育特色

坚持以能力为本位，突出技工教育特色。根据计算机类专业毕业生就业岗位的实际需要和行业发展趋势，合理确定学生应具备的能力和知识结构，对教材内容及其深度、难度进行了调整。同时，进一步突出实际应用能力的培养，以满足社会对技能型人才的需求。

针对计算机软、硬件更新迅速的特点，在教学内容选取上，既注重体现新软件、新知识，又兼顾技工院校教学实际条件。在教学内容组织上，不仅局限于某一计算机软件版本或硬件产品的具体功能，而是更注重学生应用能力的拓展，使学生能够触类旁通，提升综合能力，为后续专业课程的学习和未来工作中解决实际问题打下良好的基础。

创新教材内容形式

在编写模式上，根据技工院校学生认知规律，以完成具体工作任务为主线组织教材内容，将理论知识的讲解与工作任务载体有机结合，激发学生的学习兴趣，提高学生的实践能力。

在表现形式上，通过丰富的操作步骤图片和软件截图详尽地指导学生了解软件功能并完成工作任务，使教材内容更加直观、形象。结合计算机类专业教材的特点，多数教材采用四色印刷，图文并茂，增强了教材内容的表现效果，提高了教材的可读性。

本次修订（新编）工作还针对大部分教材创新开发了配套的实训题集，在教材所学内容基础上提供了丰富的实训练习题目和素材，供学生巩固练习使用，既节省了教材篇幅，又能帮助学生进一步提高所学知识与技能的实际应用能力。

提供丰富教学资源

在教学服务方面，为方便教师教学和学生学习，配套提供了制作素材、电子课件、教案示例等教学资源，可通过技工教育网（https://jg.class.com.cn）下载使用。除此之外，在部分教材中还借助二维码技术，针对教材中的重点、难点内容，开发制作了操作演示微视频，可使用移动设备扫描书中二维码在线观看。

致谢

本次修订（新编）工作得到了河北、山西、黑龙江、江苏、山东、河南、湖北、湖南、广东、重庆等省（直辖市）人力资源社会保障厅（局）及有关学校的大力支持，在此我们表示诚挚的谢意。

编者

2024年4月

目 录

CONTENTS

项目一
组装计算机

任务 1　认识计算机的硬件组成

学习目标

1. 能描述计算机主要组成硬件的功能和计算机的基本工作原理。
2. 能利用网络查询计算机硬件的主要信息。
3. 能正确识别计算机的主要硬件。

环境准备

机箱、电源、CPU、主板、内存、显卡、硬盘、声卡、网卡、鼠标、键盘、显示器等。

问题引入

通过互联网检索或查阅相关资料，结合生活经验和常识，进行小组讨论，回答以下问题，初步了解计算机硬件的相关知识。

1. 查阅计算机的类型资料。给图 1-1-1 所示各类计算机进行分类，将正确的选项填入相应的空中。

________是台式计算机，________是便携式计算机，________是平板计算机，

________是服务器，________是大型计算机。

A

B

C

D

E

图 1-1-1　各类计算机

2. 写出表 1-1-1 中所列标志对应的计算机品牌名称，并结合查询到的信息，列举该品牌的特色，如其产品的主要特点、市场地位等。

表 1-1-1　常见计算机品牌的名称、标志及特色

计算机品牌标志	品牌名称与特色	计算机品牌标志	品牌名称与特色
lenovo		acer	
Hasee		ASUS	
DELL		HUAWEI	
hp			

3. 写出图 1-1-2 所示计算机各主要组成部分的名称。

图 1-1-2　计算机的主要组成部分

相关知识

一、计算机的基础知识

计算机是一种能够按照事先存储的程序，自动、高速地进行大量数值计算和各种信息处理的现代化智能电子设备，一台完整的计算机由硬件系统和软件系统组成，如图 1-1-3 所示。

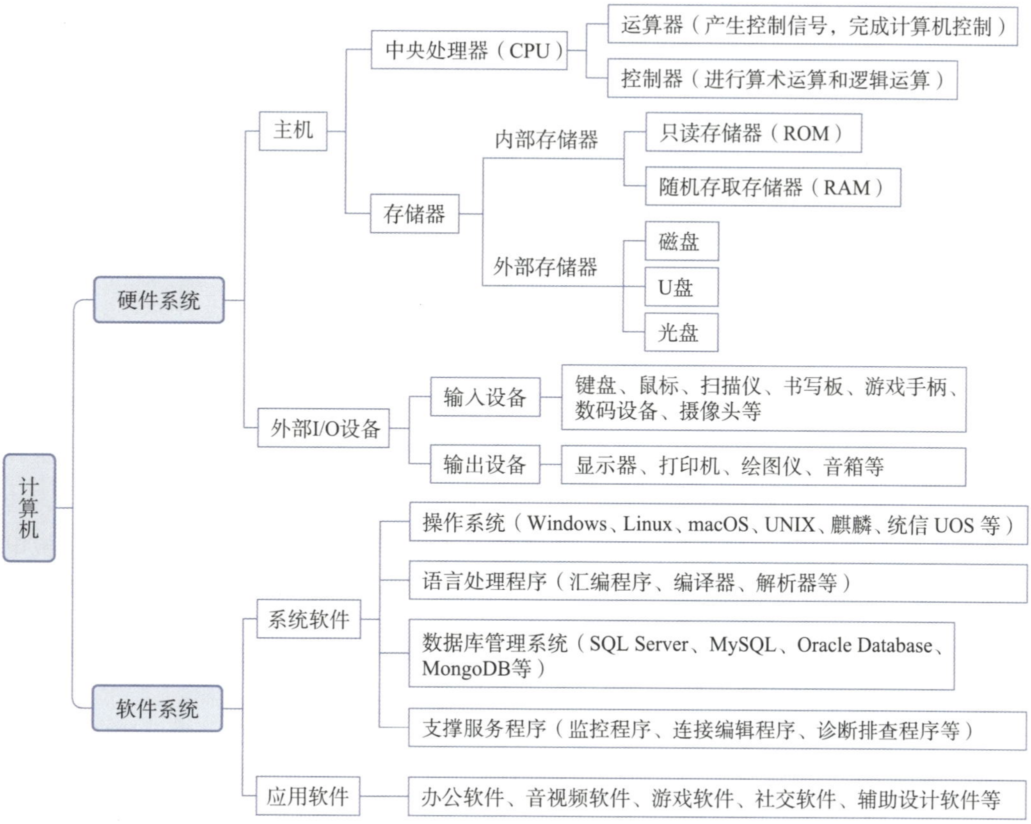

图 1-1-3　计算机的组成

计算机基本工作原理的核心可以概括为存储程序和程序控制，即预先把指挥计算机如何进行操作的指令序列（称为程序）和原始数据通过输入设备输送到计算机内部存储器中，每一条指令明确规定了计算机从哪个地址读取数据、进行什么操作、送到什么地址去等步骤，如图 1–1–4 所示。

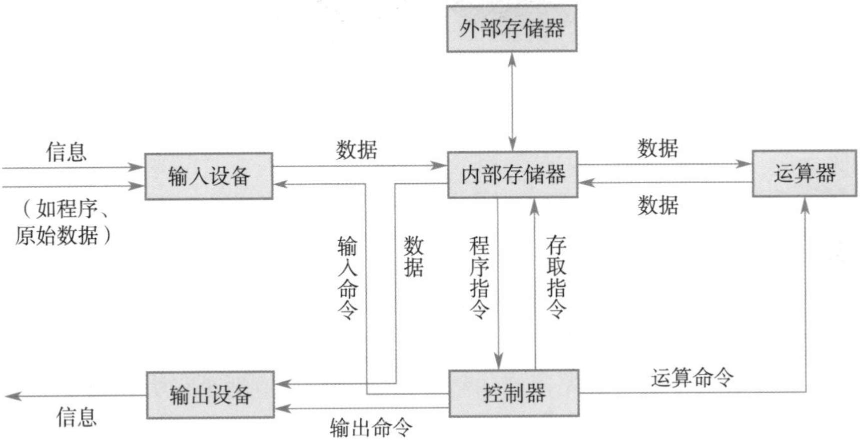

图 1-1-4　计算机的基本工作原理

二、计算机的种类

根据不同的使用要求和功能要求，计算机可分为台式计算机、便携式计算机、平板计算机、服务器、大型计算机等。

台式计算机，通常被称为台式机或台式电脑，是一种独立且通常放置在固定位置（如电脑桌或专门的工作台上）的微型计算机。台式计算机的特点包括较大的体积、相对独立的组件（如主机、显示器等），以及较强的性能和较好的散热性。近年来还出现了将主机部分与显示器部分整合到一起的新形态台式计算机，称为一体式计算机，简称一体机。一体机因其内部硬件高度集成、占用空间小、连线少且美观大方的优点，在家庭、办公等多种场景得到了越来越广泛的应用。

便携式计算机通常又称为笔记本电脑，其特点是机身小巧，比台式计算机携带方便，是一种小型、便于携带的个人计算机。

平板计算机也是一种小型、方便携带的个人计算机，更常见的称呼是“平板电脑”，其特征是主要以触摸屏作为基本的输入设备。它可以通过触控笔或数字手写笔来进行作业而不是通过传统的键盘或鼠标，也可以通过内置的手写识别、屏幕上的软键盘、语音识别等方式实现输入。

在日常生活和实际产品销售等场合中，台式机、笔记本电脑和平板电脑等名称实际上应用更为广泛，人们也更为熟悉，为便于理解和贴近生活实际，本书中将主要以台式机、笔记本电脑和平板电脑等名称称呼以上三类计算机。

服务器比普通计算机运行更快、负载更高、价格更贵，通常在网络中提供计算或者应用服务。服务器具有高速的运算能力、长时间的可靠运行能力、强大的外部数据吞吐能力，以及更好的扩展性。

大型计算机一般用于科学研究等大型事务处理系统，是用来处理大容量数据的机器。

平板电脑的设计理念主要源自智能手机，其硬件组成、装配方式、操作使用等都和传统的计算机有较大差别，服务器、大型计算机等的应用领域专业性较强，本书内容主要涉及较为常用的台式机和笔记本电脑。

三、计算机硬件的基本功能

一台可正常运行的计算机是由一系列硬件根据一定的规律组合而成的，如图 1-1-5 所示。下面简要介绍计算机各关键硬件的基本知识。

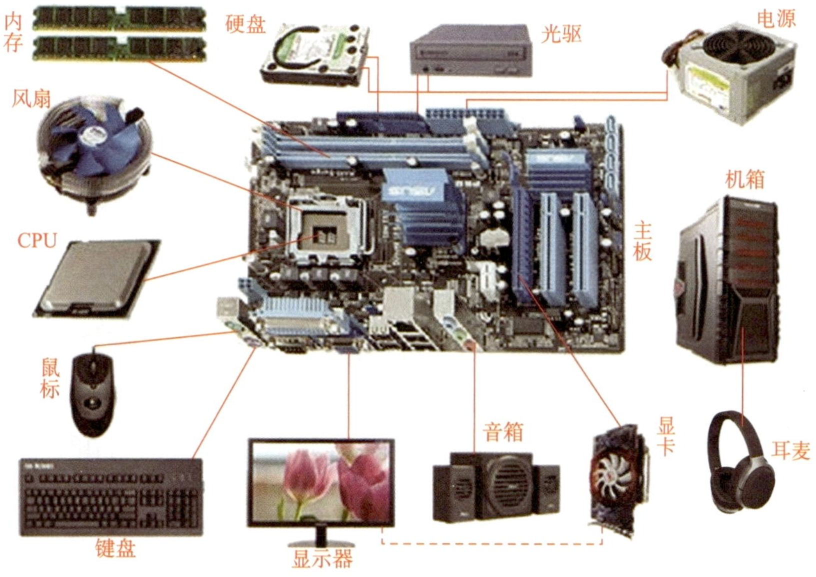

图 1-1-5　组成计算机的主要硬件

1. 中央处理器（central processing unit，CPU）

CPU 是一块超大规模的集成电路，是一台计算机的运算核心和控制核心。它的功能主要是解释计算机指令及处理计算机软件中的数据。CPU 主要包括控制器（控制单元，control unit，CU）、运算器（算术逻辑运算单元，arithmetic logic unit，ALU）、寄存器（registers）和高速缓冲存储器（cache）及实现它们之间联系和数据交换的总线（bus）。它与内部存储器和硬盘合称为电子计算机的三大核心硬件。

2. 主板

主板又称主机板（main board）、系统板（system board）或母板（mother board），一般为矩形电路板，上面安装了组成计算机的主要电路系统，是计算机最基本的也是最重要的硬件之一。CPU、内存、显卡、声卡等都是通过插槽直接安装在主板上，而硬盘、光驱等硬件需要通过数据线和主板连接。

3. 内部存储器

内部存储器又称主存储器，简称内存或主存，用于暂时存放 CPU 中的运算数据，以及与硬盘等外部存储器交换的数据。一般见到的内存是条状的，也称内存条，需要插在主板上的内存插槽中才能工作。内存是计算机的重要组成硬件之一，它是其他各种硬件设备与 CPU 进行沟通的桥梁。计算机中所有程序的运行都是在内存中进行的，因此内存的性能对计算机的影响非常大。只要计算机在运行中，CPU 就会把需要运算的数据调到内存中进行运算，当运算完成后 CPU 再将结果传送出来，内存的运行状态也决定了计算机的运行状态。

4. 显卡

显卡的全称为显示接口卡，又称显示适配器，在科学计算中，显卡被称为显示加速卡，是计算机最基本的硬件之一。显卡承担输出显示图形的任务。显卡接在计算机的主板上，它将计算机信号输出到显示器上显示出来，同时显卡还具有图形处理能力，可协助 CPU 工作，提高计算机的整体运行速度。

5. 硬盘

硬盘是计算机主要的存储媒介之一，是计算机系统的数据存储器。硬盘有传统的机械硬盘（HDD）和近年来流行的固态硬盘（SSD）等。机械硬盘采用磁性碟片存储数据，固态硬盘采用闪存颗粒存储数据。M.2 接口是固态硬盘主流接口中的一种，采用该接口的产品体积更小巧，是目前被中高端台式机、笔记本电脑广泛采用的固态硬盘接口种类。

6. 显示器

显示器通常也被称为监视器，属于计算机的 I/O 设备，即输入 / 输出设备。它是一种将电子文件通过特定方式显示到屏幕上的设备。根据制造材料的不同，显示器可分为阴极射线管显示器（CRT）、等离子显示器（PDP）、液晶显示器（LCD）、有机发光二极管显示器（OLED）等，后两者是现在市场上的主流显示器类型。

7. 键盘

键盘是一种用于操作计算机运行的指令和数据输入设备。通过键盘可以将英文字母、数字、标点符号等输入到计算机中，从而向计算机发出命令、输入数据等。

8. 鼠标

鼠标是计算机的一种输入设备，通过移动和单击、双击等操作控制光标位置和进行命令选择，因其形似老鼠而得名，分有线和无线两种。与使用键盘输入指令相比，使用鼠标可以使操作更加简便快捷。

9. 光驱

光盘是一种装载数据信息的载体。光驱，全称为光盘驱动器，是计算机用来读写光盘内容的设备。光驱可分为 CD-ROM 光驱、DVD 光驱（DVD-ROM）、多功能光驱（COMBO）、蓝光光驱（BD-ROM）和刻录机等。

10. 声卡

声卡也称音频卡，它是实现声波和数字信号相互转换的一种硬件，主要分为集成声卡和独立声卡两种。

11. 机箱

机箱是承载硬件的载体，它主要用于放置和固定各计算机硬件，起到承托和保护作用。此外，机箱还具有屏蔽电磁辐射的重要作用。

任务实施

任务场景　学校在整理机房时清理出一批计算机硬件，这批硬件没有分类，现需进行辨识、分类、简要说明功能作用等工作。

1. 识别计算机硬件，并上网搜索相关资料，完成表 1-1-2 中的内容。

表 1-1-2　计算机硬件及其功能

计算机硬件外形图示	名称	功能

续表

计算机硬件外形图示	名称	功能

2. 根据“相关知识”中所述内容，区分输入设备和输出设备，以及内部存储器与外部存储器，对照图 1-1-6，将正确的选项填入下列空格中。

__________是内部存储器，__________是外部存储器，__________是输入设备，__________是输出设备，__________既是输入设备又是输出设备。

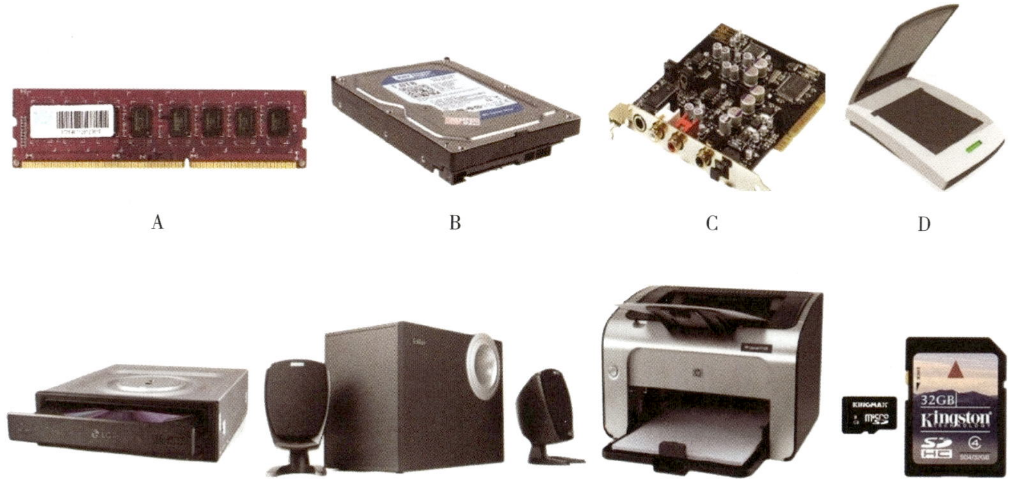

A　B　C　D　E　F　G　H

图 1-1-6　输入、输出设备和内部、外部存储器

考核评价

按照表 1-1-3 中所列的评价项目和评价标准，以自我评价、小组评价和教师评价相结合的方式，对本任务的完成情况进行考核评价。

表 1-1-3　考核评价表

评价项目	评价标准	评价方式及权重			得分
		自我评价	小组评价	教师评价	
		20%	30%	50%	
职业素养	1. 遵守课堂纪律和机房管理制度 2. 学习主观能动性，动手能力 3. 团队协作能力				
专业能力	1. 能识别计算机各个硬件并简述其作用 2. 能简述计算机的基本工作原理				
总分（职业素养得分 ×30% ＋专业能力得分 ×70%）					
教师签字		日期			

任务 2　制定计算机的配置清单

学习目标

1. 能合理选购计算机硬件。
2. 能正确叙述计算机硬件的主要性能参数。
3. 能正确识别各类硬件及其相关接口。
4. 能撰写具备可操作性的计算机配置方案。
5. 能明确笔记本电脑的分类并根据需要进行选购。

环境准备

机箱、电源、CPU、主板、内存、显卡、硬盘、声卡、网卡、鼠标、键盘、显示器、十字旋具、一字旋具等。

问题引入

通过互联网检索或查阅相关资料，进行小组讨论，回答以下问题，初步了解计算机配置的相关知识。

1. 将图 1–2–1 所示主板上各个接口的名称，以及其上能够连接的设备名称填写在表 1–2–1 中。

图 1–2–1　某主板上的接口

表 1-2-1　主板上的接口信息

接口	接口名称	可连接的设备	接口	接口名称	可连接的设备

2. 写出图 1-2-2 所示主板上各个接口或硬件的名称。

图 1-2-2　主板接口及硬件

3. 选择一块价格在 600 ~ 1 000 元的主板，并在表 1-2-2 中记录该主板的主要参数。

表 1-2-2　主板的主要参数

名称	主要参数
品牌及型号	
CPU 插槽	
支持的 CPU 类型	
内存插槽数量	
支持的内存类型	
芯片组或北桥芯片	
硬盘接口及数量	
板载网卡	
电源接口	

4. 选择一块价格在 800 ~ 1 500 元的 CPU，并在表 1-2-3 中记录该 CPU 的主要参数。

表 1-2-3　CPU 的主要参数

名称	主要参数
品牌及型号	
核心数量	
接口类型	
主频	
线程数	
字长	
高速缓存	
生产工艺	

5. 选择一块价格在 200 ~ 400 元的内存，并在表 1-2-4 中记录该内存的主要参数。

表 1-2-4 内存的主要参数

名称	主要参数
品牌及型号	
接口类型	
主频	
容量	
针脚数目	
工作电压	
延迟（CL）	

6. 选择一块价格在 500 ~ 900 元的显卡，并在表 1-2-5 中记录该显卡的主要参数。

表 1-2-5 显卡的主要参数

名称	主要参数
品牌及型号	
接口类型	
芯片型号	
容量	
显存位宽	
核心频率	
输出接口	
最大分辨率	
电源接口	
生产工艺	

7. 选择一块价格在 300 ~ 600 元的硬盘，并在表 1-2-6 中记录该硬盘的主要参数。

表 1-2-6 硬盘的主要参数

名称	主要参数
品牌及型号	
盘体尺寸	
容量	
单碟容量	

续表

名称	主要参数
接口类型	
转速	
缓存容量	
传输标准	

8. 选择一台价格在 200 ~ 400 元的电源，并在表 1-2-7 中记录该电源的主要参数。

表 1-2-7　电源的主要参数

名称	主要参数
品牌及型号	
电源标准	
额定功率	
最大功率	
适用 CPU 范围	
主板电源接口	
CPU 供电接口	
硬盘供电接口	
显卡电源接口	

9. 选择一块价格在 200 ~ 400 元的机箱，并在表 1-2-8 中记录该机箱的主要参数。

表 1-2-8　机箱的主要参数

名称	主要参数
品牌及型号	
机箱样式	
兼容主板	
机箱仓位	
扩展插槽	
前置接口	
散热设计特色	

10. 选择一台价格在 1 000 ~ 2 000 元的显示器，并在表 1-2-9 中记录该显示器的主要参数。

表 1-2-9　显示器的主要参数

名称	主要参数
品牌及型号	
尺寸	
屏幕比例	
接口类型	
面板类型	
点距	
亮度	
动态对比度	
分辨率	
黑白响应时间	
色彩深度	
可视角度（水平 / 垂直）	

相关知识

一、计算机的外部接口

无论是台式机还是笔记本电脑，都有外部接口和内部接口。外部接口是指计算机连接外部设备的接口；内部接口是指用于连接计算机系统及硬件的接口。本书重点介绍外部接口。

外部接口主要用于连接键盘、鼠标、音箱、麦克风、显示器、电源、打印机和其他外部设备。常见的外部接口有 USB 接口、PS/2 接口、音频接口、RJ45 接口、VGA 接口、HDMI 接口和 DP 接口等。

1. USB 接口

通用串行总线（universal serial bus，USB）是一种串口总线标准，也是一种输入输出接口的技术规范，被广泛地应用于计算机和移动设备等产品，并扩展至摄影器材、数字电视（机顶盒）、游戏机等其他领域。根据外形的不同，USB 接口又分为多种类型，包括 Type-A、Type-B 和 Type-C，如图 1-2-3 所示。

a）　　　　b）　　　　c）

图 1-2-3　USB 接口类型

a）Type-A 接口　b）Type-B 接口　c）Type-C 接口

计算机中最为常见的是 Type-A 接口，目前常见的主要有 USB 2.0 和 USB 3.2 两类。USB 2.0 接口传输速度较慢，最高为 480 Mb/s，USB 3.2 接口（包括 USB 3.2 Gen 1、USB 3.2 Gen 2、USB 3.2 Gen 2×2 三代）传输速度更快，可达 5 Gb/s 以上。计算机上同时有两类接口时，一般可将 USB 2.0 接口用于鼠标、键盘等外设的连接，将 USB 3.2 接口用于移动硬盘、U 盘等设备传输数据。在实际产品中，为了便于区分，常将 USB 3.2 接口设计成蓝色。

Type-B 接口常见于移动硬盘、打印机等设备中。

近年来，在智能手机的带动下，更为小巧、便捷的 Type-C 接口应用越来越广泛。和 Type-A 接口相比，Type-C 接口不再区分正反面，使用更为方便。并且，Type-C 接口还具备支持快速充电、支持更高传输速度（USB 4.0 采用 Type-C 接口，速度可达 20 Gb/s 以上）、可与智能手机和平板电脑等设备通用等优势。

2. PS/2 接口

PS/2 接口是一种相对较老的个人计算机输入接口，其形状为 6 针的圆形接口，不支持热插拔技术，一般用来连接键盘及鼠标。一般情况下，符合 PC99 规范的主板，对应的鼠标接口为绿色，键盘接口为紫色，黑色或绿紫相间的接口表示可以同时兼容鼠标和键盘。虽然该接口在主流商用领域已逐渐被 USB 接口所取代，但工业机床、军事装备等计算机应用寿命周期较长的场景中仍在使用。

3. 音频接口

音频接口可将计算机、录像机等的音频信号输入进来，通过自带的扬声器播放，并且可以接入任何支持的音频设备。

4. RJ45 接口

RJ45 接口是布线系统中信息插座（即通信引出端）连接器使用的接口，连接器由插头（接头、水晶头）和插座（模块）组成，插头有 8 个凹槽和 8 个触点。

5. VGA 接口

VGA 是 IBM 于 1987 年提出的一个使用模拟信号的计算机显示标准。VGA 接口即计算机采用 VGA 标准输出数据的专用接口。VGA 接口共有 15 针，分成 3 排，每排 5 个孔，显卡一般均带有此种接口。它传输红、绿、蓝模拟信号，以及同步信号。

6. HDMI 接口

HDMI 接口是一种全数字化视频和声音发送接口，可以同时发送音频和视频信号。它可用于机顶盒、DVD 播放机、个人计算机、电视机、游戏主机、综合扩大机、数字音响与电视机等设备，是目前应用较为广泛的接口类型。

7. DP 接口

DP 接口是由个人计算机及芯片制造商联盟开发，视频电子标准协会（VESA）标准化的数字式视频接口标准。该接口免认证、免授权费，主要用于视频源与显示器等设备的连接，也支持携带音频、USB 和其他形式的数据。此接口的设计是为取代传统的 VGA、DVI 和 FPD-Link（LVDS）接口。通过主动或被动适配器，DP 接口可与传统接口（如 HDMI 和 DVI）兼容。

二、计算机硬件的主要参数

1. CPU

CPU 是计算机中负责读取指令，对指令译码并执行指令的核心硬件。CPU 的功能主要为处理指令、执行操作、控制时间、处理数据。目前世界上主要的个人计算机 CPU 生产厂商是英特尔（Intel）和超威半导体（AMD）两家公司。国产 CPU 发展目前也呈现快速崛起的态势，龙芯、兆芯、飞腾等多家厂商的产品在个人消费市场实现了商用化，性能不断提升，市场份额逐步扩大，但与国际巨头相比仍有一定差距。不同厂商生产的 CPU 各有特点，其共同的主要参数有以下几个。

（1）字长

字长是指 CPU 一次能够处理的二进制位数。CPU 的字长主要根据运算器和寄存器的位数确定。例如，一个 CPU 有 32 位的寄存器，并且一次处理 32 个二进制位数，那么就称这个 CPU 的字长为 32 位，并且把这个 CPU 称为“32 位 CPU”。字长的大小直接反映计算机的数据处理能力，字长的值越大，一次可处理的数据二进制位数越多，计算机的运算能力就越强。目前流行的 CPU 字长主要为 X86 架构的 64 位拓展，并向后兼容 16 位及 32 位，如图 1-2-4 所示。

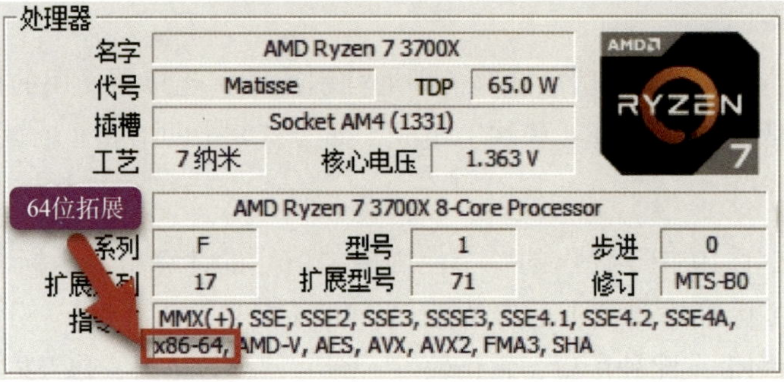

图 1-2-4　CPU 字长

（2）主频

CPU 的主频是指 CPU 的时钟频率（clock rate），它是决定 CPU 执行指令速度的计时器，通常用 MHz（兆赫）和 GHz（吉赫）来度量。1 MHz 相当于 1 s 内有 100 万个时钟周期，1 GHz 相当于 1 s 内有 10 亿个时钟周期，某计算机的 CPU 主频如图 1-2-5 所示。

图 1-2-5　CPU 主频

（3）时钟周期

时钟周期是 CPU 最小的时间单位，CPU 执行每个任务的速度都以时钟周期来度量。时钟周期并不等于 CPU 在 1 s 内执行的指令数目。在很多计算机中，有一些指令就只占用一个时钟周期，而有一些指令则需要多个时钟周期才能执行完成，也有在单一的时钟周期内执行几个指令的情况。例如，3.6 GHz 表示 CPU 在 1 s 内运行 36 亿个时钟周期。在其他因素相同的情况下，使用 3.6 GHz CPU 的计算机要比使用 1.5 GHz 或 933 MHz CPU 的计算机快得多。

（4）高速缓存

高速缓存又被称为高速缓冲存储器，是一个专用的高速存储器，主要用于暂时存储 CPU 运算时的部分指令和数据，CPU 访问它的速度要比访问内存的速度快得多。在计算机的工作过程中，CPU 的运行速度要远远高于内存的存取速度，高速缓存的主要作用是解决 CPU 运行速度与内存存取速度不匹配的问题。高速缓存可以用高速的静态存储器芯片实现，或者集成到 CPU 芯片内部。高速缓存分为多级，如一级高速缓存（Level 1，L1）、二级高速缓存（Level 2，L2）、三级高速缓存（Level 3，L3）。高速缓存的容量单位一般为 KB、MB，某计算机的 CPU 高速缓存参数如图 1-2-6 所示。

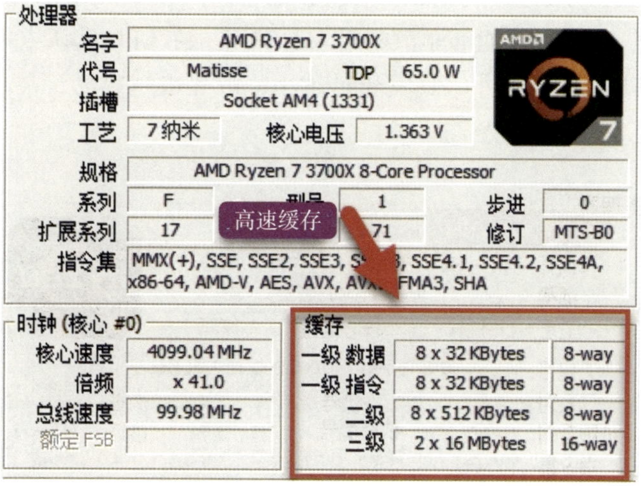

图 1-2-6　CPU 高速缓存参数

（5）接口类型

CPU 需要通过接口与主板连接才能进行工作。CPU 经过多年的发展，可采用的接口方式有引脚式、卡式、触点式、针脚式等。CPU 的接口类型不同，其上对应的插孔数、体积、形状也有所不同，所以不能互相接插。目前 CPU 常用的接口有 LGA1151、LGA2066、LGA1200、AMD AM4、AMD TR4、AMD sTRX4 等。某计算机的 CPU 接口类型如图 1-2-7 所示。

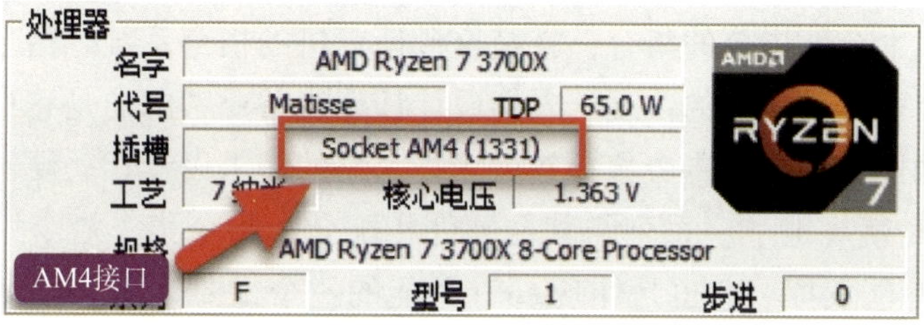

图 1-2-7　CPU 接口类型

（6）TDP

TDP 的英文全称是“thermal design power”，中文直译为“散热设计功耗”。TDP 主要是被提供给计算机系统厂商、散热片 / 风扇厂商，以及机箱厂商等进行系统设计时使用的，不同的制造商可能对 TDP 有着不同的定义，如 Intel 和 AMD 对 TDP 的定义就并不完全相同。

需要区分的是，TDP 虽然使用 W 作为单位，但 TDP 并不代表 CPU 功耗。CPU 功耗很大程度上是对主板提出的要求，要求主板能够提供相应的电压和电流；而 TDP 是对散热系统提出的要求，要求散热系统能够把芯片发出的热量散掉，也就是说 TDP 是要求芯片的散热系统必须能够驱散的最大总热量。在 CPU 默认主频相同的情况下，TDP 越小越好，TDP 越小说明 CPU 发热量越小，散热也越容易，某 CPU 的 TDP 参数如图 1-2-8 所示。

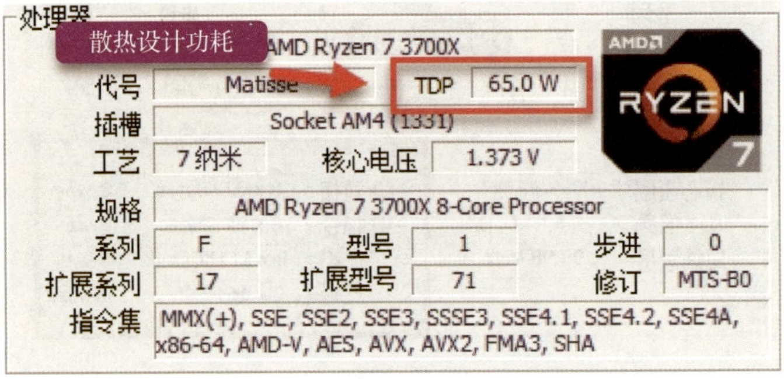

图 1-2-8　CPU 的 TDP 参数

但在 CPU 厂商引入睿频技术后，在高负载的运行情况下，CPU 能通过睿频技术将性能在一定时间内强行提升以获得更佳的性能，但也同时伴随着 CPU 功耗和发热量的提升，所以 TDP 只能作为用户选购 CPU 风扇时的一个基本依据。

（7）指令集

在计算机中，指示计算机硬件执行某种运算、处理功能的命令称为指令。指令是计算机运行的最小的功能单位，而硬件的作用是完成每条指令规定的功能。

一台计算机上全部指令的集合，就是这台计算机的指令系统。指令系统也称指令集，是这台计算机全部功能的体现。人们设计计算机首要考虑的是它拥有的功能，也就是首先要按功能档次设计指令集，然后按指令集的需求设计相关硬件。每一种新型的 CPU 在设计时就规定了一系列与其他硬件相配合的指令集。指令集先进与否，也关系到 CPU 的性能发挥，它也是体现 CPU 性能的一个重要标志。某 CPU 的指令集如图 1-2-9 所示。

2. 主板

主板又称主机板（mainboard）、系统板（systemboard）或母板（motherboard），是计算机最基本的也是最重要的硬件之一。主板一般为矩形电路板，上面安装了组成计算机的主要电路系统，主要包括它支持的 CPU 规格、内存规格、PCI/PCI-E 设备规格、扩展插槽种类、系统监控功能及其 BIOS 的功能等。主板的参数主要有以下几个方面。

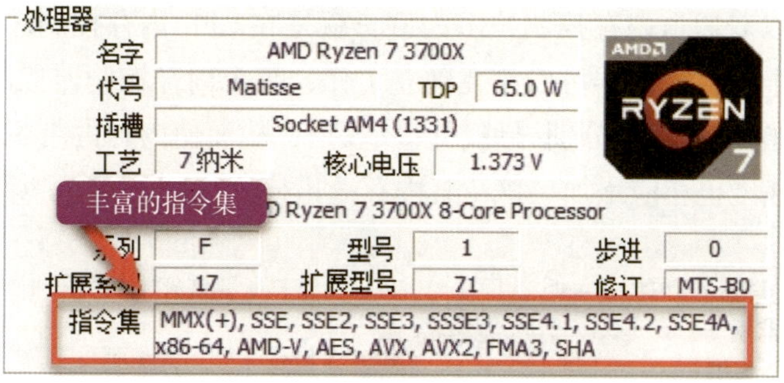

图 1-2-9　CPU 的指令集

（1）芯片组

芯片组是主板的灵魂，它决定了主板前端总线频率、CPU 的类型、内存的规格和最大容量，以及扩展插槽的种类和数量等。目前主流的芯片组生产厂商主要有 Intel、AMD。其中 Intel 的芯片组只应用于 Intel 的 CPU，AMD 的芯片组只应用于 AMD 的 CPU。某 CPU 的芯片组类型及参数如图 1-2-10 所示。

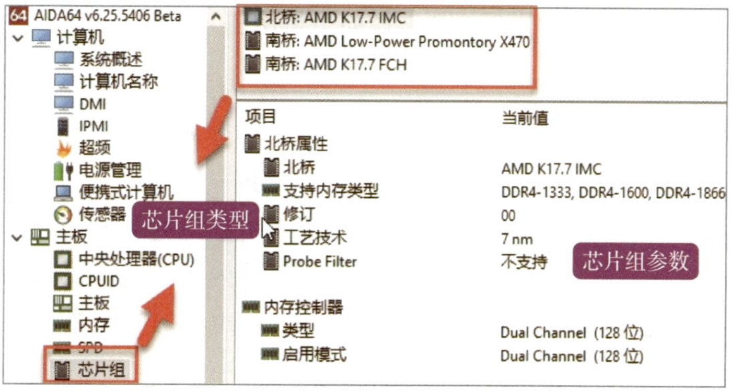

图 1-2-10　CPU 的芯片组类型及参数

（2）对 CPU 的支持

主板对 CPU 的支持主要体现在其所支持的 CPU 类型及总线频率上。在进行硬件选购时，CPU 性能对整机性能的影响较大，因此一定要选择与之相适应的主板。所选主板的 CPU 插槽接口规格必须兼容所选 CPU 的接口规格。在相同品牌、相同 CPU 架构的前提下，主板前端总线频率越高性能越强。

（3）对内存的支持

主板对内存的规格支持，主要体现在其支持的内存种类、内存最大容量、内存插槽数量等参数上。

目前的主板大多数都支持多通道内存控制技术，主流主板主要支持双通道内存控制技术，部分高端主板甚至支持三通道、四通道、六通道内存控制技术。所谓多通道内存控制技术，以双通道内存控制技术为例，就是在 CPU 内存控制芯片里设计两个内存控制器。这两个内存控制器可以相互独立工作，每个内存控制器控制一个内存通道。在这两个内存通道中 CPU 可分别寻址、读取数据，从而使内存的带宽增加一倍，理论上，数据的存取速度也相应增加一倍。某内存通道模式如图 1–2–11 所示。

图 1-2-11　内存通道模式

支持多通道内存控制技术的主板，通常会使用多种颜色的内存插槽，以供用户进行快速区分。主板厂家会根据不同的芯片组及针对不同的市场定位配置对应的多通道内存控制技术，具体的支持参数可查阅主板官方网站的支持列表。在购买多条内存组建多内存通道时，应尽量实现容量一致、频率一致、品牌一致，以确保兼容性和稳定性。在选择具体的内存安装位置时，务必遵循主板使用手册上的说明进行配置。

3. 内部存储器

内部存储器，即内存，直接与 CPU 相连接，存储容量较小，但速度快，用来存放当前运行程序的指令和数据，并直接与 CPU 交换信息。内存由许多存储单元组成，每个单元能存放一个二进制数或一条由二进制编码表示的指令。内存由随机存储器、只读存储器和高速缓存三部分构成。主流家用计算机的内存类型主要是随机存取存储器（RAM），现在市场上常见的类型有 DDR5 SDRAM、DDR4 SDRAM 等。内部存储器的主要性能指标包括以下几个方面。

（1）内存主频

内存主频和 CPU 主频一样，习惯上被用来表示内存的速度，它代表着该内存所能达到的最高工作频率。内存主频是以 MHz（兆赫）为单位来度量的，如图 1–2–12 所示。内存主频越高在一定程度上代表着内存所能达到的速度越快。内存主频决定着该内存最高能在什么样的频率正常工作。

（2）CL

CL 是衡量内存性能的另一项指标。它是 CAS latency 的缩写，指的是内存存取数据所需的延迟时间，简单地说，就是内存接到 CPU 指令后的反应速度。CL 一般的参数值包括 2 和 3 两种。在相同容量、相同规格、相同内存主频的情况下，CL 越低，内存执行效率越高。通常情况下，用 4 个连着的阿拉伯数字来表示一个内存延迟，例如 16–18–18–38。其中，第一个数字最为重要，它就是 CL，如图 1–2–13 所示。

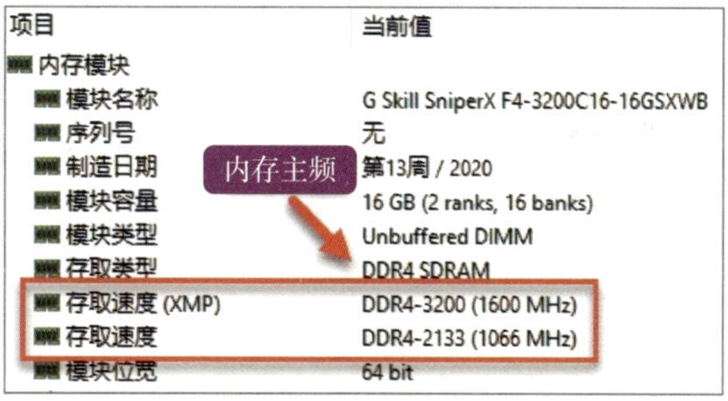

图 1-2-12　内存主频

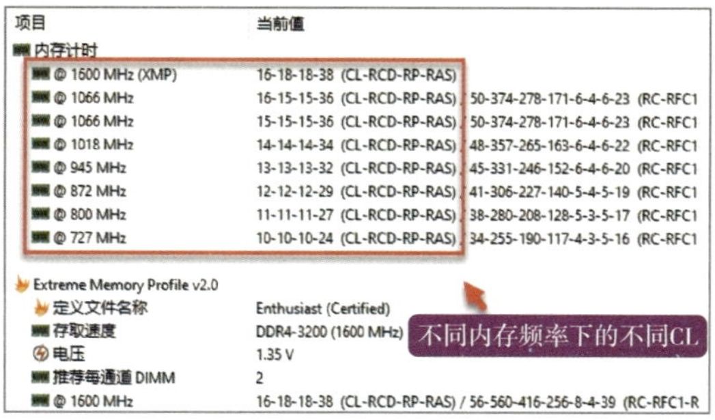

图 1-2-13　内存 CL

4. 显卡

显卡是个人计算机基础的组成部分之一，它将计算机系统需要显示的信息进行处理和转换，并向显示器提供逐行或隔行扫描信号，控制显示器的正确显示，是连接显示器和个人计算机主板的重要硬件，是“人机交互”的重要设备之一。显卡的主要性能指标包括以下几个方面。

（1）显卡核心频率

显卡核心频率也可称为 GPU 频率，是指显示显卡核心的工作频率，与 CPU 主频有相似之处。在相同架构及其他规格参数相近的情况下，显卡核心频率能在一定程度上反映显卡的性能。某显卡核心频率如图 1–2–14 所示。

（2）显存

显存的全称为显示帧缓存，其功能和计算机里的内存基本相同，主要是负责存储、显示芯片所处理的各种渲染数据，其容量越大可提供的贴图精度也会越高。在规格相同的情况下，对于需要运算、显示较大数据量的程序（如 3A 游戏），显存类型的升级及显存容量的增大会使程序运行的流畅度得到显著提升。某显卡的显存参数如图 1–2–15 所示。

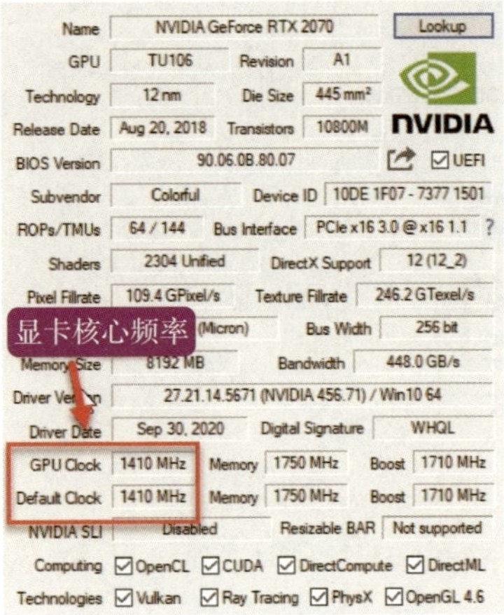

图 1-2-14　显卡核心频率

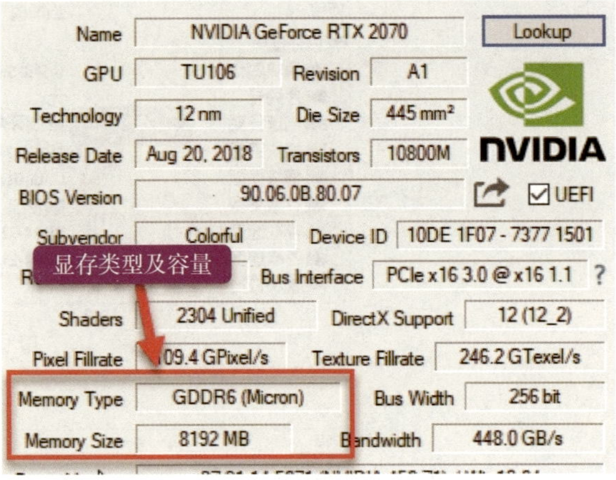

图 1-2-15　显卡的显存参数

（3）显存带宽

显存带宽是显示芯片与显存之间的桥梁，它主要用于衡量显示芯片与显存之间的数据传输速率，显存带宽越大，则显示芯片与显存之间的通信就越快捷，因此显存带宽对显卡性能具有明显的影响，显存带宽的单位为 B/s，如图 1-2-16 所示。在显卡核心频率相同的情况下，带宽越大的显卡性能也会越强。

（4）显存位宽

显存位宽指的是显存在一个时钟周期内所能传送数据的位数，位数越大则瞬间所能传输的数据量越大。某显卡的显存位宽如图 1-2-17 所示。在显存频率相当的情况下，显存位宽将决定显存带宽的大小。例如，显存频率都是 500 MHz 的 128 位和 256 位显存，它们的显存带宽分别为：128 位显存带宽 =500 MHz × 128/8=8 GB/s；而 256 位显存带宽 =500 MHz × 256/8=16 GB/s；是 128 位的 2 倍，可见显存位宽在显存数据中的重要性。

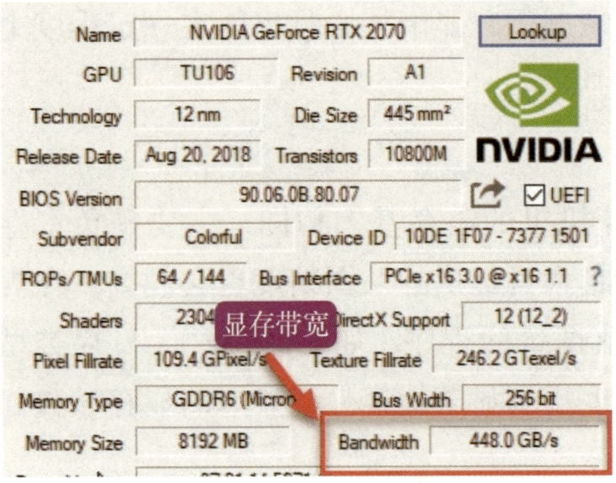

图 1-2-16　显卡的显存带宽

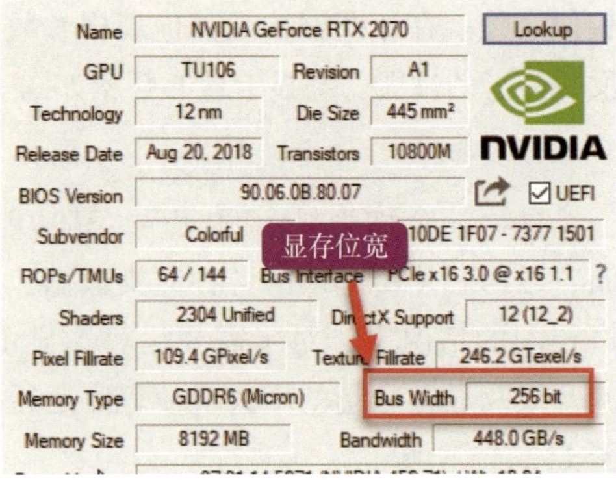

图 1-2-17　显卡的显存位宽

5. 硬盘

硬盘是计算机最主要的存储设备，现在主流市场上主要将硬盘分为固态硬盘（SSD）和机械硬盘（HDD）两大类。

固态硬盘又称固态驱动器，是用固态电子存储芯片阵列制成的硬盘。机械硬盘由一个或多个铝制或玻璃制的碟片组成，这些碟片外覆盖有铁磁性材料，内部处于真空状态或添加氮气，拆开后无法正常使用。机械硬盘相较于固态硬盘，在数据容量、价格、寿命等方面均有一定的优势，但在数据传输速度、硬件体积方面与固态硬盘有一定的差距。硬盘的主要性能指标包括以下几个方面。

（1）容量

硬盘的容量以 B（字节）为单位。

这里需要注意的是，按照相关标准，数据的存储容量有两套单位。一套是和其他物理量类似的十进制单位，如 MB、GB、TB 等，其换算关系为 1 TB=1 000 GB、1 GB=1 000 MB、1 MB=1 000 kB、1 kB=1 000 B 等，硬盘厂商对硬盘容量的标记实际采用的是这套单位，如目前市场上常见规格为 500 GB、1 TB 的硬盘等。另一套是根据计算机信息存储的二进制特性，以 1 024 为基本倍数关系的单位，写作 MiB、GiB、TiB 等，其换算关系为 1 TiB=1 024 GiB、1 GiB=1 024 MiB、1 MiB=1 024 kiB、1 kiB=1 024 B 等，计算机中显示存储容量实际采用的是这套单位。

但在 Windows 操作系统中，由于历史原因，将 MiB、GiB、TiB 等单位也写成了 MB、GB、TB 等，即 Windows 操作系统中的 1 TB 等于 1 024 GB。因此，在实际应用中会发现在 Windows 操作系统中查看到的硬盘容量会比厂商标注略小一些。

对于机械硬盘的容量指标还包括硬盘的单碟容量。所谓单碟容量是指硬盘单片盘片（磁片）的容量，单碟容量越大，单位成本越低，平均访问时间也越短。所以容量、基本规格及价格相近的情况下，使用单碟的机械硬盘要比使用多碟的机械硬盘更轻、更快、更稳定。机械硬盘与固态硬盘的内部结构如图 1-2-18 所示。

（2）转速

转速是指机械硬盘内主轴电动机的旋转速度，也就是硬盘盘片在 1 min 内所能完成的最大转数。转速的快慢是机械硬盘性能的重要参数之一，它是决定硬盘内部数据传输率的关键因素之一。硬盘的转速越快，硬盘寻找文件的速度也就越快，相应的硬盘的传输速度也就得到了提高。硬盘转速以每分钟多少转来表示，单位常表示为 RPM，RPM 是 revolutions per minute 的缩写，即转每分钟。RPM 值越大，内部数据传输率就越快，访问时间就越短，硬盘的整体性能也就越好。某机械硬盘的转速如图 1-2-19 所示。

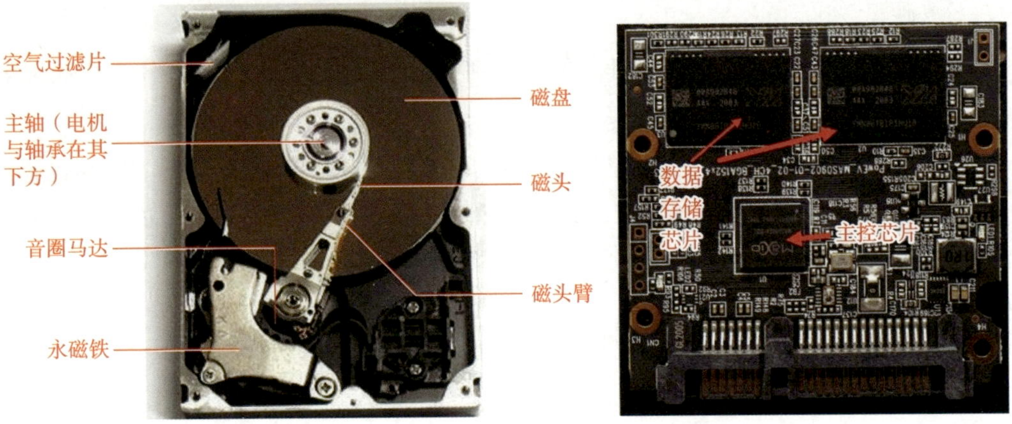

a）　　b）

图 1-2-18　机械硬盘与固态硬盘的内部结构

a）机械硬盘　b）固态硬盘

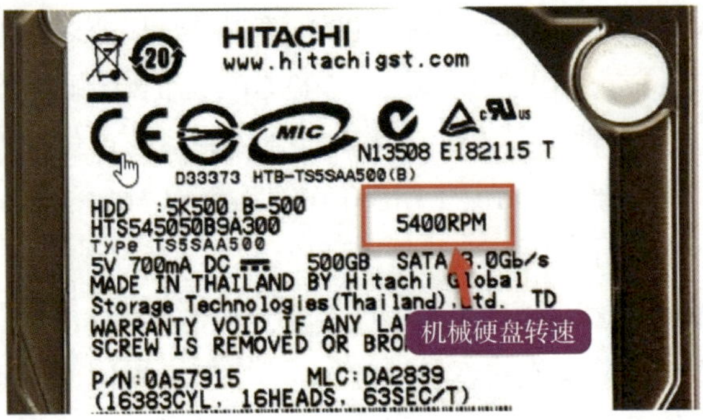

图 1-2-19　机械硬盘的转速

（3）平均访问时间

平均访问时间是指机械硬盘的磁头从起始位置到达目标磁道位置，并且从目标磁道上找到要读写的数据扇区所需的时间。平均访问时间体现了硬盘的读写速度，它包括硬盘的平均寻道时间和平均等待时间，即：平均访问时间＝平均寻道时间＋平均等待时间。

硬盘的平均寻道时间是指硬盘的磁头移动到盘面的指定磁道所需时间的平均值。这个时间越短越好。

硬盘的平均等待时间又称潜伏期，是指磁头已处于要访问的磁道，等待所要访问的扇区旋转至磁头下方的平均时间。

（4）传输速率

硬盘的数据传输速率是指硬盘读写数据的速度，单位为 MB/s 或 GB/s，传输速率越大越好。

（5）缓存

缓存（cache memory）是硬盘控制器上的一块内存芯片，具有极快的存取速度，它是硬盘内部存储和外界接口之间的缓冲器。由于硬盘的内部数据传输速度和外部接口传输速度不同，缓存在其中起到一个缓冲的作用。缓存的大小与速度是直接关系到硬盘的传输速度的重要因素，能够大幅度提高硬盘的整体性能。某机械硬盘的缓存参数如图 1–2–20 所示。当硬盘存取零碎数据时需要不断地在硬盘与内存之间交换数据，硬盘有大容量缓存的话，可以将那些零碎数据暂存在缓存中，能减少外系统的负荷，也提高了数据的传输速度。

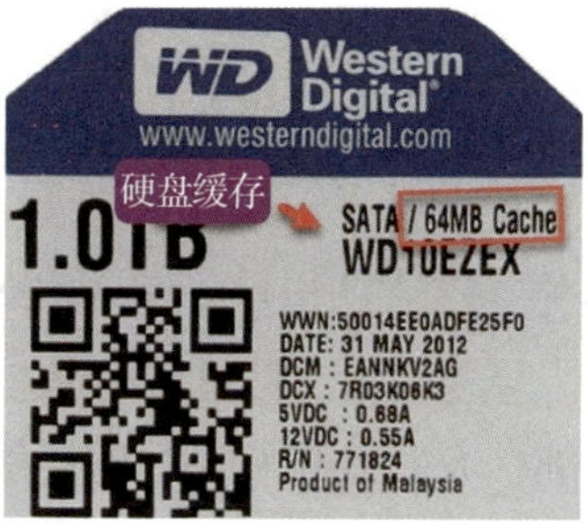

图 1–2–20　机械硬盘的缓存参数

（6）接口

现在市场主流的家用级硬盘接口主要有 SATA 6 Gbps 接口、mSATA 接口、M.2 接口（SATA 协议）、M.2 接口（NVMe 协议）四种接口模式，如图 1–2–21 所示。

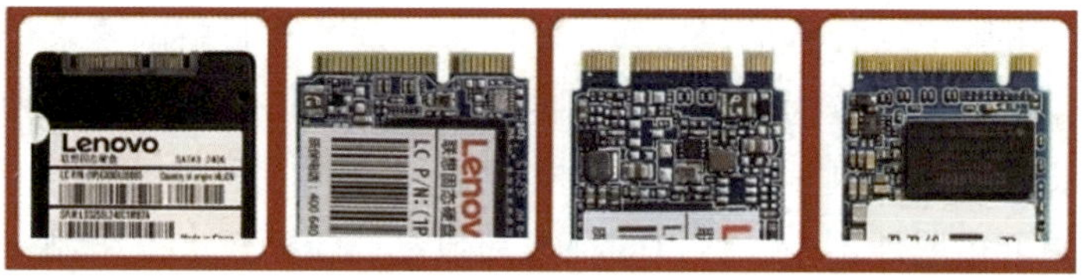

a）　　b）　　c）　　d）

图 1–2–21　常见硬盘的接口模式

a）SATA 6 Gbps 接口　b）mSATA 接口　c）M.2 接口（SATA 协议）　d）M.2 接口（NVMe 协议）

1）SATA 6 Gbps 接口（SATA III 接口）

SATA 6 Gbps 其实是 SATA Revision 3.0 的一个参数标准之一，主要用来表达使用的是 SATA Revision 3.0 标准，相对 SATA Revision 2.0 来说，它的速度更快。SATA（Serial ATA）是硬盘接口的标准规范，实际上 SATA 6 Gbps 接口的准确称呼是 SATA III，接口速度是 6 Gbps。SATA 6 Gbps 接口是目前桌面级主机主流的 HDD/SSD 硬盘接口。

2）mSATA 接口

mSATA 接口是 SATA 协会开发的 mini-SATA（mSATA）接口控制器的产品规范，控制器可以让 SATA 技术整合在小尺寸的装置上。同时 mSATA 接口将提供跟 SATA 接口标准一样的速度和可靠度，比较广泛地运用于超极本、商务本等追求小型化的笔记本电脑中。实际上，mSATA 接口的发明是固态硬盘小型化过程中的一个重要节点，但是 mSATA 接口依然没有摆脱 SATA 接口的一些缺陷，如依然是 SATA 通道，速度也还是 6 Gbps，现已逐渐被 M.2 接口所替代。

3）M.2 接口（SATA 协议）

M.2 接口也称 NGFF 接口，它是为超薄型笔记本电脑量身定做的接口标准，以取代原来基于 mini PCI-E 改良而来的 mSATA 接口。无论是更小巧的规格尺寸还是更高效的传输性能，M.2 接口都远胜于 mSATA 接口，并且越来越多的主板上均预留有 M.2 接口。

4）M.2 接口（NVMe 协议）

现在 M.2 接口转向 PCI-E 3.0×4 通道，理论带宽达到了 32 Gbps，远高于之前的水准，大大提升了 SSD 的性能潜力。同时，使用 M.2 接口的固态硬盘还支持 NVMe 标准，相比目前主流的 AHCI 接口，通过 NVMe 标准接入的固态硬盘，可以获得大幅度的性能提升。

三、笔记本电脑的分类和选购

1．笔记本电脑的分类

笔记本电脑行业的发展越趋成熟，根据使用人群及产品定位，笔记本电脑可被分为三大类型：轻薄笔记本电脑、商务笔记本电脑、游戏笔记本电脑。

（1）轻薄笔记本电脑

轻薄笔记本电脑追求极致的轻、薄、时尚、坚固，对材料的要求较高，体积相对较小。它的外壳一般采用较为轻便、坚固的铝合金材料，机身内的各种硬件布局经过特别设计，追求最高的容纳率，质量一般控制在 1.5 kg 以下，如图 1-2-22 所示。但因此也导致后期的可拓展性不高，接口的种类和数量亦受到较大的限制，如大部分超薄笔记本电脑均去掉了 LAN 接口，需要额外购买外部设备通过 USB 接口进行转接，以实现有线网络通信功能。

在性能方面，轻薄笔记本电脑一般能满足日常娱乐、轻度办公和轻度游戏的要求，另外，待机时间较长也是轻薄笔记本电脑的一个特点。

图 1-2-22　轻薄笔记本电脑

（2）商务笔记本电脑

商务笔记本电脑主要面向对商务属性及资料、隐私有较高需求的用户。2020 年年底，Intel 还推出了商务轻薄笔记本电脑的 Evo 认证标准平台。商务笔记本电脑主要以便携、坚固，配置中高端以上，商务办公性能强悍，外观沉稳、大气，续航时间相对较长，安全验证功能强大，机身接口较为丰富为主要特点，如图 1-2-23 所示。例如，主流的商务笔记本电脑常带有指纹解锁、人脸识别、硬盘加密、防窥屏幕等功能。

图 1-2-23　商务笔记本电脑

（3）游戏笔记本电脑

游戏笔记本电脑需要满足主流的 3A 游戏的流畅运行，以及保持长时间游戏过程中性能不下降、温度控制在硬件安全范围内、拥有炫酷的光效等要求，因此此类笔记本电脑对所需要使用的机身质量和接口数量、硬件性能规格、散热控制技术、电源适配器均有较高的需求。为了保证性能和散热，游戏笔记本电脑的体积相对较大，质量也相对较重，裸机质量一般在 2.5 kg 左右，配上一个大功率电源，总质量超过 3 kg，它的厚度也超过 20 mm 以上，如图 1-2-24 所示。

图 1-2-24　游戏笔记本电脑

2. 笔记本电脑的选购

笔记本电脑的选择主要是根据用户的需求，有的用户注重性价比，有的用户注重配置，也有的用户更在乎外观。因此，选购笔记本电脑时可以结合以下关键点进行综合考虑。

（1）笔记本电脑性能需求按照日常使用情景中的最高标准来确定。

（2）笔记本电脑品牌的知名度是否为自身关注的重点。

（3）明确所选购笔记本电脑的售后是否便捷，售后态度是否良好。

（4）如果需要经常运行大量高资源消耗的程序，如虚拟机、专业绘图建模软件、大型 3A 游戏，则需要 16 GB 及以上的内存才能保证笔记本电脑的顺畅运行。

（5）如果需要提升操作系统的加载速度和软件的运行效率，可以选择带有固态硬盘的笔记本电脑。

（6）根据是否需要频繁地移动笔记本电脑，以及笔记本电脑是否有较高的对外展示需求考虑其外观设计。

（7）对轻薄、续航、商务属性、充电效率、Intel 处理器等属性有较高需求的，可以考虑选购经过 Evo 认证的笔记本电脑型号。

任务实施

任务场景 1　学校信息中心打算购买一台台式计算机，用途为图形图像处理，预算为 6 500 元。

在表 1-2-10 中完成台式计算机的配置清单，并说明相应的配置特点。

表 1-2-10　台式计算机的配置清单

台式计算机配置		
CPU	品牌：	主频：
	型号：	高速缓存：
	接口类型：	单价：
	字长：	
主板	品牌：	显卡插槽：
	型号：	扩展插槽：
	CPU 插槽：	芯片组或北桥芯片：
	硬盘接口：	集成芯片：
	内存插槽：	单价：

续表

台式计算机配置		
内存	品牌：	接口标准：
	型号：	主频：
	容量：	单价：
显卡	品牌：	芯片：
	型号：	接口标准：
	显存容量：	输出接口：
	显存位宽：	单价：
硬盘	品牌：	接口标准：
	型号：	缓存容量：
	转速：	盘体尺寸：
	容量：	单价：
显示器	品牌：	屏幕比例：
	型号：	点距：
	尺寸：	单价：
机箱	品牌型号：	单价：
电源	品牌型号：	单价：
光驱	品牌型号：	单价：
键盘、鼠标	品牌型号：	单价：
配置特点：		
总价：		

任务场景 2　学校信息中心打算购买一台笔记本电脑，用途为日常文字编辑，预算为 4 100 元。

在表 1-2-11 中完成笔记本电脑的配置清单并说明相应的配置特点。

表 1-2-11　笔记本电脑的配置清单

笔记本电脑配置		
计算机品牌：		计算机型号：
CPU	型号：	核心：
	主频：	三级缓存：

续表

笔记本电脑配置	
内存容量：	内存类型：
硬盘容量：	硬盘类型：
显卡芯片：	显存容量：
屏幕尺寸：	光驱：
规格尺寸：	质量：
配置特点：	
总价：	

考核评价

按照表 1-2-12 中所列的评价项目和评价标准，以自我评价、小组评价和教师评价相结合的方式，对本任务的完成情况进行考核评价。

表 1-2-12　考核评价表

评价项目	评价标准	评价方式及权重			得分
		自我评价	小组评价	教师评价	
		20%	30%	50%	
职业素养	1. 遵守课堂纪律和机房管理制度 2. 学习主观能动性，动手能力 3. 团队协作能力				
专业能力	1. 能合理选购台式计算机硬件和笔记本电脑 2. 能理解计算机各硬件的性能参数 3. 能正确识别各类硬件和相关接口				
总分（职业素养得分 ×30% ＋专业能力得分 ×70%）					
教师签字		日期			

任务 3　组装计算机硬件

学习目标

1. 能正确安装主机内各硬件及外部设备。
2. 能正确连接设备的信号线、数据线和电源线。

环境准备

机箱、电源、CPU、主板、内存、显卡、硬盘、声卡、网卡、鼠标、键盘、十字旋具、一字旋具、尖嘴钳、导热硅脂、镊子、扎带、剪刀、螺钉盒、工作台等。

问题引入

通过互联网检索或查阅相关资料，结合生活经验和常识，观察实训场地提供的工具、材料，进行小组讨论，回答以下问题，了解组装计算机需要使用的工具及材料，在表 1-3-1 中填写出来。

表 1-3-1　工具及材料

图示	名称	用途
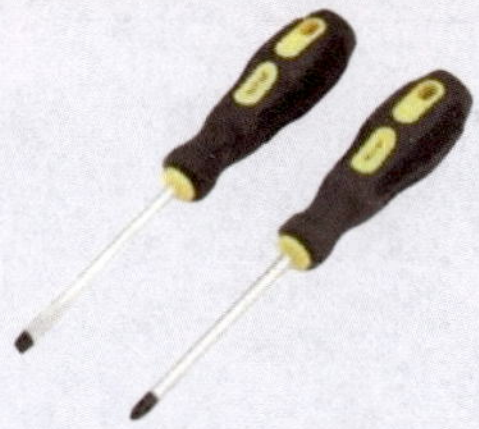		
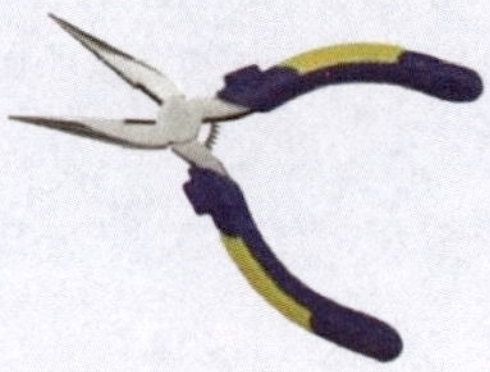		

续表

图示	名称	用途
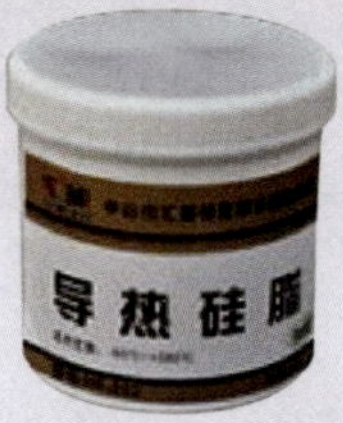		

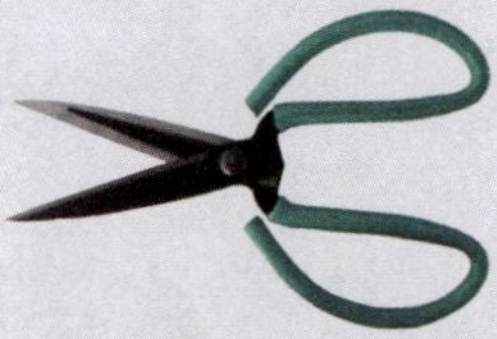		

相关知识

一、常用的组装和维护工具

1. 常用的旋具

基于计算机硬件的组装和固定需要，免不了使用螺钉，因此维护和保养就离不开相关的旋具，对旋具的认知主要从材质和规格两个方面进行。

不同的螺钉需要使用不同的旋具，旋具的金属部分一般被称为批头或刀头。旋具的批头按所适用的螺钉类型可以分为一字形、十字形、十字槽 Z 形、内梅花形、安全内梅花形、六角形等，如图 1-3-1 所示。其中一字形和十字形在日常工作中较为常用，内梅花形常用于新式手持数字设备的维护。

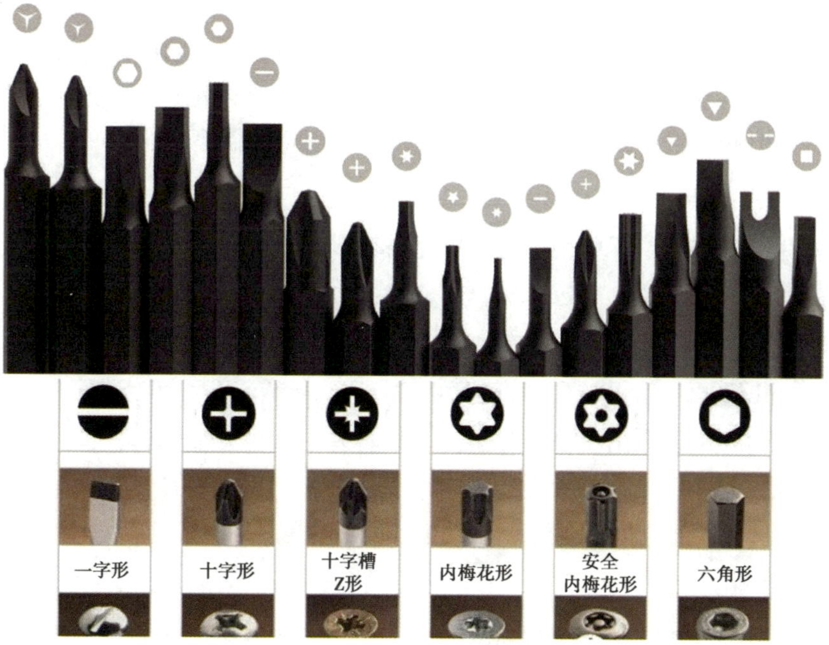

图 1-3-1　旋具的分类

2. 导热硅脂

导热硅脂俗称散热膏，如图 1-3-2 所示。导热硅脂是以有机硅酮为主要原料，添加了耐热、导热性能优异的材料而制成的导热型有机硅脂状复合物，用于功率放大器、CPU 等电子元器件的导热及散热，从而保证电子仪器、仪表等的电气性能的稳定。

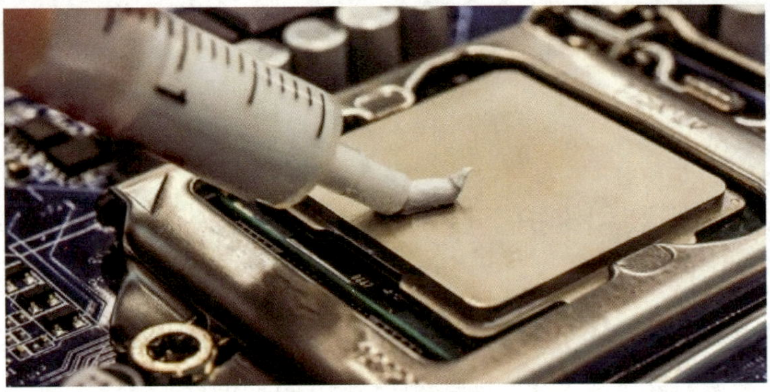

图 1-3-2　导热硅脂

二、组装计算机主机的基本步骤

1. 安装 CPU

CPU 插座的一个角比其他三个角少一个插孔，CPU 本身也是如此，所以 CPU 的接脚和插孔的位置是对应的，这就标明了 CPU 的安装方向。安装 CPU 时先拉起插座的手柄，把 CPU 按正确的方向放进插座，使每个接脚插到相应的插孔里，注意要插到底，但不必用力给 CPU 施压，然后按下手柄，CPU 就被牢牢地固定在主板上了。CPU 安装好后安装上 CPU 风扇，CPU 风扇是用一个弹性铁架固定在插座上的。

2. 安装内存

安装内存时要小心，不要太用力，以免掰坏线路，内存上的金属接脚端有两个凹槽，对应内存插槽上的两个凸棱，所以方向容易确定。安装时把内存对准插槽，均匀用力插到底即可，插槽两端的卡子会自动卡住内存。

3. 准备机箱

打开机箱的外包装取出机箱，包装内会带有若干附件，如螺钉、挡片等，在安装过程中会用到，应注意保存。大的铁板用来固定主板，称为底板，其上一系列铜柱用于固定主板，目前大部分机箱在出厂时即已将固定柱安装好。

4. 安装电源

安装电源较为简单，把电源放在电源固定架上，使电源后面的螺钉孔和机箱上的螺钉孔一一对应，然后拧好螺钉即可。

5. 安装硬盘和光驱

先从面板上取下一个 5 寸槽口的挡板，用来安装光驱。把光驱安装在 5 寸固定架上，保持光驱的前面和机箱面板齐平，在光驱的每一侧用两个螺钉初步固定，先不要拧紧，以便对光驱的位置进行细致的调整，使面板美观，调整完成后再把螺钉拧紧。

光驱安装完毕后安装硬盘，以 3.5 寸普通硬盘为例，先将硬盘插到固定架中，注意方向，保证硬盘正面朝上，接口部分背对面板。然后再固定螺钉，注意要用粗牙螺纹的螺钉。需要注意的是，安装 2.5 寸固态硬盘时，需要与 3.5 寸硬盘托架配套使用。

6. 安装显卡

主板的南桥芯片附近有若干长短不一的 PCI–E 插槽，以供安装网卡、声卡、显卡等外接设备。PCI–E 插槽具体分为 PCI–E ×1、PCI–E ×4、PCI–E ×8、PCI–E ×16 四种插槽，支持不同的传输速率，具体的对应位置可以查看主板上的标识或用户手册。一般情况下，还能根据插槽的长度进行基本的判定。安装显卡时，将显卡的防呆接口对准 PCI–E ×16 插槽的防呆接口，用力适中但要插到插槽的底部，保证显卡和插槽接触良好。

7. 安装机箱连接线

常见的机箱连接线如图 1–3–3 所示。首先根据连接线插口上的英文标记与主板上的标记来辨别连接线的类型，然后再根据主板上的标记和图示进行安装。相关标记的含义如下：

POWER SW（PWR_SW）——电源开关连接线。

RESET SW——重启信号连接线。

H.D.D. LED（IDE LED）——硬盘指示灯连接线。

SPEAKER——机箱扬声器连接线。

POWER LED（PWR LED）——电源指示灯连接线。

图 1–3–3 常见的机箱连接线

8. 安装主板

主板上的 CPU 和内存要先安装好，并注意接好 CPU 风扇的电源线。主板上一般有 5 ~ 7 个固定孔，它们的位置一般情况下都与机箱的接孔标准一致。在底板上有很多个接孔，需要选择合适的螺钉与主板匹配。选好螺钉以后，把它们旋紧在底板上。现在市场上部分中高端机箱在出厂时已安装好了固定柱，而且位置都是正确的，用户无须再单独进行安装。在固定好固定柱后，应小心地将主板轻放在固定柱上面，注意将主板上的键盘接口、鼠标接口、USB 接口与机箱背面挡片上的孔对齐，使所有螺钉对准主板上的固定孔，依次把每个螺钉安装好。安装过程中要求主板与底板尽量保持平行，避免主板与机箱底板直接接触，以免容易造成主板短路而无法正常启动计算机。剩余的槽口应使用主板附赠的背面挡片封好。最后要仔细检查一下各个关键硬件的连接情况，确保无误后合上机箱盖并使用螺钉固定，至此计算机主机硬件的安装就基本完成了。

三、外部设备的连接方法

1. 连接键盘和鼠标

键盘与鼠标有有线和无线两种连接方式。其中有线方式的接口主要有两种，一种为方形的 USB 接口，一种为圆形的 PS/2 接口。USB 接口的键盘、鼠标目前最为常见，其安装简单，按照接口的缺口方向进行对接即可。PS/2 接口的键盘与鼠标插头上有向上的标记或对应的图形标记，连接时应按照标记进行安装。通过蓝牙技术或者 2.4 GHz 无线技术实现连接的键盘、鼠标，分为键盘、鼠标本体和信号发送端，若计算机主板未预装蓝牙适配器或 2.4 GHz 无线发射器，需要另行配置（通常 2.4 GHz 无线发射器随鼠标附赠），然后将信号发送端（蓝牙适配器、无线发射器）通过 USB 接口接入到计算机中。

2. 连接显示器和音箱

连接显示器的信号线，并将信号线的另一头接在显卡上，应注意，连接显示器时务必先确认显示器所用型号的连接线接口是否与显卡所支持的接口一致。电源接在主机电源或电源插座上，应注意连接时适当用力。连接计算机主机与音箱时，通常情况下音箱的音频线均需接入计算机主机背部音频接口中的 Line-out 接口（接口颜色一般为绿色）。

3. 连接其他音频设备

麦克风输入接入计算机主机背部音频接口当中的 Line-in 接口（接口颜色一般为粉红色）；电子乐器设备接入计算机主机背部音频接口当中的蓝色接口；侧边环绕扬声器接头（在八声道音效设置下）接入计算机主机背部音频接口中的灰色接口；后置环绕扬声器接头（在四、六、八声道音效设置下）接入计算机主机背部音频接口中的黑色接口；中置 / 重低音扬声器接头（在六、八声道音效设置下）接入计算机主机背部音频接口中的橘黄色接口。

任务实施

任务场景 学校信息中心购买了一批计算机硬件，现需用这些硬件组装计算机。

参照表 1-3-2 中所列步骤，完成计算机的硬件组装。硬件安装的顺序为：安装

CPU→安装内存→电源入箱→主板入箱→显卡入箱→光驱入箱→硬盘入箱→接电源线→接数据线→接跳线。

表1-3-2　计算机组装步骤

操作过程图	操作步骤说明
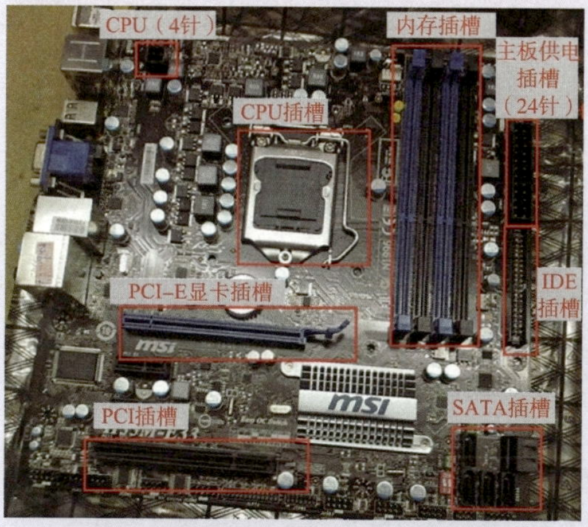 	步骤1　释放静电 在组装计算机前，首先需要释放身体上的静电，以免静电对元器件造成损坏。 释放静电的专业方法是穿戴防静电手腕带，把防静电手腕带主体绑在手腕上，另一端接地。对于未配备防静电手腕带的场合，常用的办法是洗手或触摸自来水管等金属接地物。
	步骤2　检查主板 打开主板的包装袋，取出主板，平置于工作台上，检查是否有损坏。 【思考】 如何避免主板底部被弯折或刮损？
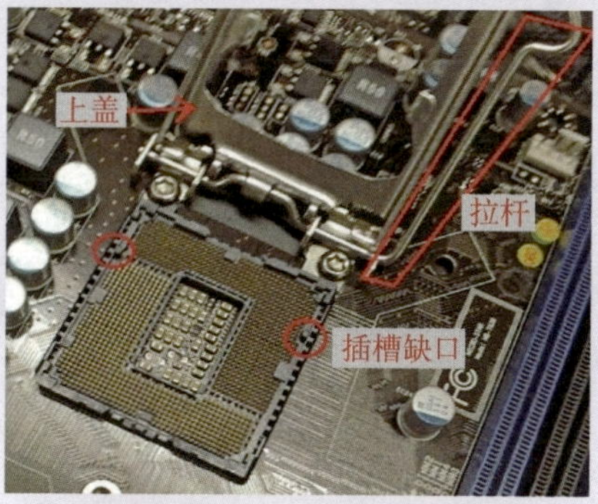 	步骤3　打开CPU插槽 按下CPU插槽旁边的拉杆，向侧面推，再向上拉起，即可打开CPU插槽的上盖。拿掉CPU插槽上面覆盖的塑料保护盖即可看到CPU插槽。 注意：CPU插槽有很多针脚，针脚比较脆弱，应避免触摸。CPU插槽上有两个缺口，作用是防止安装CPU时方向错误。
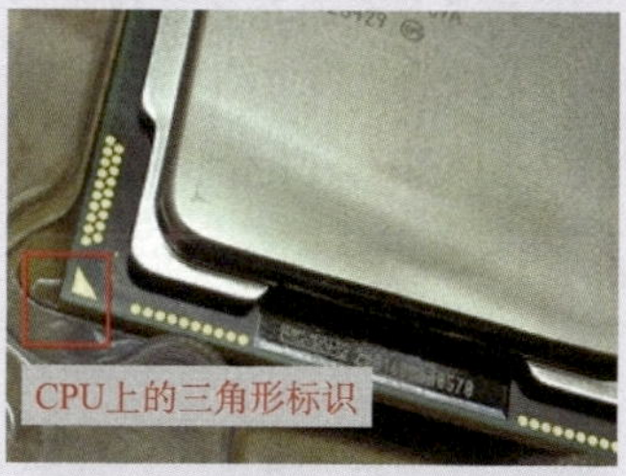 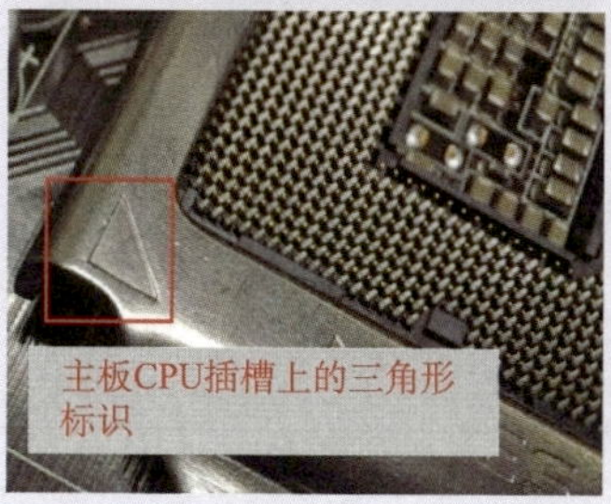 	步骤4　确认安装标识 打开CPU包装盒，在CPU的一个角上找到三角形标识，再在主板的CPU插槽的一个角上找到对应的三角形标识。 【思考】 除了识别三角形标识外，CPU的安装方向还有哪些区分方法？

续表

操作过程图	操作步骤说明
	步骤 5　安装 CPU 入槽 将 CPU 装入 CPU 插槽。CPU 的安装方向按以下方法确定：CPU 的三角形标识对应 CPU 插槽的三角形标识，CPU 的两个缺口对应插槽的两个缺口。 注意：将 CPU 正确安装进 CPU 插槽后，CPU 的四条边都是陷入插槽的，CPU 应处于水平无晃动状态。 若安装方向错误时，将无法使 CPU 完全放进插槽内，CPU 会处于高低不平的状态，此时切不可强行安装，以免损坏设备。
	步骤 6　盖上 CPU 顶盖 将 CPU 顶盖放下，顶盖的卡位应该在螺母下方。然后将拉杆拉下，原路返回，压入卡位卡好。至此，CPU 安装完成。 【思考】 拉杆无法正常压入卡槽一般是什么原因导致的？
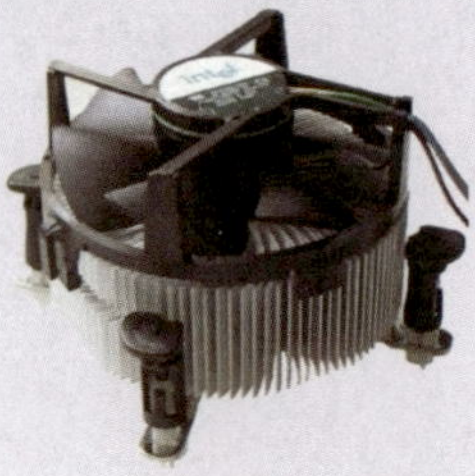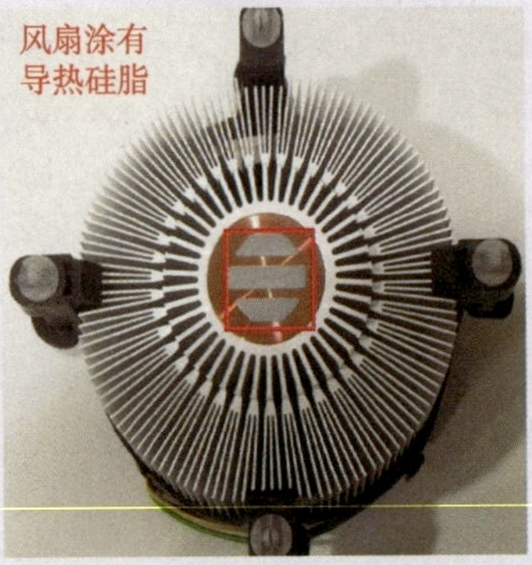	步骤 7　涂抹导热硅脂 打开 CPU 风扇包装盒，取出 CPU 风扇。通常，在风扇的底座会涂有导热硅脂。如果风扇底座没有导热硅脂，则需要在 CPU 表面涂抹一层薄薄的导热硅脂。 注意：CPU 在工作过程中会产生大量热量，热量过高将导致 CPU 损坏，风扇和散热片能够帮助 CPU 散热。散热片与 CPU 接触时难免有空隙出现，使用导热硅脂可以填充 CPU 与散热片之间的空隙，通过增大两者的接触面积来改善导热的效果。 【思考】 导热硅脂根据导热性可分为哪些类型？

续表

操作过程图	操作步骤说明
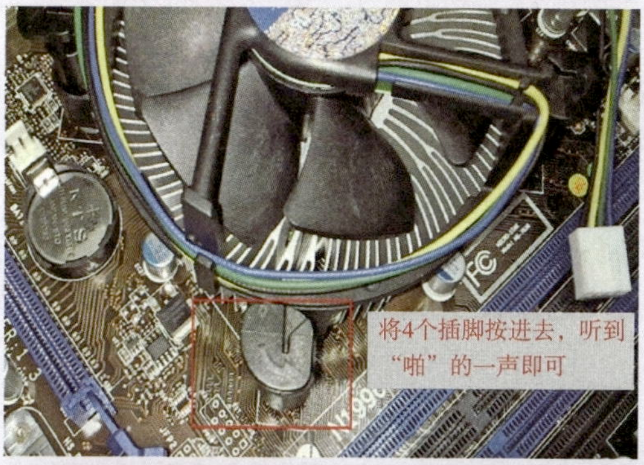	步骤 8 安装 CPU 风扇 CPU 风扇有 4 个插脚，在主板的 CPU 插槽周围有 4 个插孔，将风扇的 4 个插脚插入插孔并按紧，在插入时会听到“啪”的卡入声音。 注意：有部分主板的 CPU 插槽周围是 4 个螺钉孔，风扇上有 4 个螺钉，此时将螺钉拧入即可。 【思考】 常见的 CPU 风扇底座卡扣有哪些形状？
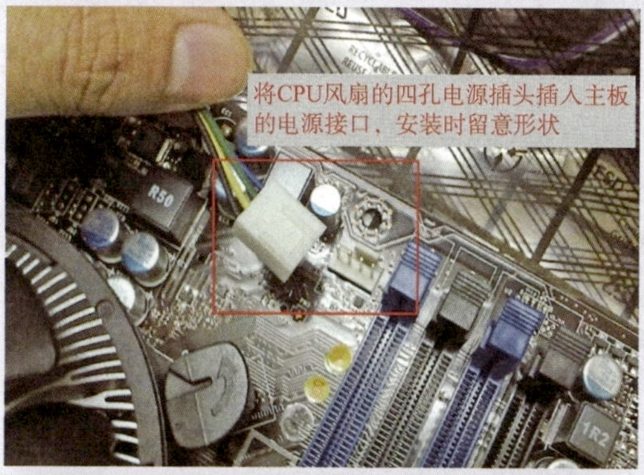	步骤 9 安装 CPU 风扇电源 CPU 风扇带有一个四孔的电源插头，在主板的 CPU 插槽周围有四针的风扇电源接口，将风扇的电源插头插入主板的电源接口，CPU 风扇即可安装完成。 注意：插入 CPU 风扇电源插头时可根据插头形状判断方向，方向具有唯一性，不可强行插入。
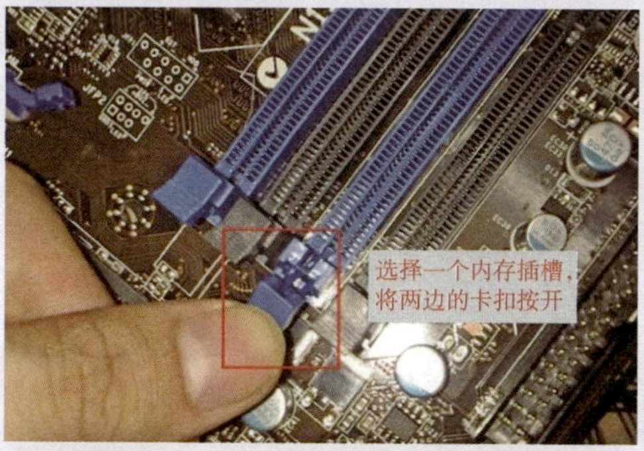	步骤 10 按开内存卡扣 打开内存包装，取出内存。选择一个需要安装内存的插槽，将插槽两端的卡扣向外按开。 【思考】 是否所有的内存插槽两端均可打开？
	步骤 11 安装内存 调整好内存的方向，将内存插入插槽，插入时要使内存中间的缺口正对应插槽中间的缺口。插入内存后，插槽两端的卡扣会扣住内存两端的凹口。 注意：内存中间的缺口将内存的接口分成两个长度不同的部分，使内存的安装方向具有唯一性。

续表

操作过程图	操作步骤说明
	步骤 12　电源入箱 打开机箱盖，找到电源的安装位置。取出电源，按照电源的铭牌向外、线缆向右侧的方式，将电源放入机箱内的相应位置。 【思考】 电源的安装位置有哪几种？
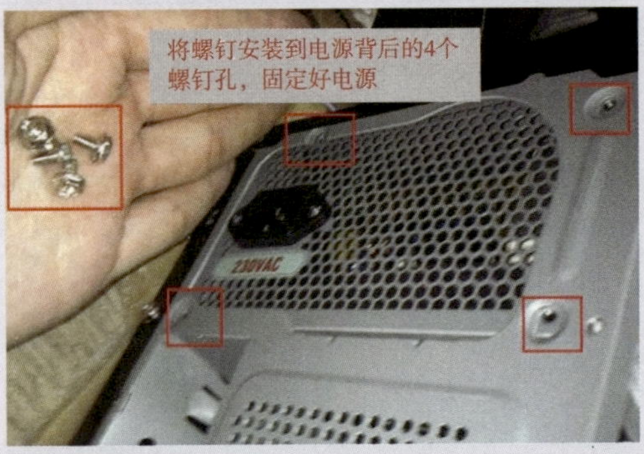	步骤 13　固定电源 将电源放对位置，电源后部的 4 个螺钉孔和机箱背部电源位置的 4 个孔相对应。拧上 4 个螺钉，固定好电源。
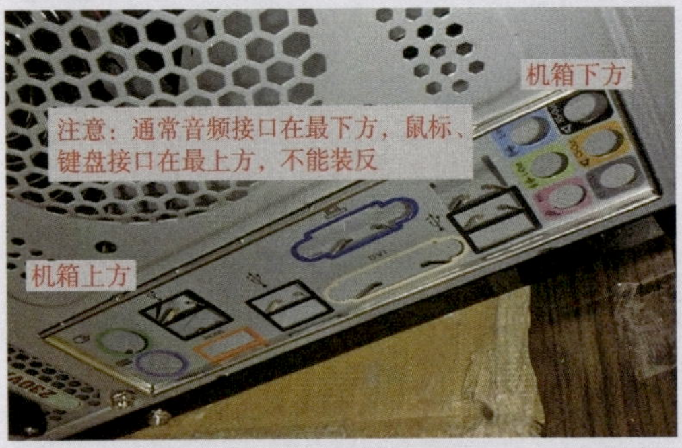	步骤 14　安装主板挡板 在主板的包装盒里会有一块主板挡板，需将它安装到机箱的背部。 通常机箱上会自带一块主板挡板，但是这个自带的挡板不一定适用于新主板，所以，在安装主板挡板前要先把机箱上的自带挡板拆掉。然后再把新的主板挡板卡入刚刚拆除的空位。 注意：主板挡板的安装具有方向性，音频接口通常在下方，鼠标、键盘接口通常在上方。
	步骤 15　主板入箱 将主板放入机箱，主板背部的接口对准挡板的相应位置。在主板上有 5～6 个螺钉孔，微调主板，使主板上的螺钉孔对准主板下方的螺母孔，在螺钉孔位置安装并拧紧螺钉，固定主板。 【思考】 若主板没有正常固定可能会产生哪些问题？

续表

操作过程图	操作步骤说明
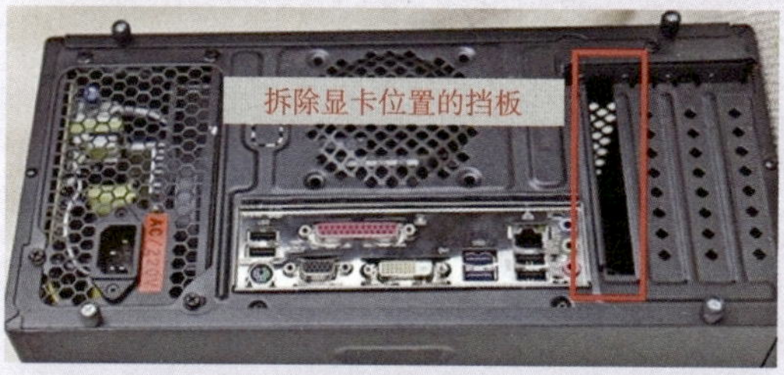	步骤 16　拆除挡板 机箱后部有若干条扩展位挡板，找到其中与显卡安装位置对应的挡板，将其拆除。
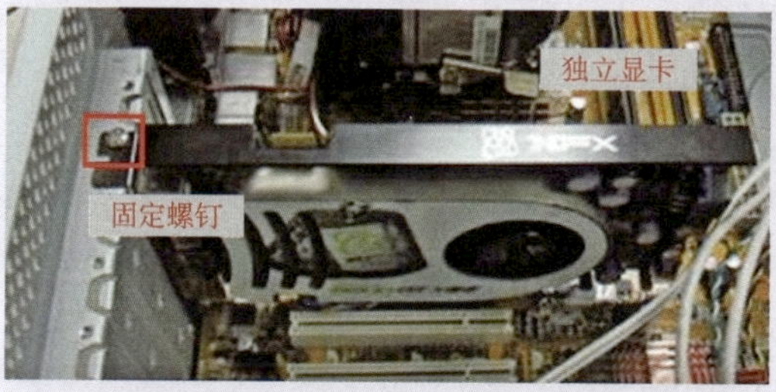	步骤 17　插入显卡 在主板上找到 PCI-E 显卡插槽，将显卡插入插槽，然后在对应的螺钉孔位上固定好显卡螺钉。 【思考】 在有多个 PCI-E 接口的主板上，显卡应该优先安装在哪一个 PCI-E 插槽上？
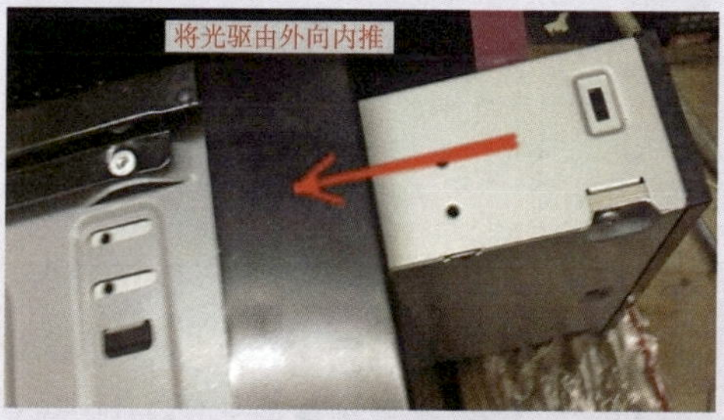	步骤 18　光驱入仓 将机箱前面板上与光驱位置对应的挡板去掉，将光驱由外向内推入机箱，使光驱平面和机箱前面板对齐。 【思考】 若不安装光驱，该位置还可以安装什么设备？
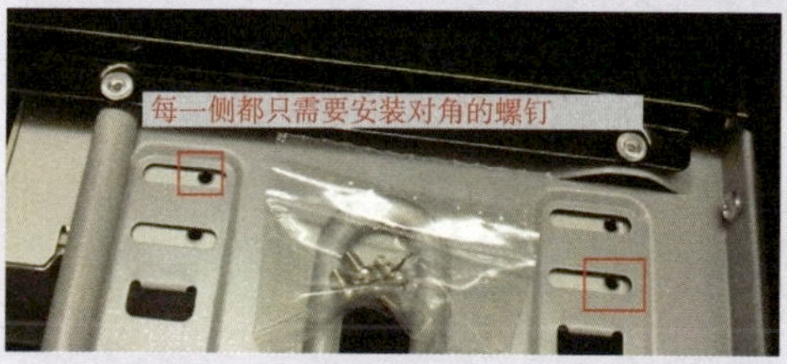	步骤 19　固定光驱 光驱推入机箱后，在光驱的两侧各有四个固定光驱的螺钉孔，在每一侧安装的两个对角螺钉孔里安装螺钉，固定光驱。当然，在两侧的八个螺钉孔里全都安装螺钉进行固定也是正确的。
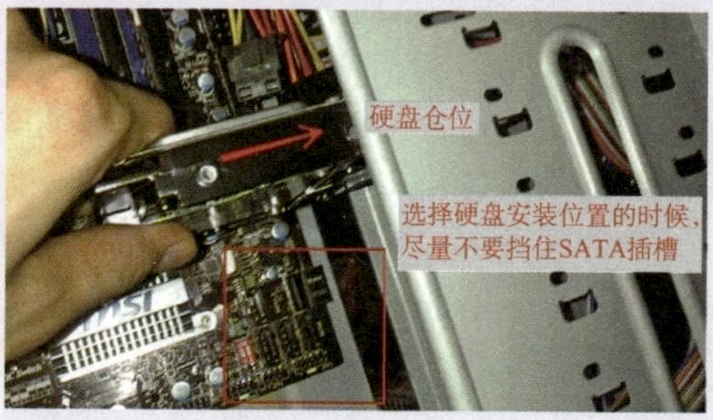	步骤 20　硬盘入仓 在机箱中找到合适的硬盘仓位，然后将硬盘的标签面向上，插入相应仓位。 注意：机箱中的硬盘仓位通常至少有两个，安装时需要根据具体情况判断将硬盘装入哪个仓位。安装硬盘的位置尽量不要挡住主板上的 SATA 插槽，否则 SATA 数据线会比较难接。

续表

操作过程图	操作步骤说明
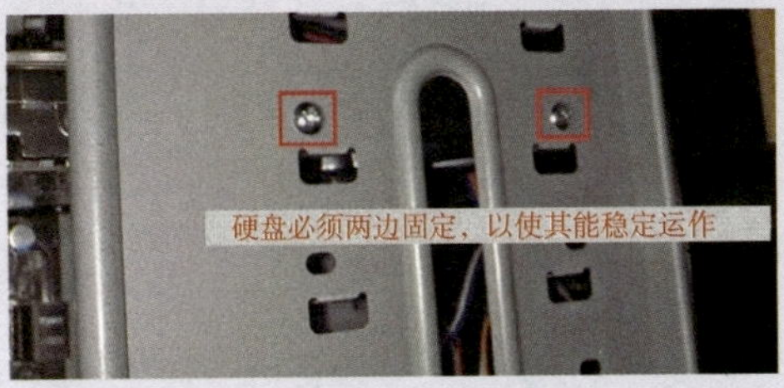	步骤 21　固定硬盘 硬盘仓的两侧各有两个固定硬盘的螺钉孔，将硬盘上的螺钉孔对准硬盘仓上相应的孔，拧上螺钉，固定好硬盘。 注意：硬盘的工作要求稳定，尽量避免震动，所以硬盘两侧的螺钉孔必须全部固定紧。 【思考】 在只有两个螺钉的情况下，如何安装螺钉能最大程度地固定紧硬盘？
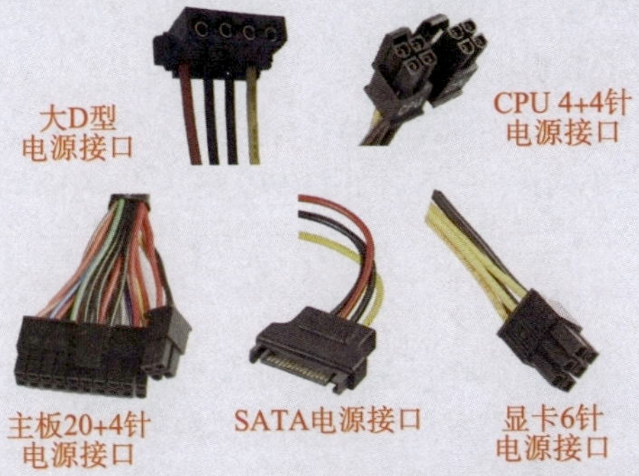	步骤 22　识别电源接口 机箱内的主机电源有一束电源线缆，线缆上有多个电源接口，正确识别各个接口的用途。 【思考】 模块化电源是什么？其优点是什么？
	步骤 23　安装 CPU 电源 主板上的 CPU 电源接口是一个四针的插口，插口上有卡扣方向。将电源上的四针插头的卡扣对准主板上 CPU 插口卡扣的方向，插入电源插头。 CPU 的电源接口有 4 针的，也有 8 针（2 组 4 针，大功率下才会插 2 组，它们是独立的 2 组接口）的。
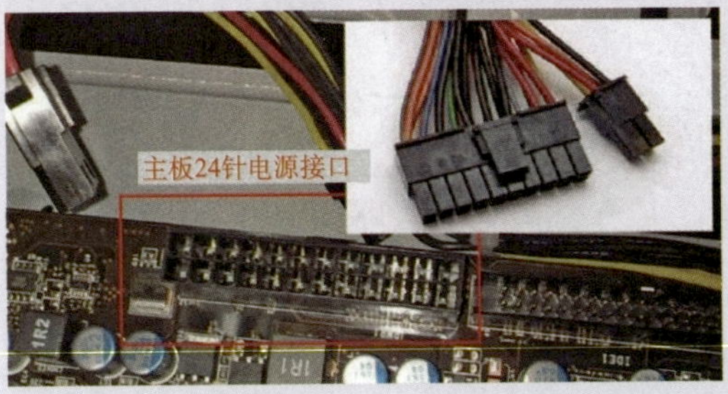	步骤 24　安装主板电源 主板电源接口是一个 24 针的插口，插口上标有卡扣方向。将电源上的 24 针插头的卡扣对准主板电源上插口卡扣方向，插入电源插头。 注意：24 针的电源插头通常是一个 20 针的插头和一个 4 针的插头的组合。

续表

操作过程图	操作步骤说明
	步骤 25　安装显卡电源 将电源上的 6 针接口按卡扣的方向插到显卡上的 6 针插口上。 注意：显卡的 6 针接口是电源对显卡进行供电的外置接口，大功耗的显卡需要通过专用输出接口对显卡进行额外供电，供电接口就是 6 针接口。低端显卡功耗低，故没有额外的电源接口，部分高性能的高端显卡是双针接口。
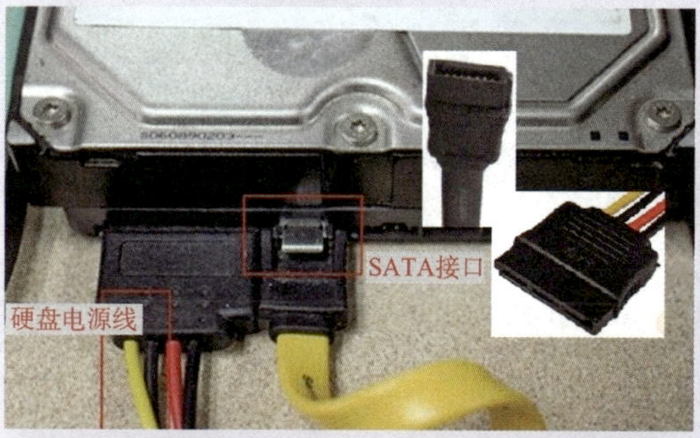	步骤 26　安装硬盘数据线和电源线 主板的包装盒里带有两条 SATA 数据线，将其中一条的一端接到硬盘的 SATA 接口上，将电源线接到硬盘的电源接口上。 注意：在接 SATA 数据线和电源线时均要注意，接口为 7 针型，需要注意接口的方向。
	步骤 27　安装 M.2 接口的固态硬盘 M.2 接口的固态硬盘不需要额外接线，只需要将固态硬盘按照防呆接口的方向进行对接安装，并固定好螺钉即可。 注意：M.2 接口的固态硬盘有不同的长度，要根据主板支持的最大长度进行选购。例如，主板标识为 M.2 2280，即“宽 × 长”为“22 mm × 80 mm”。
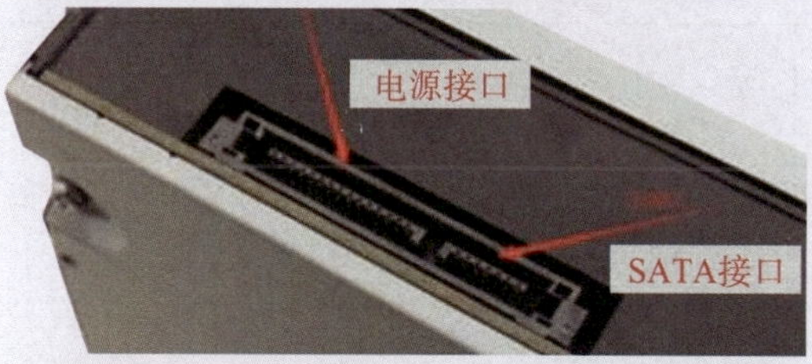	步骤 28　安装光驱数据线和电源线 将主板的包装盒里的另一条 SATA 数据线的一端接到光驱的 SATA 接口上，将电源线接到光驱的电源接口上。接法与硬盘数据线和电源线的接法完全相同。
	步骤 29　安装 SATA 数据线 将两条 SATA 数据线的另一端接到主板的 SATA 接口上。

续表

<table>
<tr><th>操作过程图</th><th>操作步骤说明</th></tr>
<tr><td>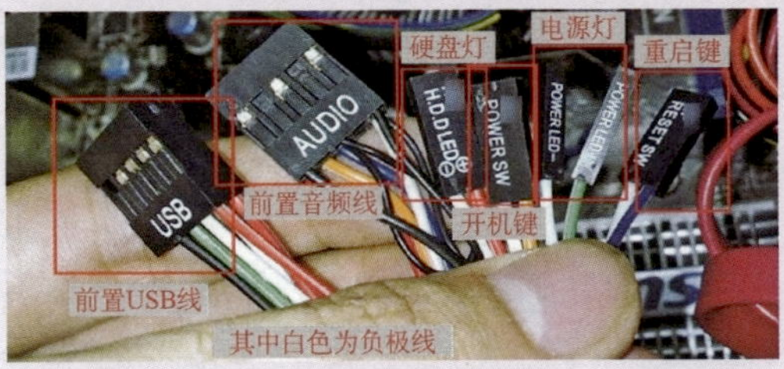
</td><td>步骤 30　辨识机箱跳线
从机箱内找出机箱跳线，机箱跳线通常为一束，有多个印有不同标识的插头，注意辨识每个插头的作用。
【思考】
机箱跳线中是否有标有 SPEAKER 的连接线？</td></tr>
<tr><td>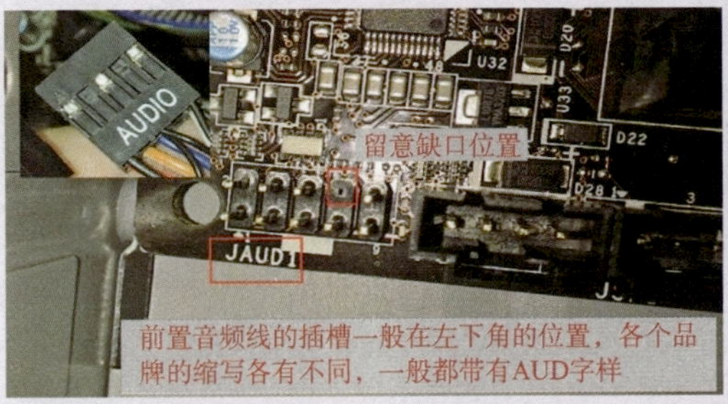
</td><td>步骤 31　安装前置音频线
从机箱跳线中找出含有 AUDIO 标识的音频线插头，在主板上找到有 AUD 标识的针脚（可查阅主板说明书），然后将音频线插头插入。
注意：针脚通常都留有缺口，以防止插错，插入时留意插头与针脚的缺口是否对应。</td></tr>
<tr><td>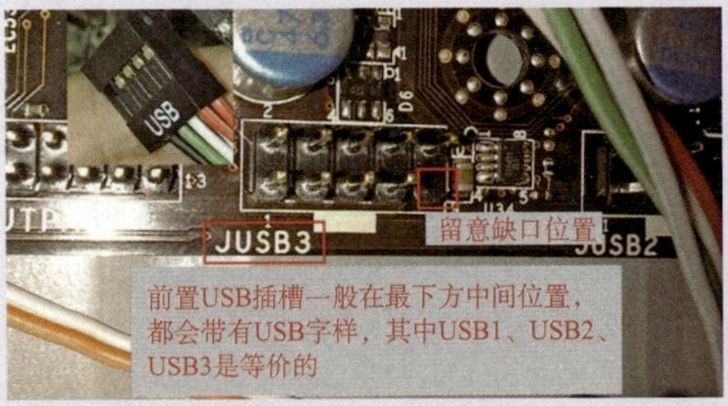
</td><td>步骤 32　安装前置 USB 线
从机箱跳线中找出含有 USB 标识的插头，在主板上找到有 USB 标识的针脚（可查阅主板说明书），然后将 USB 插头插入。
注意：针脚通常都留有缺口，以防止插错，插入时留意插头与针脚的缺口是否对应。</td></tr>
<tr><td>
</td><td>步骤 33　安装机箱控制开关线
在主板上找到机箱控制开关的接口（可查阅主板说明书），根据接口上的标识，将多个控制插头插入。安装完成后，把主机侧盖盖好，拧紧螺钉。
注意：机箱控制开关接口上通常有两排针，针脚的含义不同，针脚附近会有标识（可查阅主板说明书），此外，在主板上也会印有这些针脚的标识。</td></tr>
</table>

续表

操作过程图	操作步骤说明
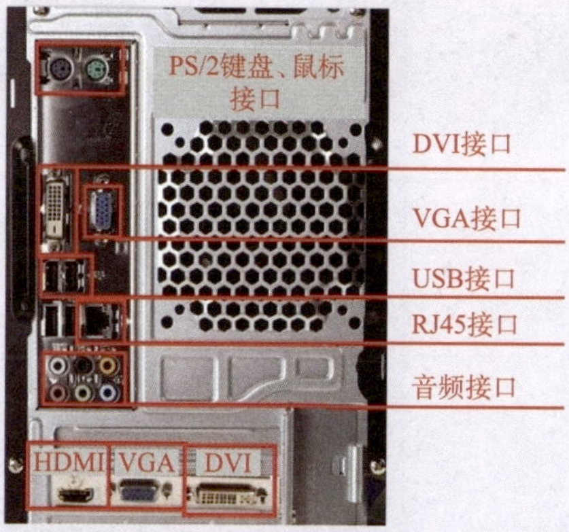	步骤 34　主机接线 将主机接上鼠标、键盘、显示器、网线、音箱、麦克风。 注意： 1. 主机如果既装有集成显卡，又装有独立显卡，则集成显卡失效，由独立显卡输出。 2. 鼠标、键盘与主机的接口有 PS/2 和 USB 两种，连接时要插到相应的接口。 【思考】 装有独立显卡时，将视频数据线连接到集成显卡会出现什么问题？
	步骤 35　主机接电源 将主机电源接口插上电源线。 注意：部分主机电源带有独立开关，港澳地区和国外进口的电源甚至还有交流电压切换开关，务必根据电源说明书进行设定。
	步骤 36　主机通电测试 将主机通电。 注意：通电前检查排插是否接地、电压是否稳定。 主机通电后，可正常进入操作系统即表明安装成功。

考核评价

按照表 1-3-3 中所列的评价项目和评价标准，以自我评价、小组评价和教师评价相结合的方式，对本任务的完成情况进行考核评价。

表 1-3-3　考核评价表

评价项目	评价标准	评价方式及权重			得分
		自我评价	小组评价	教师评价	
		20%	30%	50%	
职业素养	1. 遵守课堂纪律和机房管理制度 2. 学习主观能动性，动手能力 3. 团队协作能力				
专业能力	1. 能正确安装主机内各硬件及外部设备，完成整机组装 2. 能正确连接设备的信号线、数据线和电源线，成功完成通电测试，进入系统				
总分（职业素养得分 ×30% +专业能力得分 ×70%）					
教师签字		日期			

任务 4　设置 BIOS 参数

学习目标

1. 能识别不同主板的固件类型。
2. 能叙述 BIOS 各选项的功能并完成设置。

环境准备

采用不同 BIOS 的计算机等。

问题引入

通过互联网检索或查阅相关资料，进行小组讨论，回答以下问题，初步了解 BIOS 的相关知识。

1. 将主板上芯片的品牌及功能填写在表 1-4-1 中。

表 1-4-1　主板上芯片的品牌及功能

<table>
<tr><th>芯片</th><th>芯片的品牌及功能</th></tr>
<tr><td>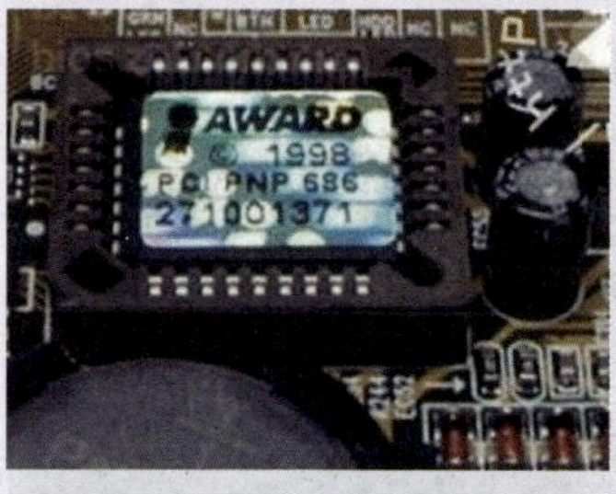
</td><td></td></tr>
<tr><td>
</td><td></td></tr>
<tr><td>
</td><td></td></tr>
<tr><td>
</td><td></td></tr>
</table>

2. 在表 1-4-2 中填写图片所示界面的 BIOS 类型及特点。

表 1-4-2　BIOS 类型及特点

类型及特点	BIOS 界面
	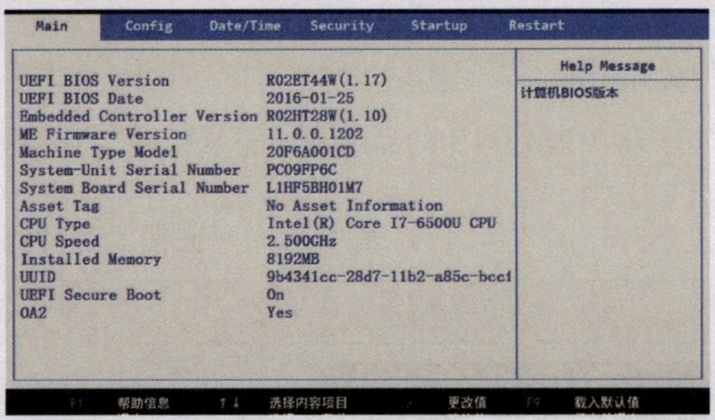
	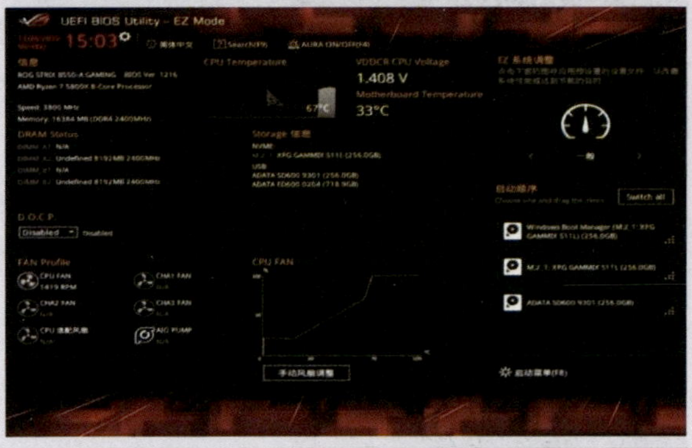

相关知识

一、BIOS 简介

BIOS 是英文“basic input output system”的缩写，即基本输入输出系统。BIOS 是一组固化到计算机主板的一个 ROM 芯片上的程序，是计算机中常用的固件类型，它保存着计算机的基本输入输出程序、开机后自检程序和系统自启动程序。BIOS 的主要功能是为计算机提供最底层和最直接的硬件设置和控制。BIOS 一般可分为传统 BIOS（Legacy BIOS）及统一可扩展固件接口 BIOS（UEFI BIOS）。下文中未有特别说明的，BIOS 均表示 Legacy BIOS 与 UEFI BIOS 的统称。

二、UEFI 简介

传统 BIOS（Legacy BIOS）只是一段引导程序，早期是由汇编语言编写的。经过多年的发展，硬件可用的资源越来越丰富，Legacy BIOS 逐渐落后并已阻碍了硬件性能的发挥。因此，2002 年 12 月 Intel 发布了一种新的引导程序规范——extensible firmware interface，即可扩展固件接口，英文缩写为 EFI，以作为在主流厂家的计算机系统中替代 Legacy BIOS 的升级方案。EFI BIOS 在概念上非常类似于一个低阶的操作系统，并且具有操控所有硬件资源的能力，它逐步发展成为现在主流的 UEFI（unified extensible firmware interface），即统一可扩展固件接口。与 Legacy BIOS 显著不同的是，UEFI BIOS 用模块化、C 语言风格的参数堆栈传递方式以及动态链接的形式构建系统，它比 Legacy BIOS 更易于实现，容错和纠错特性也更强，从而缩短了系统研发的时间。更加重要的是，UEFI BIOS 运行于 32 位或 64 位模式，突破了传统 16 位代码寻址能力的限制，达到 CPU 的最大寻址能力，此举克服了 Legacy BIOS 代码运行缓慢的缺点。

三、进入 BIOS 的常用快捷键

1. 台式计算机一般是在开启电源时按键盘上的“Delete”键进入 BIOS，华硕及惠普部分商用台式计算机也有通过按“F2”键或“Home”键进入的。

2. 笔记本电脑一般是在开启电源时按“F2”键进入 BIOS，也有部分品牌是通过按“F1”键、“F9”键或“F12”键等进入的。

四、BIOS 设置菜单选项的中文含义

从 Legacy BIOS 到 UEFI BIOS，每一个具有研发能力的主板厂商对主板底层 BIOS 界面及其内容的设计均带有自身明显的特色，菜单种类和具体的细项名称均有一定差别，下面列出了一些通用程度较高的 BIOS 选项。建议在购买主板或计算机后仔细阅读相关设备的说明手册，以查询具体特定 BIOS 选项的具体功能与含义。

1. Main 选项卡

该选项卡主要列出的是当前计算机的关键硬件、时间、OEM 信息等，其常见子选项及其对应的中文含义见表 1-4-3。

表 1-4-3 Main 选项卡中常见子选项及其对应的中文含义

子选项	中文含义	子选项	中文含义
System Time	系统时间	System Date	系统日期
Notebook Model	笔记本电脑型号	Product Number	产品编号
System Board ID	主板 ID（主板身份标识）	Warranty Start Date	保修起始日期
Processor Type	处理器类型	Total Memory	总内存
BIOS Version	BIOS 版本	BIOS Vendor	BIOS 制造商

续表

子选项	中文含义	子选项	中文含义
Serial Number	序列号	UUID Number	通用唯一识别码
Product Configuration ID	产品配置 ID	System Board CT Number	主板的 CT 号码
Factory Installed OS	厂商安装的操作系统	Primary Battery SN	一次电池序列号
WLAN FCC ID	无线局域网 FCC ID（设备认证标识）	Diagnostic Log	诊断日志

2. Security 选项卡

Security选项卡主要管理计算机硬件的开机物理安全设定，常见的选项主要有以下两个。

（1）Administrator Password：BIOS 管理员密码。

（2）Power-on Password：开机密码。

3. Advanced 选项卡

Advanced 选项卡主要包括涉及计算机 CPU、USB 接口、网卡、声卡、显卡等关键硬件配置的子选项，其中常见子选项及其对应的中文含义见表 1-4-4。

表 1-4-4　Advanced 选项卡中常见子选项及其对应的中文含义

子选项	中文含义	子选项	中文含义
Virtualization	虚拟化	Integrated NIC	集成网卡
USB Emulation	USB 模拟	USB PowerShare	关机 USB 供电
USB Wake Support	USB 唤醒支持	SATA Operation	硬盘 SATA 队列模式
Adapter Warnings	适配器警告	Function Key Behavior	功能键设定
Charger Behavior	电源适配器持续充电功能		

4. Exit 选项卡

（1）Exit Saving Changes：保存修改退出。

（2）Exit Discarding Changes：不保存修改且退出。

（3）Load Setup Defaults：加载默认出厂设置。

任务实施

任务场景 1　学校信息中心有一台使用 Legacy BIOS 的计算机，现需了解其 BIOS

设置的主要功能和相关信息。

开机按“Delete”键进入 Legacy BIOS，根据表 1-4-5 中所列的步骤进入这台计算机的 BIOS，查询 BIOS 中常用选项的主要功能和信息。

表 1-4-5　查看 Legacy BIOS 常用选项的功能和信息

<table>
<tr><th>操作过程图</th><th>操作步骤说明</th></tr>
<tr><td>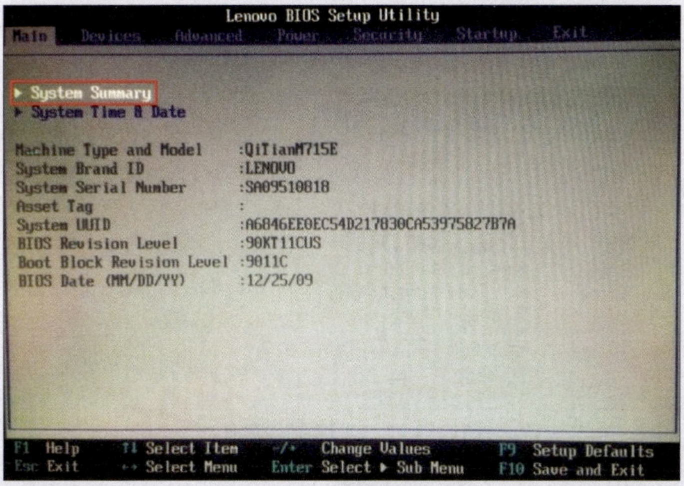
</td><td>步骤 1
在 Main 选项卡中查看计算机设备制造厂商、型号等基础信息。通过“System Summary”选项可以查看更为详细的信息。
【思考】
如果需要查看或调整硬件时钟应如何操作？</td></tr>
<tr><td>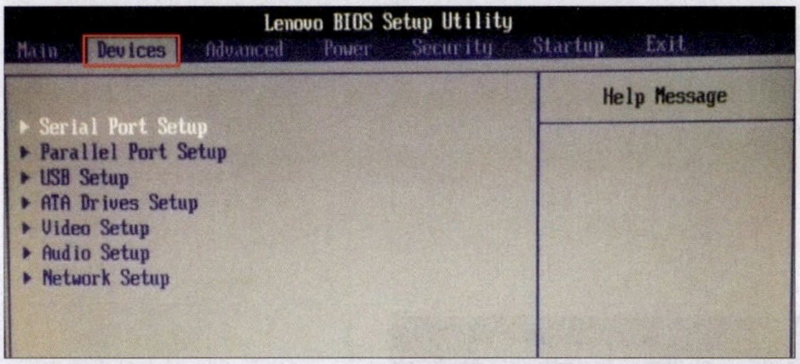
</td><td>步骤 2
在 Devices 选项卡中可以对主板、硬盘、USB、音频、网卡等设备接口进行配置。
【思考】
要将硬盘的传输协议模式改为 SATA，应如何操作？</td></tr>
<tr><td>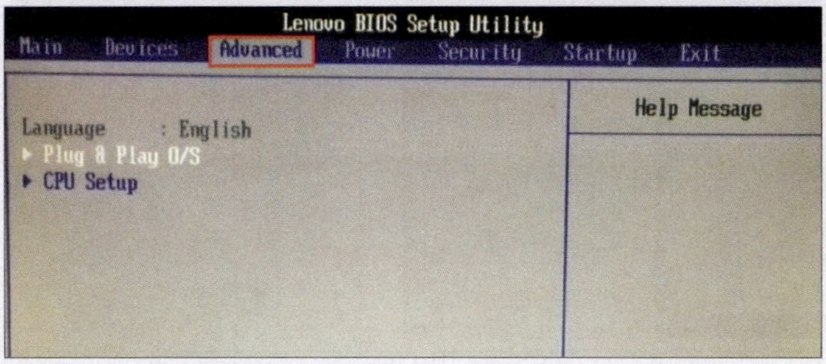
</td><td>步骤 3
在 Advanced 选项卡中可以对硬件的高级功能进行设定，一般不建议更改。</td></tr>
</table>

续表

操作过程图	操作步骤说明
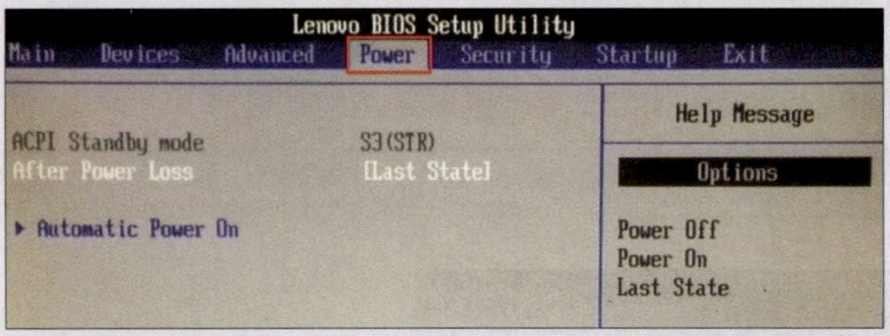	步骤 4 在 Power 选项卡中可以对计算机的电源启动动作进行设置。 【思考】 如需要计算机突然断电恢复后自动启动，应如何设置？
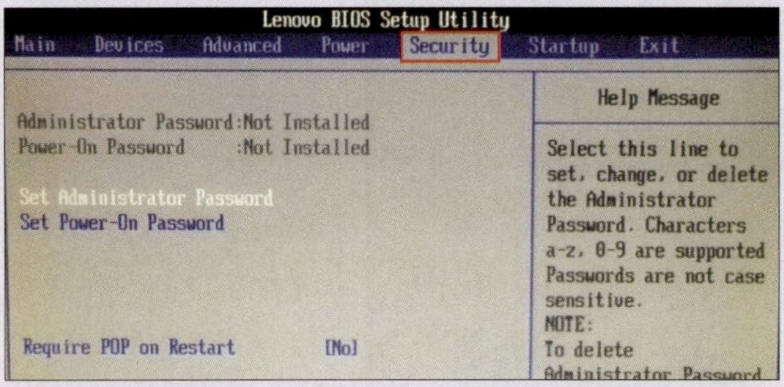	步骤 5 在 Security 选项卡中可以设定计算机 BIOS 针对不同权限用户的身份验证密码。 【思考】 如需要计算机启动后进行密码验证，应如何设置？
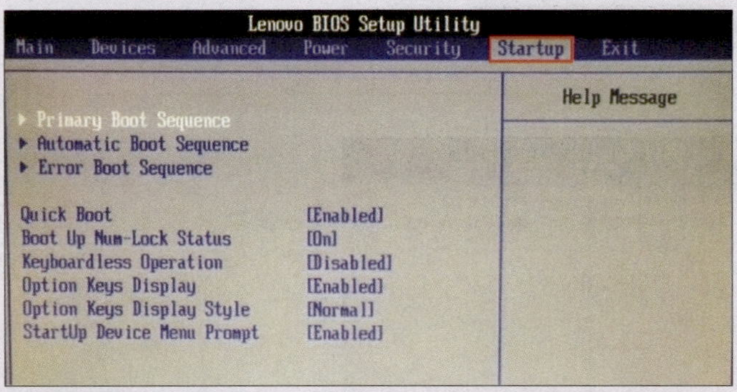	步骤 6 在 Startup 选项卡中可以对启动顺序（即开机后用于加载操作系统的存储设备的顺序）、键盘数字区是否启用等默认参数进行设定。 【思考】 如需要减少启动检查步骤，提升计算机的启动速度，可以选择哪个选项？
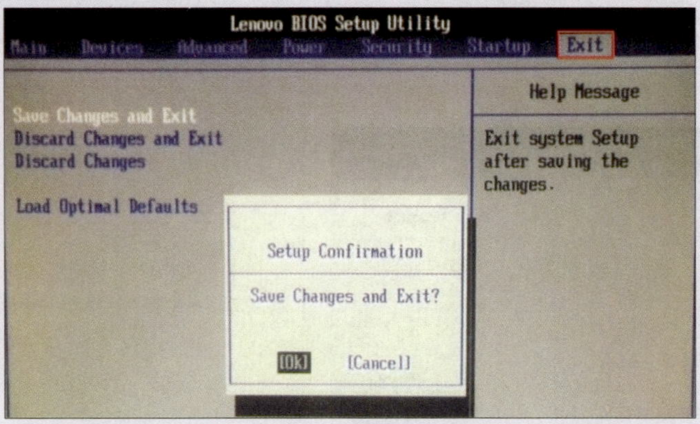	步骤 7 在 Exit 选项卡中可以保存 / 放弃本次对 BIOS 所进行的修改。 【思考】 如需要载入主板的默认出厂设置，应如何选择？

任务场景 2 学校信息中心有一台使用 Legacy BIOS 的计算机，其主机内装了两块

硬盘。现需设置该计算机从指定的硬盘启动。

按“Delete”键进入 Legacy BIOS，根据表 1-4-6 中所列的步骤，设置这台计算机从指定的硬盘启动。

表 1-4-6　设置计算机从指定的硬盘启动

操作过程图	操作步骤说明
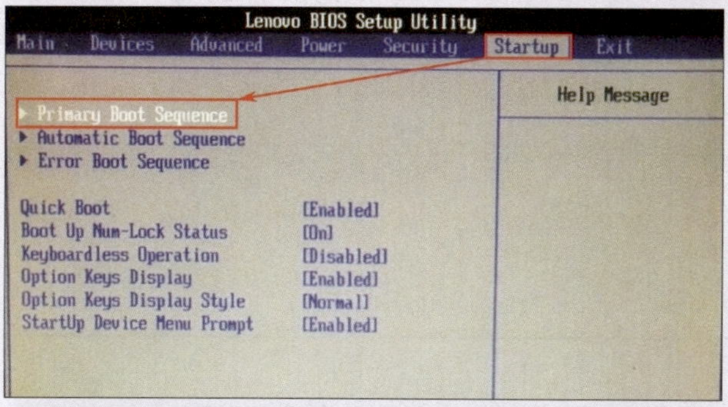	步骤 1 进入 BIOS 主界面，单击 Startup 选项卡，选择“Primary Boot Sequence”选项。
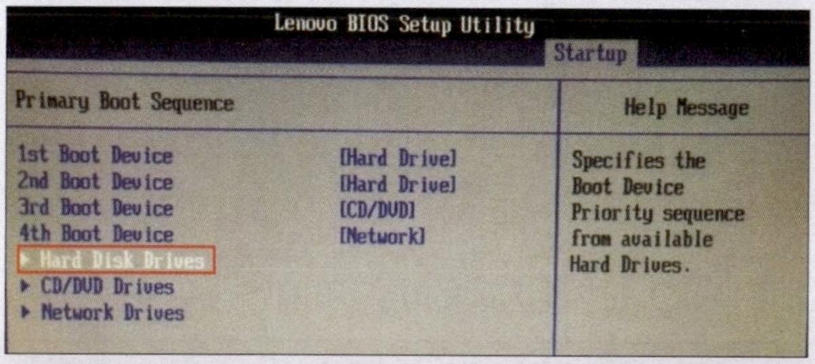	步骤 2 进入“Primary Boot Sequence”页面，选择“Hard Disk Drives”选项。
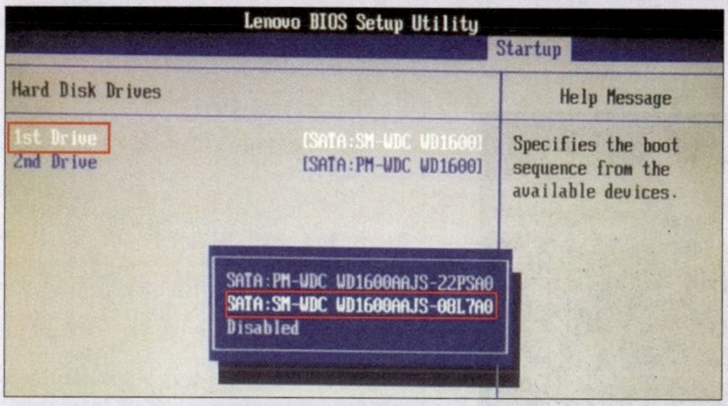	步骤 3 进入“Hard Disk Drives”页面，选择“1st Drive”选项，在弹出的选项里选择需要作为启动盘的硬盘。
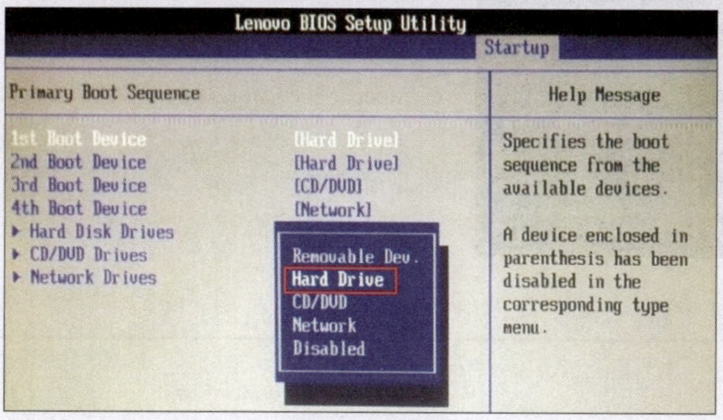	步骤 4 按“ESC”键退出，回到“Primary Boot Sequence”页面，选择“1st Boot Device”选项，在弹出的选项里选择“Hard Drive”。

续表

操作过程图	操作步骤说明
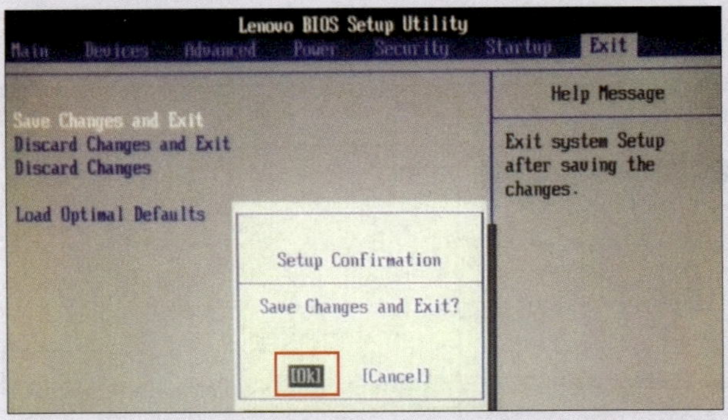	步骤 5 按“ESC”键退出“Primary Boot Sequence”页面，在主界面里选择 Exit 选项卡，在选项中选择“Save Changes and Exit”，在弹出的“Setup Confirmation”对话框选择“OK”。

任务场景 3 学校信息中心新买了一台计算机，这台计算机使用了 UEFI BIOS，现需了解其基本功能和信息。

参照表 1–4–7 所列步骤，进入计算机的 UEFI BIOS，并识别 UEFI BIOS 主要选项的功能和信息。

表 1–4–7　查看 UEFI BIOS 主要选项的功能和信息

操作过程图	操作步骤说明
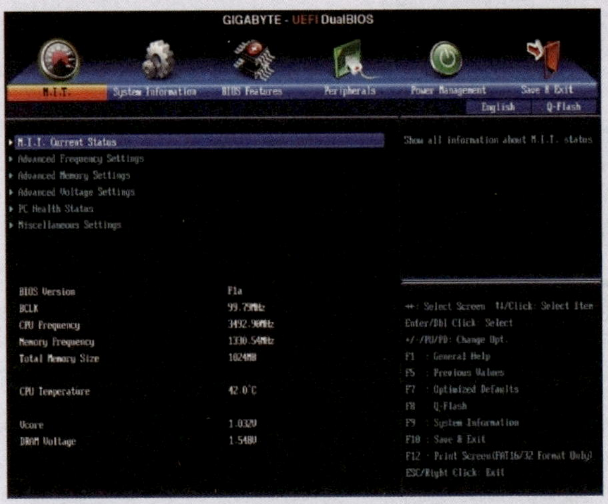	步骤 1 查看 UEFI BIOS 主界面中的“M.I.T.”（主板智能调整）页面。“M.I.T.”的功能是频率 / 电压控制等，其页面中提供 BIOS 版本、CPU 主频、CPU 时钟、内存时钟、内存总容量、CPU 温度、Vcore 和内存电压的相关信息。将该页面中的 CPU 频率、内存容量记录下来。

续表

<table>
<tr><th>操作过程图</th><th>操作步骤说明</th></tr>
<tr><td>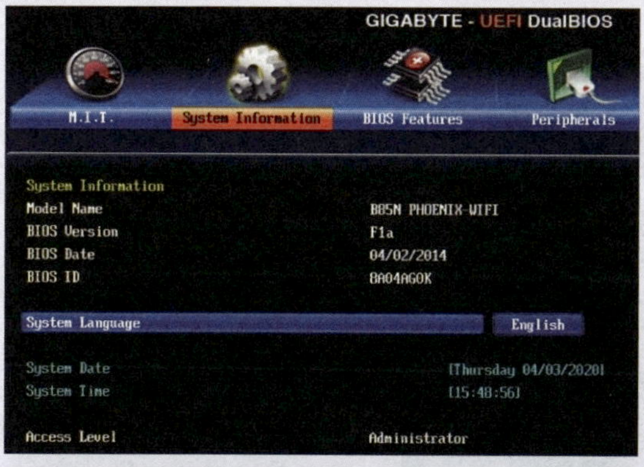
</td><td>步骤 2
查看“System Information”（系统信息）页面，此页面提供主板型号及 BIOS 版本等信息，可以选择 BIOS 设定程序所要使用的语言或是设定系统时间。将该页面中 UEFI BIOS 的版本号及版本发布日期记录下来。</td></tr>
<tr><td>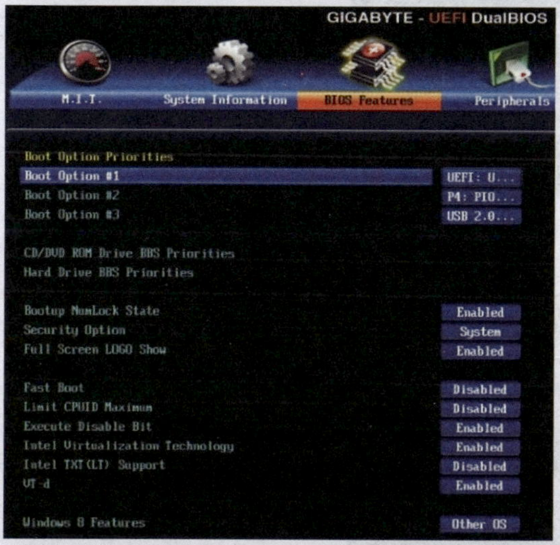
</td><td>步骤 3
查看“BIOS Features”（BIOS 功能设定）页面，在此页面可进行启动顺序、密码检查方式、接口支持、管理员密码、用户密码等设定。
【思考】
如何加快主机通电自检的启动速度?</td></tr>
<tr><td>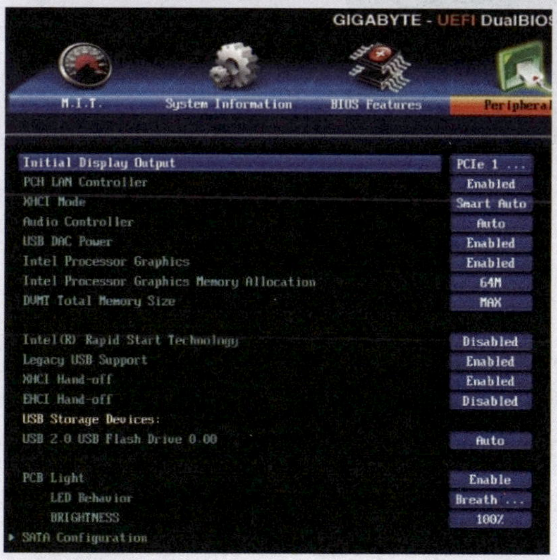
</td><td>步骤 4
查看“Peripherals”（集成外设）页面，此页面提供主板集成设备的功能选项。例如集成显卡设定、集成声卡设定、集成网卡设定、集成显卡显存大小设置、USB 键盘/鼠标支持、主板 LED 显示灯设定等。根据页面选项，尝试设置调整核心集成显卡的显存大小，将步骤记录下来。</td></tr>
</table>

续表

操作过程图	操作步骤说明
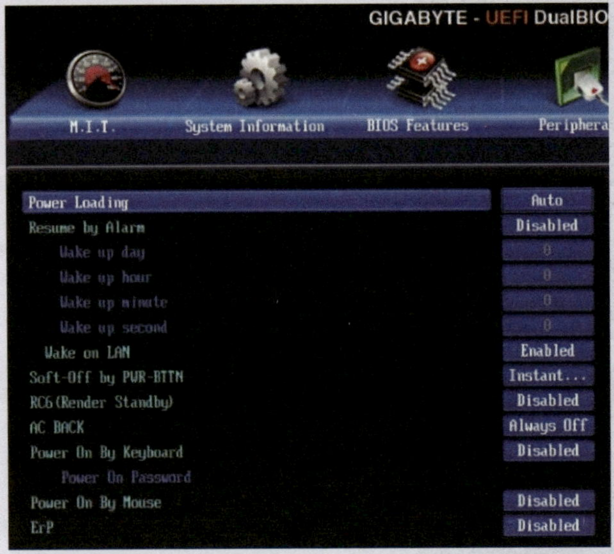	步骤 5 查看“Power Management”（电源管理）页面，此页面提供虚拟负载管理、定时开机、网络唤醒、关机方式、电源恢复方式、键盘开机、鼠标开机等功能的设定选项。根据页面选项，尝试设置通过键盘快捷键开机，将步骤记录下来。
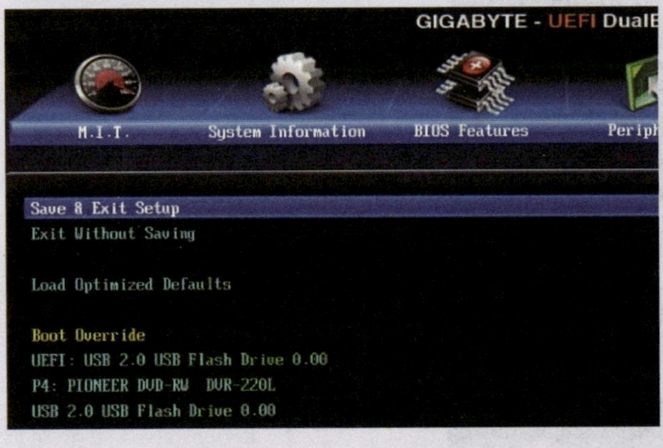	步骤 6 查看“Save & Exit”（存储设定值并结束设定程序）页面，此页面提供保存并退出、不保存并退出、设定本次开机启动顺序、载入默认设置、存储配置文件、载入配置文件等功能的设定选项。根据页面选项，尝试调整 USB 为第一启动项，将步骤记录下来。

考核评价

按照表 1-4-8 中所列的评价项目和评价标准，以自我评价、小组评价和教师评价相结合的方式，对本任务的完成情况进行考核评价。

表 1-4-8　考核评价表

评价项目	评价标准	评价方式及权重			得分
		自我评价	小组评价	教师评价	
		20%	30%	50%	
职业素养	1. 遵守课堂纪律和机房管理制度 2. 学习主观能动性，动手能力 3. 团队协作能力				
专业能力	1. 能识别不同厂商的 BIOS 2. 能正确地识别和设置 BIOS 选项				
总分（职业素养得分 ×30% + 专业能力得分 ×70%）					
教师签字		日期			

任务 5　使用 FDISK 完成硬盘的分区和分区表错误的修复

学习目标

1. 能叙述硬盘的格式及分区的类型和原则。
2. 能在特殊情况下使用 FDISK 对硬盘进行分区和格式化。
3. 能利用数据恢复软件对分区表错误进行修复。

环境准备

计算机、U 盘（光盘）启动盘、FDISK 等。

问题引入

通过互联网检索或查阅相关资料，进行小组讨论，回答以下问题，初步了解硬盘分区的相关知识，并完成表 1-5-1。

表 1-5-1　硬盘分区

<table>
<tr><th>参考图片</th><th>问题</th></tr>
<tr><td>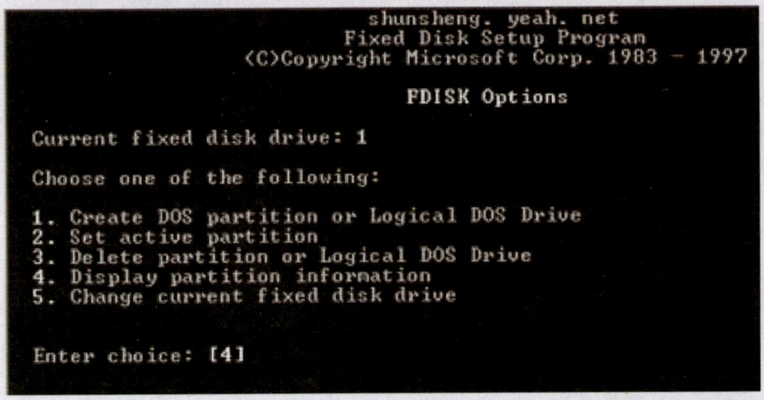
</td><td>左图为 FDISK 分区程序选项界面，图中显示的 5 个功能分别有什么作用？</td></tr>
<tr><td>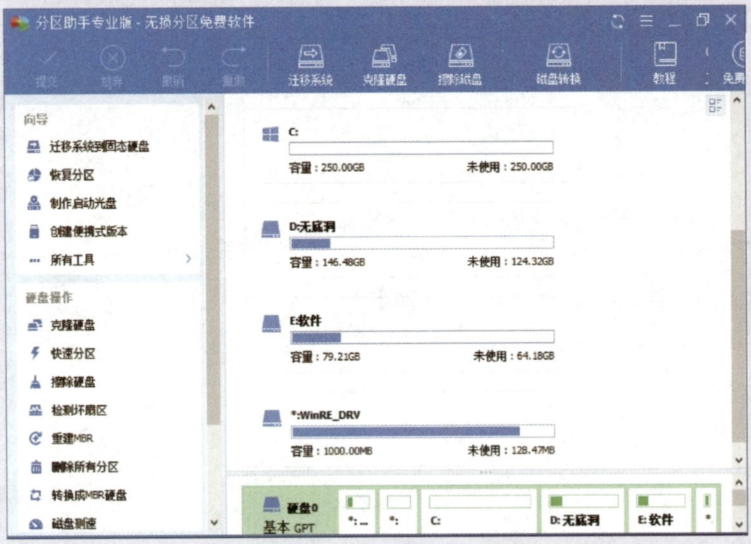
</td><td>左图为分区助手的控制台界面，该软件有哪些功能和特点？</td></tr>
</table>

续表

参考图片	问题
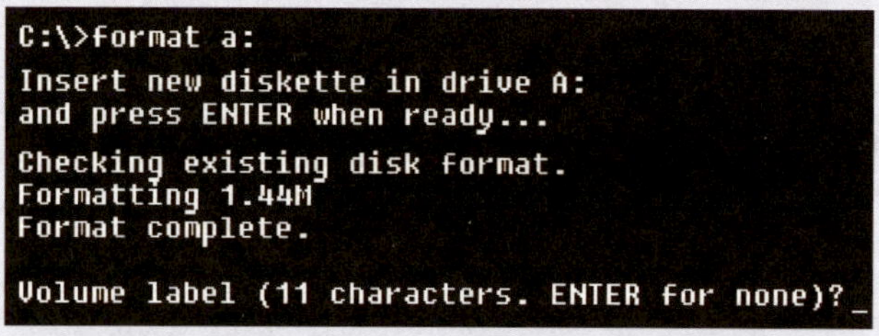	左图为 Windows 命令提示符下的界面，图中所输入的命令的作用是什么？
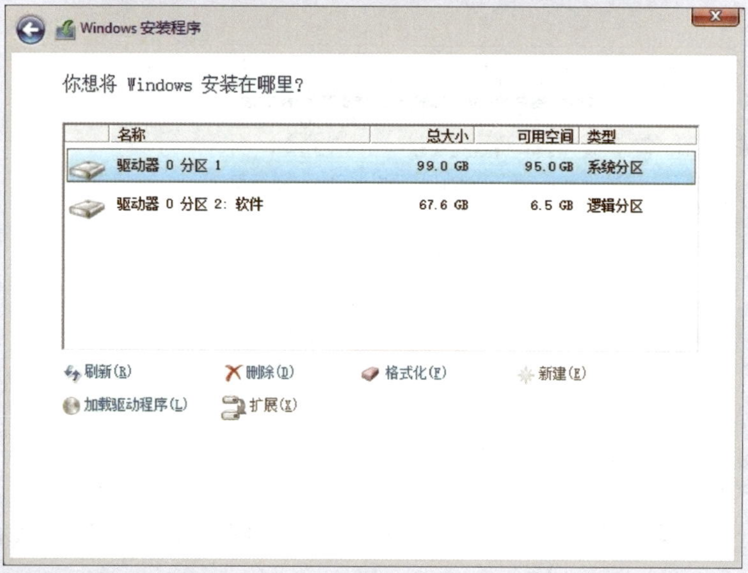	左图为 Windows 安装程序界面，在该界面中能实现哪些操作？

相关知识

一、硬盘分区的概念

硬盘分区是指使用分区编辑器将硬盘划分成几个逻辑部分，硬盘被划分成多个分区后，不同种类的文件夹与文件就可以存储进不同的分区。通过操作系统的“计算机管理”界面可以查看和设置分区情况，某计算机的硬盘分区如图 1-5-1 所示。

20 世纪末，机械硬盘及现已淘汰的软盘是计算机中应用最为广泛的存储设备，它们都是采用磁记录技术来存储数据的，因此统称为磁盘。随着技术的发展，使用闪存等更为先进存储技术的 U 盘、固态硬盘等设备不断出现，为用户提供了更快的读写速度、更大的存储容量。但由于习惯原因，在实际使用中仍常会用“磁盘”一词来泛指这些设备，如图 1-5-1 所示 Windows 操作系统的“计算机管理”界面中，即使用了

“磁盘管理”“磁盘 0”等称呼，但其指代的对象并不仅限于机械硬盘。

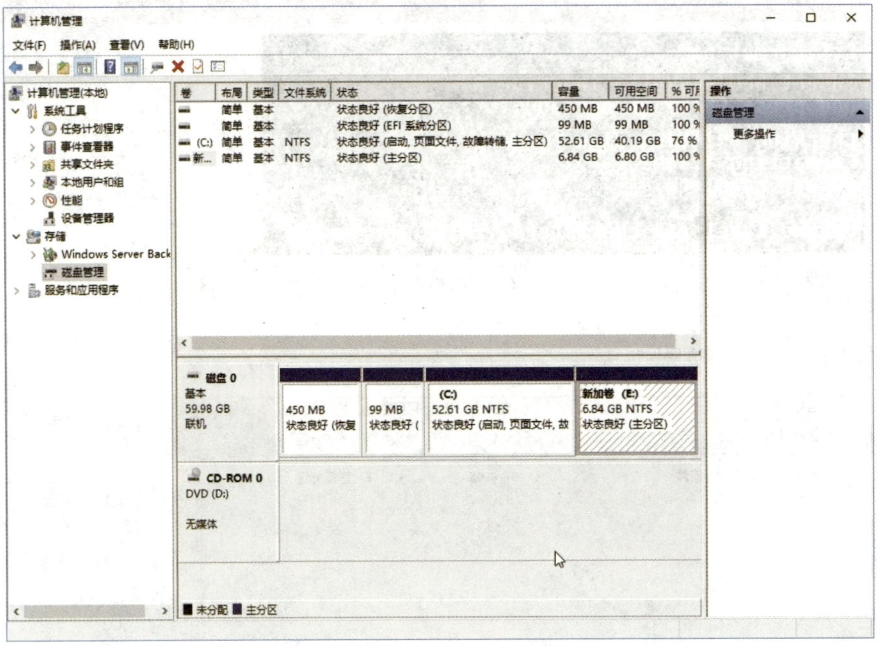

图 1-5-1 某计算机的硬盘分区

二、硬盘分区模式

在计算机中，用分区表来定义和存储硬盘的分区信息。目前主流的分区模式有 MBR 和 GPT 两种。

1. MBR

MBR（master boot record，主引导记录）是早在 20 世纪 80 年代就已开始使用的分区模式。MBR 模式最早仅支持 4 个分区，随着硬盘容量的不断扩大，仅 4 个分区难以满足使用需求，于是引入了扩展分区和逻辑分区的概念。MBR 模式下可直接划分并直接使用的 4 个分区称为主分区，操作系统启动所必需的文件和数据都保存在主分区中。MBR 模式允许用户将其中一个主分区转换为扩展分区，并将扩展分区划分为若干个逻辑分区。逻辑分区仅是一种逻辑划分，其中不包含引导系统启动所需的文件和数据。

因此，MBR 分区表中至少要有 1 个主分区，最多可以有 4 个主分区，或 3 个主分区及 1 个扩展分区（进一步划分为若干逻辑分区）。

MBR 分区表支持的硬盘最大分区容量为 2 TB，对 2 TB 以上容量的硬盘，不适合使用 MBR 模式，需使用 GPT 模式进行分区。

需要注意的是：

（1）扩展分区不能直接使用，必须划分为若干逻辑分区后才能使用。

（2）操作系统一般安装在主分区中，即使安装到逻辑分区，引导系统启动所需的文件和数据也会保存在主分区中。

（3）需要将其中一个主分区设置为活动分区，该分区中包含操作系统引导程序和启动信息。

2. GPT

GPT（GUID partition table，全局唯一标识符分区表）是近年来出现的新的分区模式。

GPT 采用了全新的技术标准，有效解决了 MBR 分区最大仅支持 2 TB、分区数量受限、安全性不足、分区命名长度受限、对 UEFI BIOS 兼容性较弱等突出问题。

在可支持的硬盘容量上，GPT 理论上支持的最大容量是 18 EB（1 EB=1 024 PB=1 048 576 TB），在当前的技术水平下近乎无限。

在分区的划分上，GPT 模式下不再有主分区、扩展分区和逻辑分区的概念，理论上允许将硬盘直接划分为无限数量的分区，在 Windows 操作系统中限制为最多 128 个分区，足够满足人们的日常使用需求。

在系统安全性上，GPT 在硬盘上存储了系统启动必需的文件和数据的多个副本，因此更加安全稳定，可以在资料损坏的情况下进行恢复。

需要注意的是：

（1）为保证系统正常启动，一般操作系统所在硬盘的分区模式应与相应的计算机启动模式相匹配，通常 MBR 采用 Legacy BIOS，GPT 则应采用 UEFI BIOS。

（2）Windows 8 以上版本的操作系统应安装在 GPT 分区下。

（3）GPT 模式不需要设置活动分区。

三、文件系统

文件系统可以理解为操作系统在存储设备上组织文件的方法。在对分区进行格式化时，需要选择一种文件系统。常用的文件系统有多种，如 Windows 操作系统中常见的 FAT、FAT32、NTFS、exFAT 等，及 Linux 操作系统中常用的 EXT 等。

1. FAT 和 FAT32

FAT 是自 DOS 时代即已开始使用的一种文件系统，目前 Windows 操作系统中出现的 FAT 实际指的是 FAT16。由于 FAT16 所支持的单个分区最大容量仅为 2 GB，已远远不能满足当前存储设备的容量需求，因此基本不再使用，仅在个别容量很小的 U 盘上可能出现。

FAT32 是对 FAT16 的升级，它的兼容性较好，几乎可以完美应对所有操作系统，是目前使用较多的文件系统之一。但其缺点也较为明显，最为突出的是它最高只能支持 4 GB 大小的单个文件，对于大于 4 GB 的文件将无法读写，这一点已难以满足技术发展的需要，如目前一个高清视频文件的大小就可能已远超 4 GB。此外，在管理功能和安全性等方面，FAT32 也有较多不足，如不能设置权限、安全等级较低等。考虑到其良好的兼容性，对于需要跨不同系统使用的 U 盘等移动存储设备，可考虑使用 FAT32 文件系统。

2. NTFS

NTFS 是目前 Windows 操作系统中的主流文件系统。和 FAT32 相比，NTFS 具有诸多优势。在容量方面，NTFS 支持最大达 2 TB 的大硬盘，对单个文件的支持最大也达 2 TB，能够满足当前计算机使用的主流需求。在安全性方面，NTFS 提供更安全的文件保障，提供文件加密功能，能够大大提高信息的安全性。在管理功能方面，NTFS 支持更好的压缩功能，并可以赋予单个文件或文件夹不同权限，或对同一个文件或文件夹为不同用户指定不同的权限。NTFS 的缺点是对不同操作系统的兼容性相对较差，例如 macOS 操作系统中就无法直接读写 NTFS 格式的设备，需要安装专门的插件。目前，在 Windows 操作系统下格式化硬盘时，一般默认使用 NTFS 文件系统。

3. exFAT

exFAT 是微软公司推出的专门用于闪存设备的文件系统，是对 FAT32 的升级，exFAT 突破了 FAT32 对单个文件不能超过 4 GB 的限制，理论上支持最高 16 EB 的单个文件，在当前技术条件下相当于没有限制。由于技术原理方面的原因，NTFS 在使用时需要频繁读写存储设备，对 U 盘等闪存设备会造成较大的负担，降低性能，影响使用寿命，而 exFAT 则没有这方面的问题。在兼容性方面，exFAT 可直接在 macOS 操作系统下读写，较 NTFS 更为方便。因此，对于有大容量文件存储需求的 U 盘等闪存设备，可选择使用 exFAT 文件系统进行格式化。

4. EXT

EXT 是 Linux 操作系统使用的文件系统。经历了 EXT2、EXT3 两代的优化和发展后，目前主流的是 EXT4。EXT4 支持的最大容量达到 1 EB，单个文件达 16 TB，可满足当前各类个人计算机、服务器甚至大型磁盘阵列的使用需要，已成为各种基于 Linux 内核的操作系统的默认文件系统。

四、格式化

格式化是指对硬盘或硬盘中的分区进行初始化的一种操作，这种操作通常会导致现有的硬盘或硬盘分区中所有的文件被清除。简单地说，格式化就是为硬盘做初始化的工作，以便我们能够按部就班地往硬盘上记录资料。

格式化通常分为低级格式化和高级格式化，如果没有特别说明，对硬盘的格式化通常指对硬盘进行高级格式化。

高级格式化又称逻辑格式化，是指根据用户选定的文件系统（如 FAT16、FAT32、

NTFS、EXT2、EXT3 等），在硬盘的特定区域写入特定数据，以达到初始化硬盘或硬盘分区、清除原硬盘或硬盘分区中所有文件的一个操作。高级格式化包括对主引导记录中分区表上相应区域的重写，以及根据用户选定的文件系统，在分区中划出一片用于存放文件分配表、目录表等用于文件管理的硬盘空间，以便用户使用该分区管理文件。

格式化的相关操作一般也适用于 U 盘、存储卡等设备。

五、硬盘分区工具 FDISK

FDISK 是微软公司在 DOS 和 Windows 操作系统中自带的硬盘分区软件，它性能稳定、兼容性好，但不支持无损分区，分区时会损坏硬盘上的数据，分区速度慢，而且不能很好地支持大容量的硬盘分区，甚至无法识别硬盘这一点成为其最大的缺点。虽然在日常的计算机维护工作中已经较少使用 FDISK 对硬盘进行分区，但通过 FDISK 的分区操作方法，加深对硬盘分区原理的掌握，能够为其他同类软件的操作打下基础，同时，由于 FDISK 软件的体积非常小，便于封装，在部分需要在 DOS 环境操作的特定情景下仍能起到关键的作用。

FDISK 分区遵循“主分区→扩展分区→逻辑分区”的次序原则，而删除分区则正好相反。在 MBR 模式下，一个硬盘总共可以被划分为四个主分区（包含扩展分区）。主分区之外的硬盘空间都可以划分为扩展分区，而逻辑驱动器是对扩展分区再行划分得到的。

任务实施

任务场景 1　学校信息中心有一台旧计算机，现需使用带有 FDISK 工具的 U 盘或光盘启动盘启动计算机，对硬盘进行分区。

进入 FDISK 软件，参照表 1-5-2 中所列步骤完成这台计算机的硬盘分区。

表 1-5-2　使用 FDISK 对硬盘分区

操作过程图	操作步骤说明
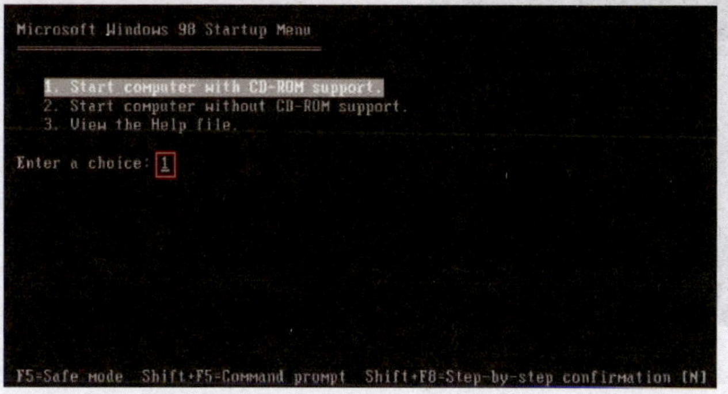	步骤 1　启动计算机 插入启动光盘或 U 盘后启动计算机，选择第一项，将系统设为支持从光盘启动，进入 DOS 系统。

续表

<table>
<tr><th>操作过程图</th><th>操作步骤说明</th></tr>
<tr><td>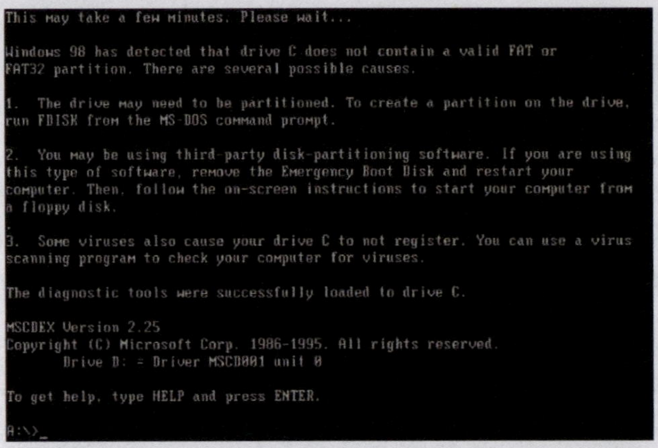
</td><td>步骤 2　进入 FDISK
在 DOS 命令提示符下输入“FDISK”命令，按“Enter”键。</td></tr>
<tr><td>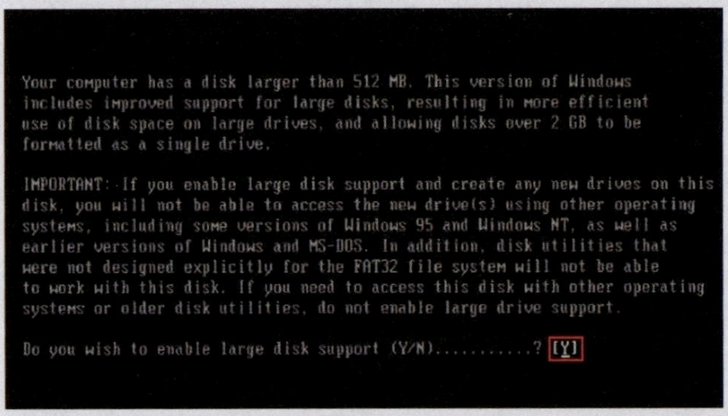
</td><td>步骤 3　设置大硬盘支持
屏幕提示用户选择是否启用大硬盘支持，这里输入“Y”，即启用。</td></tr>
<tr><td>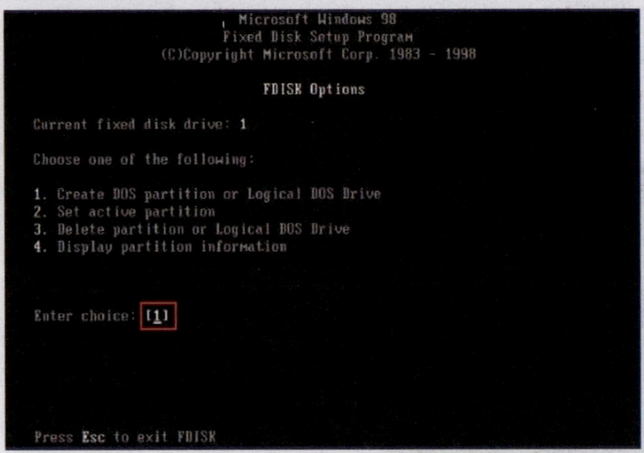
</td><td>步骤 4　开始创建主分区
屏幕上显示的四个选项含义分别为：
1. 创建 DOS 分区或逻辑 DOS 驱动器；
2. 设置活动分区；
3. 删除分区或逻辑 DOS 驱动器；
4. 显示分区信息。
这里输入“1”，按“Enter”键。</td></tr>
</table>

续表

操作过程图	操作步骤说明
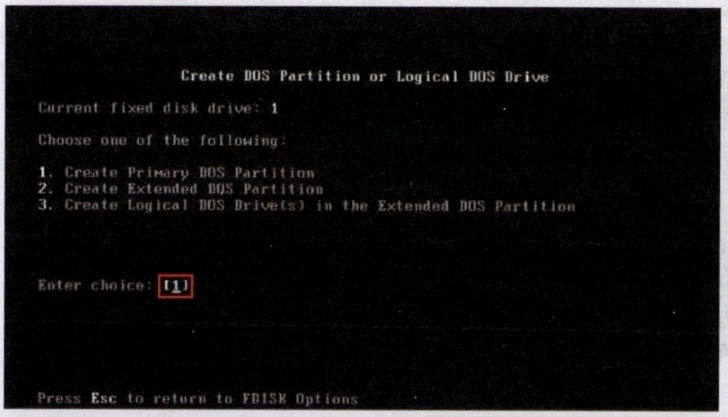	步骤 5　创建主分区 屏幕上显示的三个选项含义分别为： 1. 创建主分区； 2. 创建扩展分区； 3. 在扩展分区中创建逻辑驱动器。 这里输入“1”，按“Enter”键。
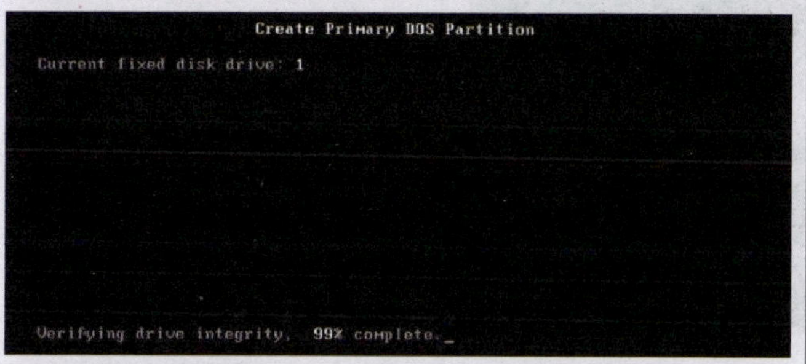	步骤 6　硬盘自检 创建主分区前，计算机自动检查硬盘。此时无须其他操作。
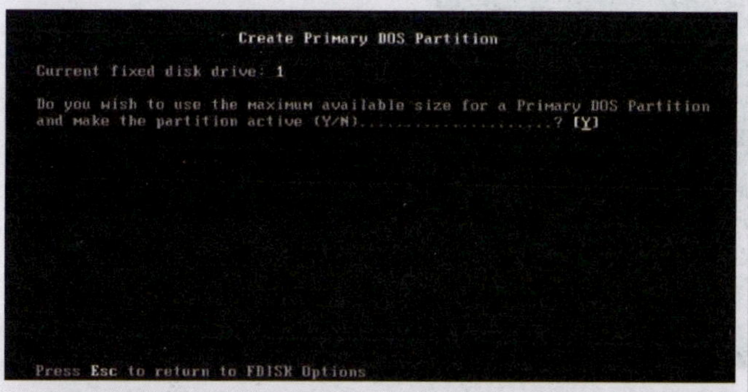	步骤 7　设置活动分区 屏幕提示“是否将可用空间划分为一个主分区，并将其设置为活动分区？” 这里输入“N”，按“Enter”键。
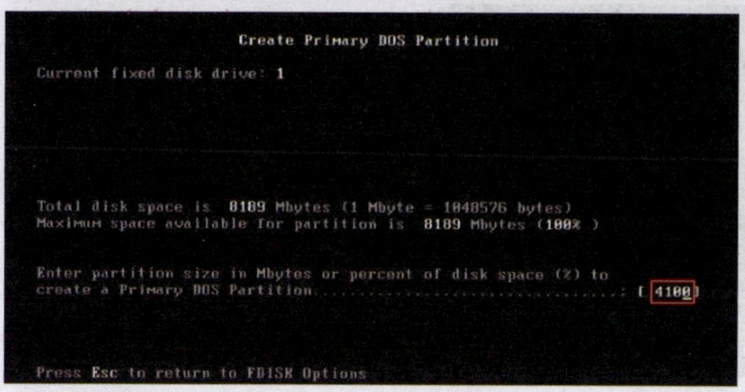	步骤 8　划分主分区 输入主分区的大小（MB）或主分区占硬盘空间的百分比。 这里输入“4100”或“50%”，按“Enter”键。

续表

<table>
<tr><th>操作过程图</th><th>操作步骤说明</th></tr>
<tr><td>
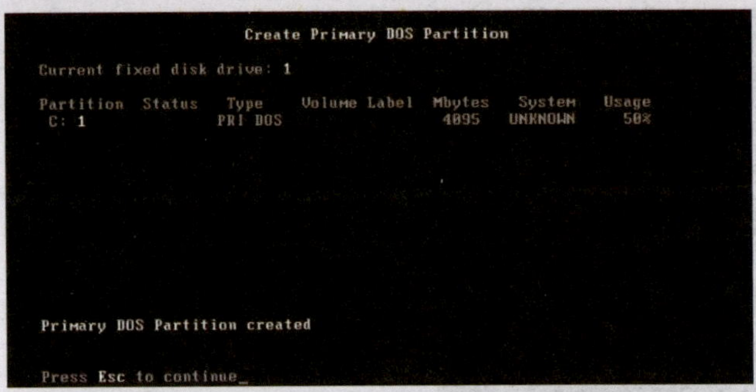

</td><td>
步骤 9　完成主分区划分
查看显示信息确认主分区划分成功，例如此处屏幕显示主分区大小为 4 095 MB，类型为 PRI DOS（主 DOS 分区）。
按“ESC”键退回到主菜单。
</td></tr>
<tr><td>
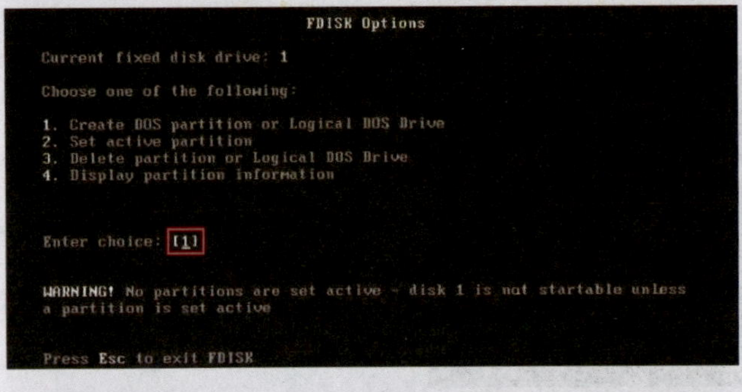

</td><td>
步骤 10　开始创建扩展分区
屏幕提示“没有设置活动分区”，此处不影响创建扩展分区，可继续操作。
这里输入“1”，按“Enter”键。
</td></tr>
<tr><td>
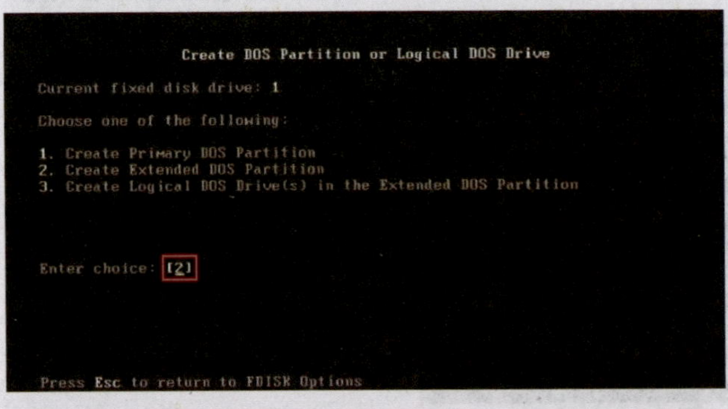

</td><td>
步骤 11　创建扩展分区
屏幕上显示的三个选项含义分别为：
1. 创建主分区；
2. 创建扩展分区；
3. 在扩展分区中创建逻辑驱动器。
这里输入“2”，按“Enter”键。
</td></tr>
<tr><td>
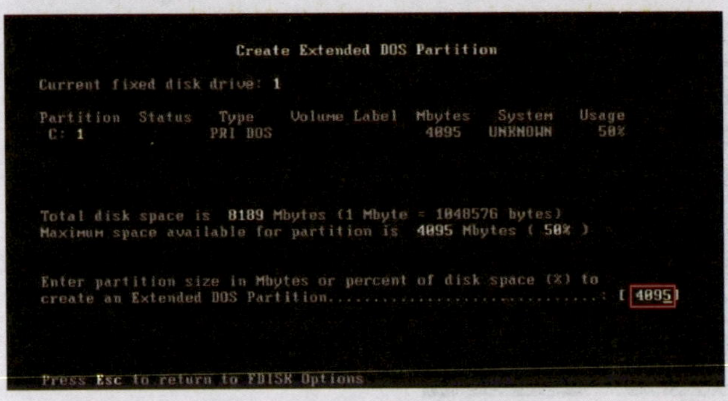

</td><td>
步骤 12　划分扩展分区
输入扩展分区的大小（MB）或扩展分区占硬盘空间的百分比。通常将剩余空间都划分给扩展分区。光标处的数字大小默认为剩余空间。
输入完成后按“Enter”键。
</td></tr>
</table>

续表

操作过程图	操作步骤说明
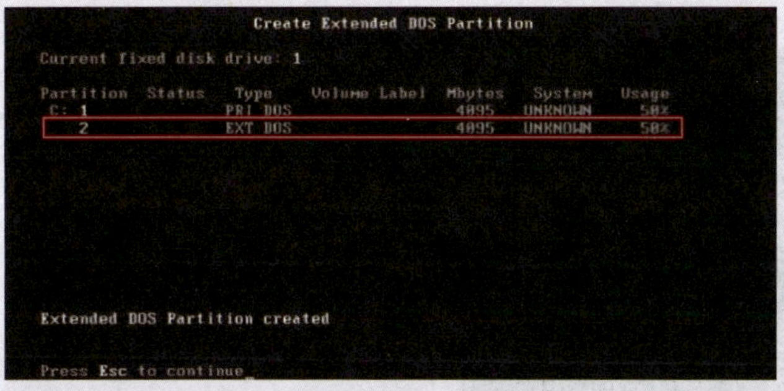	步骤 13 完成扩展分区划分 查看显示信息确认扩展分区划分成功，例如此处屏幕显示扩展分区为 4 095 MB，类型为 EXT DOS（扩展 DOS 分区）。 按“ESC”键退回到主菜单。
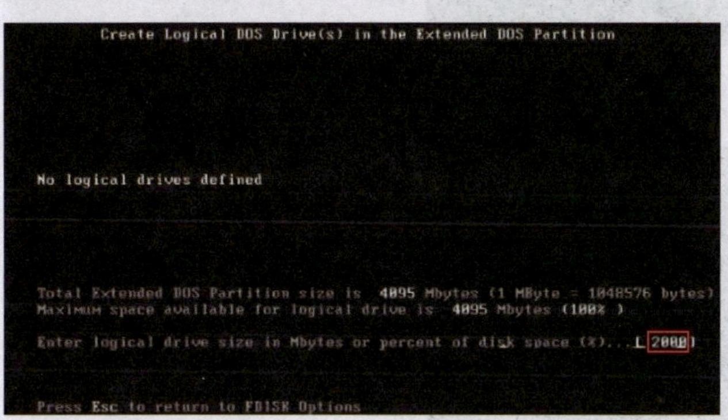	步骤 14 创建逻辑驱动器 D 屏幕提示“没有定义逻辑驱动器”，在光标位置输入需要创建的逻辑驱动器的大小。 这里输入“2000”，按“Enter”键。
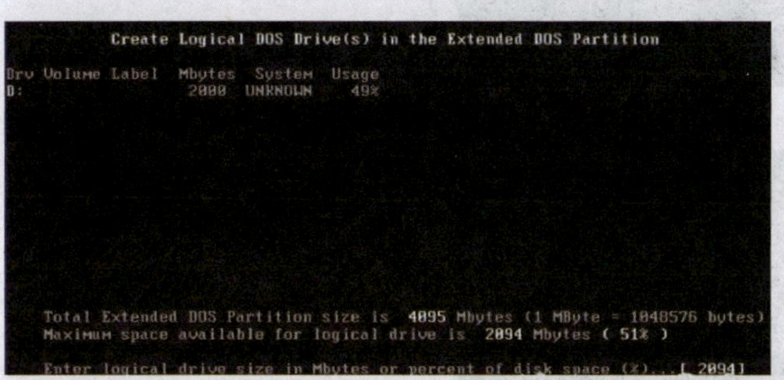	步骤 15 创建逻辑驱动器 E D 盘划分成功后，把剩余的空间都划分为下一个逻辑驱动器。 输入完成后按“Enter”键。
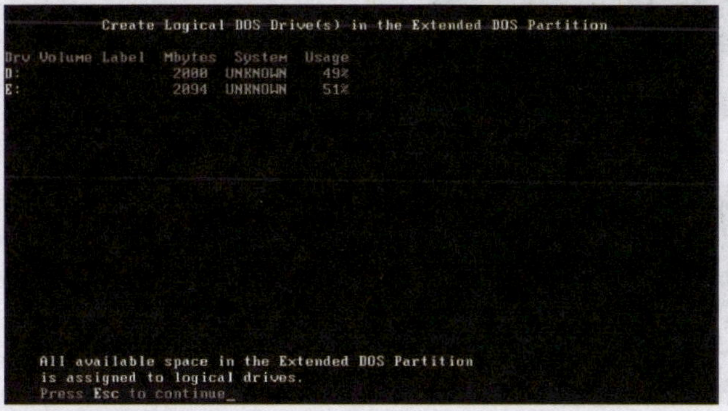	步骤 16 完成逻辑驱动器创建 屏幕提示用户所有可用空间均已经划分成功。 按“ESC”键退回到主菜单。

续表

<table>
<tr><th>操作过程图</th><th>操作步骤说明</th></tr>
<tr><td>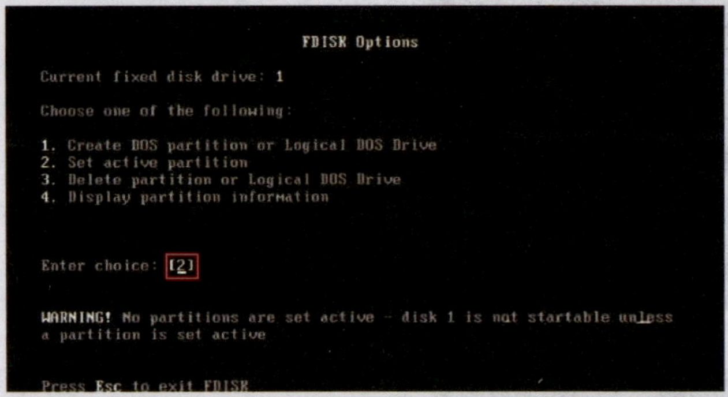
</td><td>步骤 17　设置活动分区
屏幕上显示的四个选项含义分别为：
1. 创建 DOS 分区或逻辑 DOS 驱动器；
2. 设置活动分区；
3. 删除分区或逻辑 DOS 驱动器；
4. 显示分区信息。
这里输入“2”，按“Enter”键。</td></tr>
<tr><td>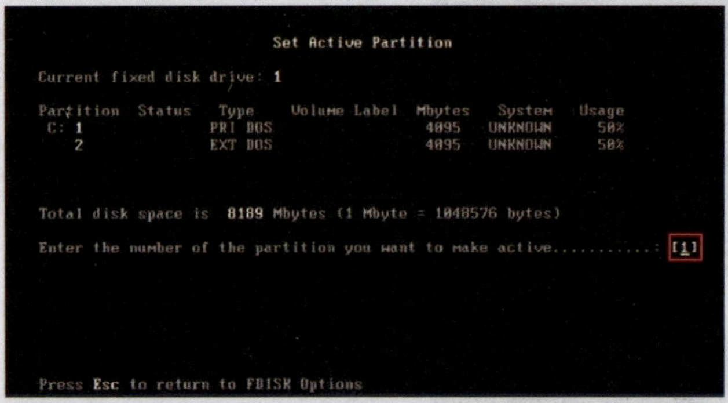
</td><td>步骤 18　设置活动分区
设置主分区为活动分区。
这里输入“1”，按“Enter”键。</td></tr>
<tr><td>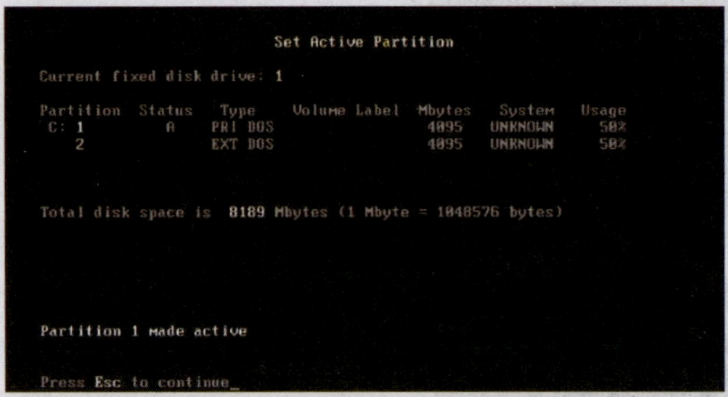
</td><td>步骤 19　设置活动分区完成
此处主分区的状态（Status）为 A（活动分区）。
按“Esc”键退出 FDISK，进入 DOS 命令行界面。</td></tr>
<tr><td>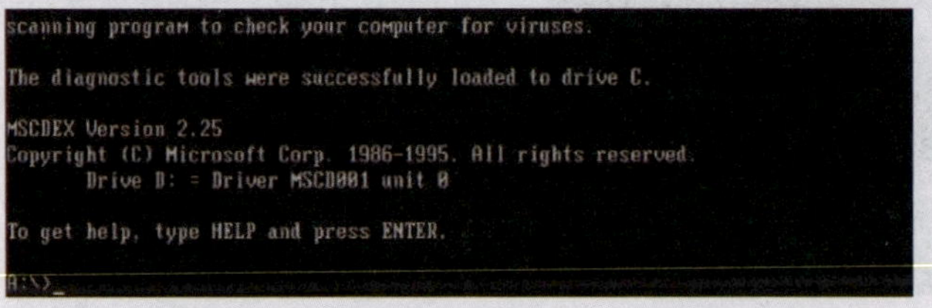
</td><td>步骤 20　格式化分区
在 DOS 命令行输入格式化命令，格式为“format 盘符”，对各个分区进行格式化。</td></tr>
</table>

任务场景 2　学校信息中心有一台旧计算机，因 MBR 分区表损坏导致数据丢失，现需使用 FDISK 等工具对分区表错误进行修复。

进入命令提示符界面，按照表 1-5-3 中所列方法尝试修复分区表的错误。

表 1-5-3　修复分区表的错误

操作过程图	操作步骤说明
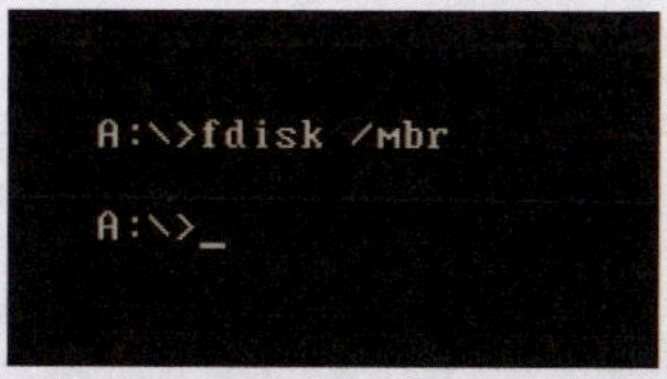	当主引导记录被引导区型病毒破坏或主引导记录代码丢失导致分区表出现错误时，可以使用“fdisk /mbr”命令对主引导记录进行覆盖，以修复由此导致的分区表错误。
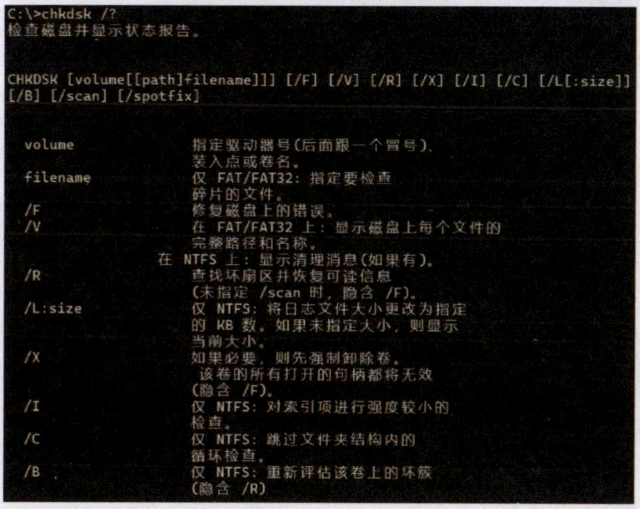	磁盘出现故障时，除 FDISK 外，还可以用 Windows 操作系统自带的 chkdsk 磁盘检测工具进行检查和修复。chkdsk 的部分命令参数如左图所示。
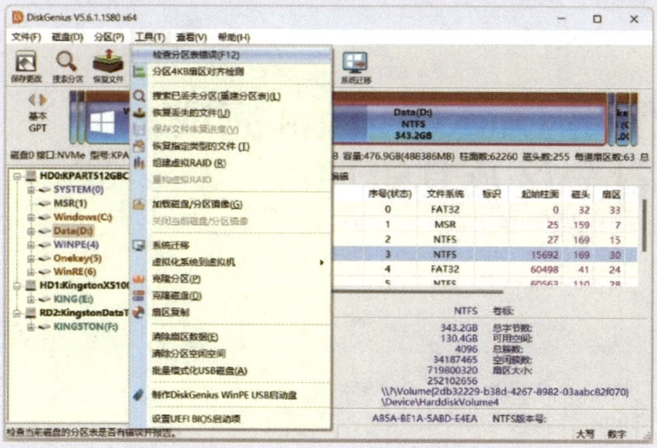 DiskGenius 软件中检查修复分区表的相关命令	目前，除可使用 fdisk、chkdsk 等 Windows 命令行工具对分区表错误进行修复外，更常用的方法是使用具有人机交互操作界面的数据恢复和分区表修复工具，如易我分区表医生和 DiskGenius 等，利用这些工具不仅能修复分区表，还能恢复大部分未被覆盖的数据。

考核评价

按照表 1-5-4 中所列的评价项目和评价标准，以自我评价、小组评价和教师评价相结合的方式，对本任务的完成情况进行考核评价。

表 1-5-4　考核评价表

评价项目	评价标准	评价方式及权重			得分
		自我评价	小组评价	教师评价	
		20%	30%	50%	
职业素养	1. 遵守课堂纪律和机房管理制度 2. 学习主观能动性，动手能力 3. 团队协作能力				
专业能力	1. 能叙述硬盘分区的类型、原则及硬盘格式 2. 能利用 FDISK 对硬盘进行分区和格式化，并修复分区表错误				
总分（职业素养得分 ×30% ＋专业能力得分 ×70%）					
教师签字		日期			

任务 6　使用 DiskGenius 完成硬盘分区及其管理

学习目标

1. 能利用 DiskGenius 对硬盘进行分区和格式化。
2. 能利用 DiskGenius 对硬盘快速分区。
3. 能叙述硬盘分区的步骤和分区过程中的注意事项。

环境准备

硬盘待分区的计算机、启动光盘及 DiskGenius 软件等。

问题引入

通过互联网检索或查阅相关资料，进行小组讨论，回答以下问题，初步了解硬盘分区及管理的常用工具。

1. 了解表 1-6-1 中所列的硬盘分区软件的基本情况，写出它们的名称，并简要叙述其特点。

表 1-6-1　硬盘分区软件

2. 观察图 1-6-1 中 DiskGenius 软件主界面中所展示的信息，将下面的空白补充完整。

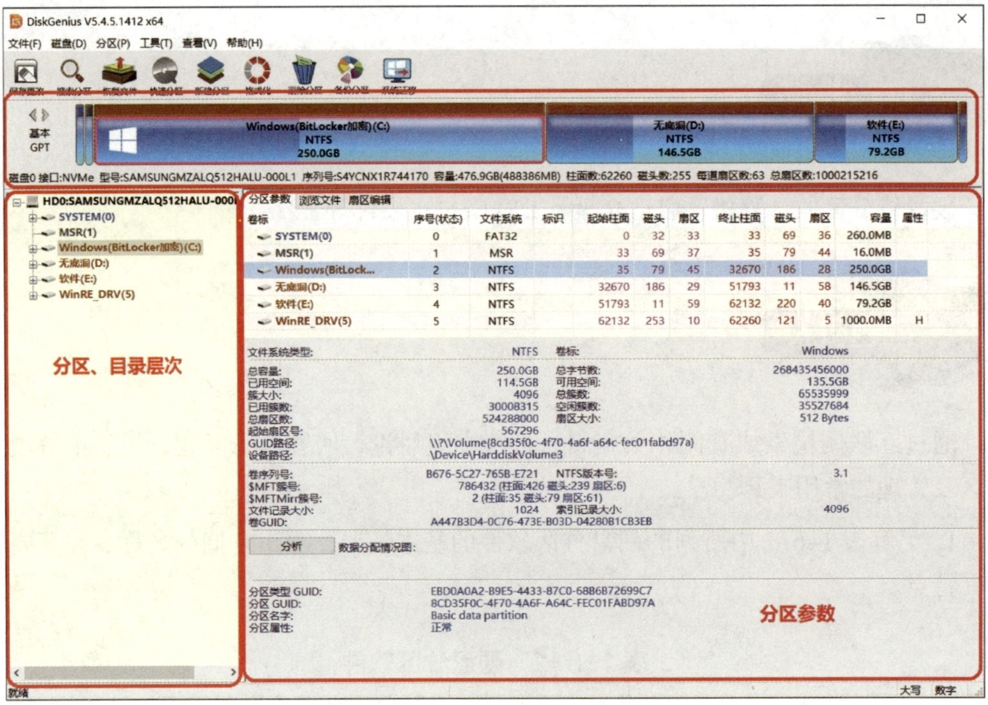

图 1-6-1　DiskGenius 软件主界面

该硬盘的容量为______，硬盘的格式为______，主分区的盘符及容量为______________，扩展分区的盘符及容量为____________。

相关知识

一、DiskGenius

DiskGenius 是一款常用的硬盘分区及数据恢复软件，具备恢复已删除文件、复制分区、备份分区、复制硬盘等功能。DiskGenius 还支持 VMWare、Virtual PC 等虚拟机中的虚拟硬盘。

二、Windows PE

Windows PE 全称 Windows preinstallation environment，即 Windows 预安装环境，是拥有关键服务程序的微型便携式 Windows 子系统，适用于即将安装 Windows 操作系统的计算机，以便从网络文件服务器复制硬盘映像（也称镜像文件）并启动 Windows 安装程序。它包括运行 Windows 安装程序及脚本、连接网络共享、自动化基本过程，以及执行硬件验证所需的最小功能。

Windows PE 含有多版本的 PE 内核。其中，以 Windows 7、Windows 8、Windows 8.1、Windows 10 为内核的使用得最多。

任务实施

任务场景 1　学校信息中心新购买了一台计算机，这台计算机的硬盘仍处于未分区的状态，需要利用启动盘和 DiskGenius 软件进行分区。

参照表 1-6-2 所列步骤使用 DiskGenius 软件对硬盘进行分区。

表 1-6-2　使用 DiskGenius 软件对硬盘进行分区

<table>
<tr><th>操作过程图</th><th>操作步骤说明</th></tr>
<tr><td>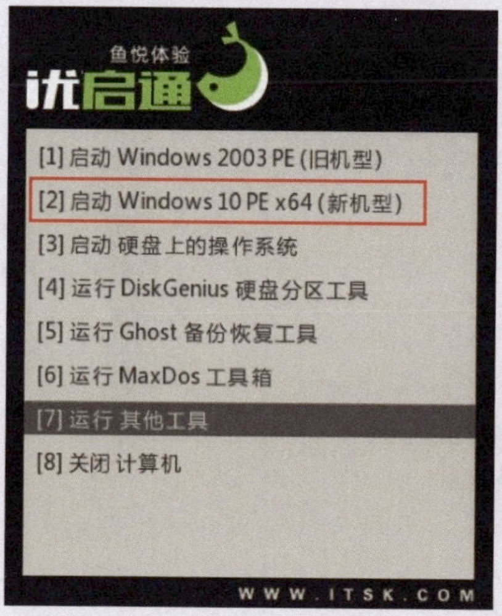
</td><td>步骤 1
用启动光盘启动计算机，在弹出的菜单中选择“启动 Windows 10 PE ×64（新机型）”。
【思考】
什么情况下应选择 Windows 2003 PE?</td></tr>
<tr><td></td><td>步骤 2
进入 Windows PE。</td></tr>
</table>

续表

操作过程图	操作步骤说明
	步骤 3 在 Windows PE 里启动 DiskGenius 软件。 【思考】 若出现图标无法加载出来的情况应如何处理？
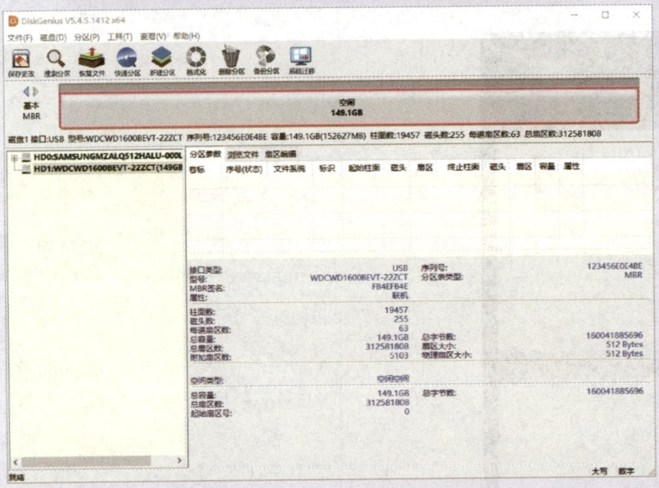	步骤 4 进入 DiskGenius 软件的主界面，主界面显示了硬盘的详细信息，如此处显示 HD1 硬盘共有 149.1 GB 空闲硬盘空间。
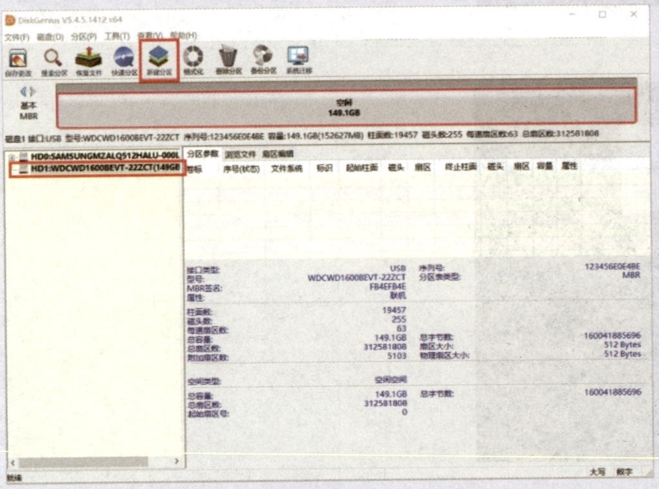	步骤 5 选中需要分区的硬盘 HD1，再单击常用工具栏里的“新建分区”按钮，弹出“建立新分区”对话框。

续表

操作过程图	操作步骤说明
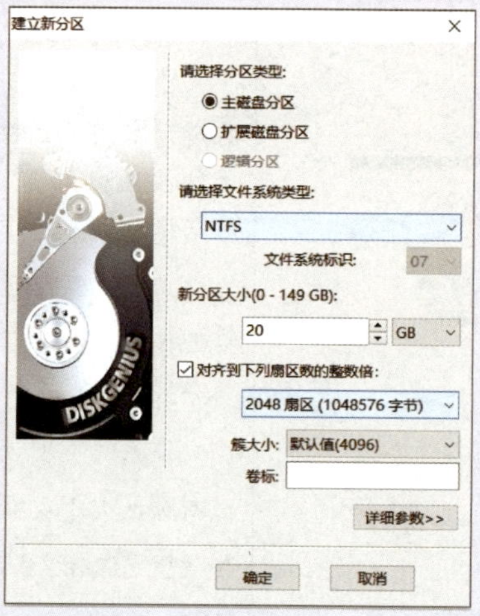	步骤 6 在“建立新分区”对话框中进行以下设置： 分区类型：主磁盘分区； 文件系统类型：NTFS； 新分区大小：20。 设置完成后单击“确定”按钮。 【思考】 左图中为什么要勾选“对齐到下列扇区数的整数值”？
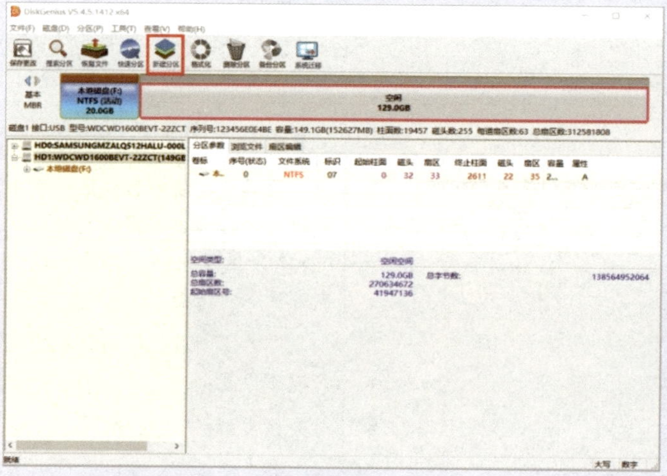	步骤 7 选中硬盘中没有分区的空闲部分，再单击常用工具栏中的“新建分区”按钮，弹出“建立新分区”对话框。
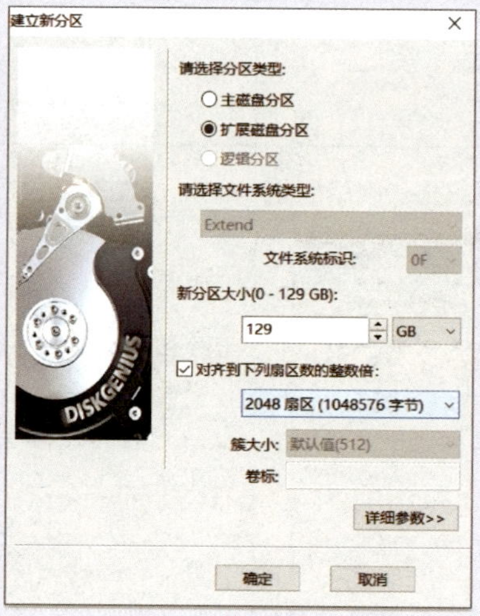	步骤 8 在“建立新分区”对话框中进行以下设置： 分区类型：扩展磁盘分区； 新分区大小：129（不需要修改）。 设置完成后单击“确定”按钮。 【思考】 利用 DiskGenius 软件可以建立多少个扩展磁盘分区？

续表

操作过程图	操作步骤说明
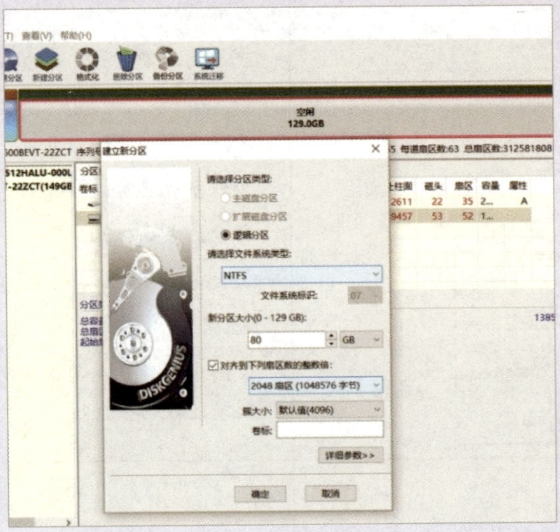	步骤 9 选中新创建的扩展磁盘分区，再选择常用工具栏里的“新建分区”按钮，出现“建立新分区”对话框。 在“建立新分区”对话框中进行如下设置： 分区类型：逻辑分区； 文件系统类型：NTFS； 新分区大小：80。 设置完成后单击“确定”按钮。 【思考】 Windows 操作系统中可以建立多少个逻辑分区？
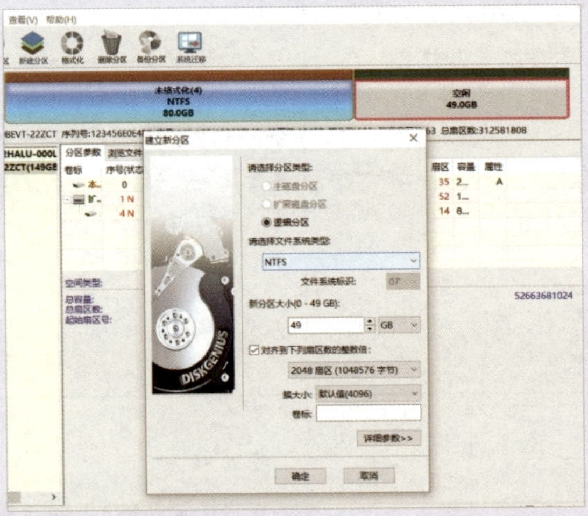	步骤 10 再次选中扩展磁盘分区的剩余空闲部分，单击常用工具栏里的“新建分区”按钮，弹出“建立新分区”对话框。 在“建立新分区”对话框中进行以下设置： 分区类型：“逻辑分区”； 文件系统类型：NTFS； 新分区大小：49（剩余全部）。 设置完成后单击“确定”。
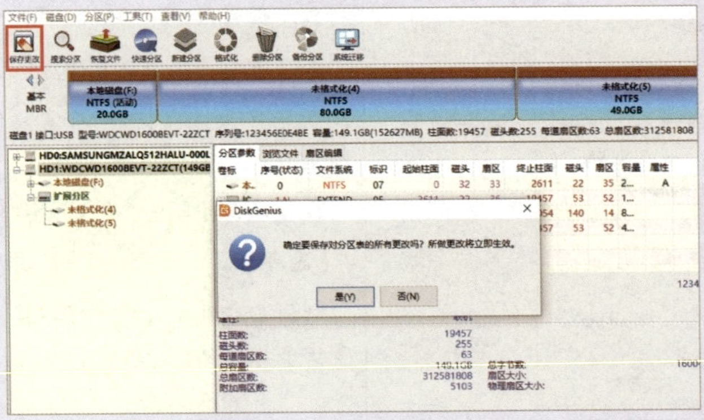	步骤 11 分区完成后，再单击常用工具栏里的“保存更改”按钮，在弹出的对话框里单击“是”，单击确认保存。

续表

操作过程图	操作步骤说明
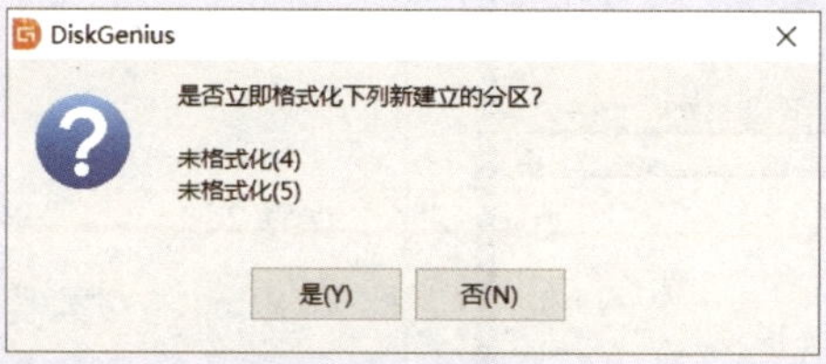	步骤 12 随后弹出的对话框询问用户是否格式化新建立的分区，此处单击“是”按钮。 【思考】 未格式化的分区是否能正常使用?
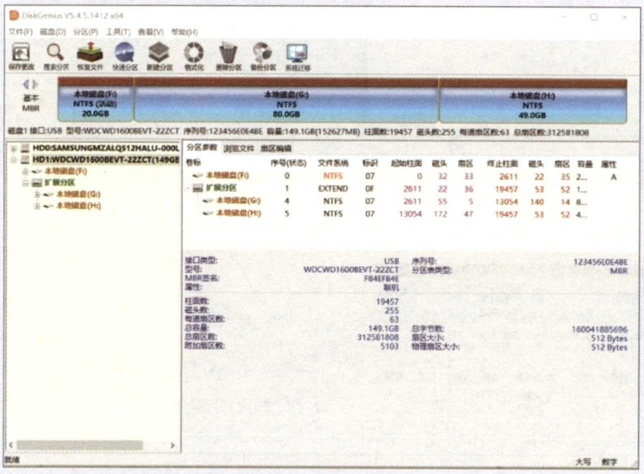	步骤 13 分区全部完成，查看页面信息是否正确。

任务场景 2　学校信息中心有一台硬盘为 160 GB 的旧计算机需要重新分区。

利用 DiskGenius 软件的快速分区功能，参照表 1-6-3 所列步骤将这台计算机分成 30 GB、30 GB、45 GB、44 GB 的四个区。

表 1-6-3　使用 DiskGenius 软件对硬盘进行快速分区

操作过程图	操作步骤说明
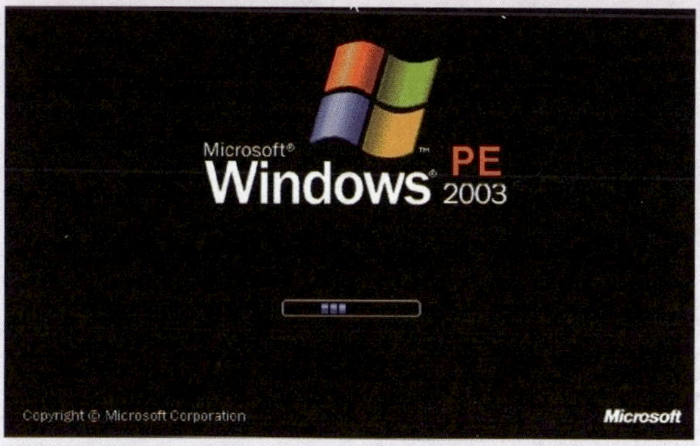	步骤 1 用启动光盘启动计算机，进入 Windows PE。

续表

<table>
<tr><th>操作过程图</th><th>操作步骤说明</th></tr>
<tr><td>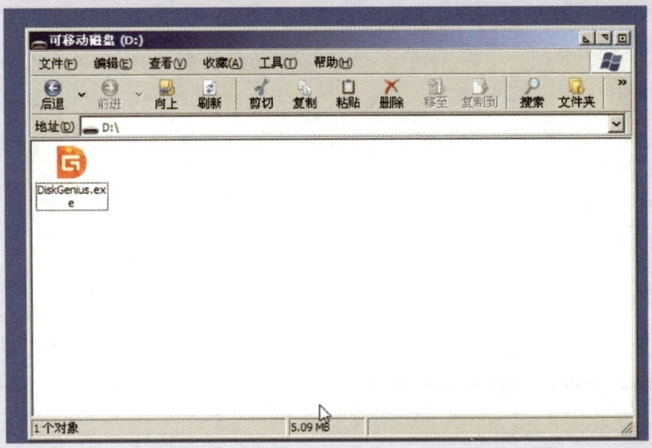
</td><td>步骤 2
在 Windows PE 里运行光盘或 U 盘里的 DiskGenius.exe 程序。</td></tr>
<tr><td>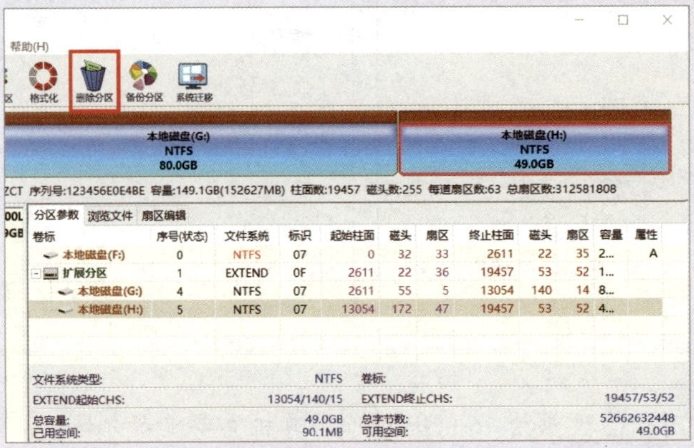
</td><td>步骤 3
选中 H 盘，单击常用工具栏里的“删除分区”按钮。</td></tr>
<tr><td>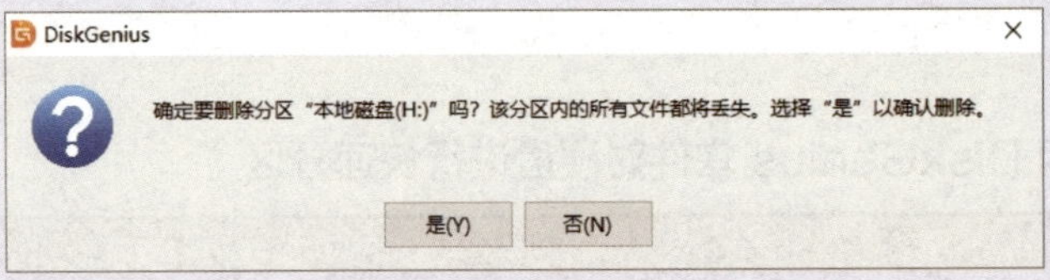
</td><td>步骤 4
单击“是”按钮，确认删除分区。
【思考】
在确认删除分区前应完成什么操作？</td></tr>
<tr><td>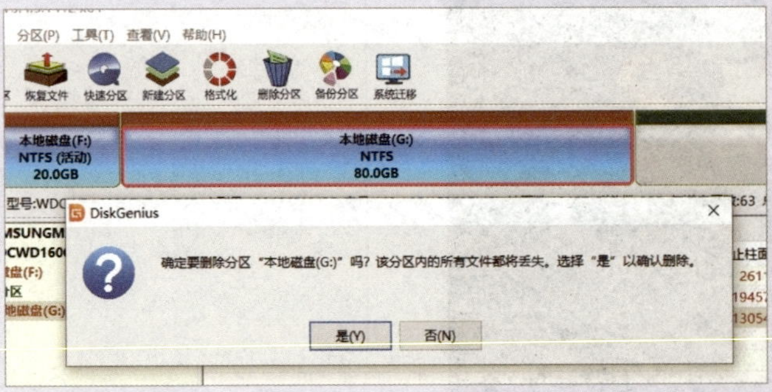
</td><td>步骤 5
用同样的方法删除 G 盘。</td></tr>
</table>

续表

操作过程图	操作步骤说明
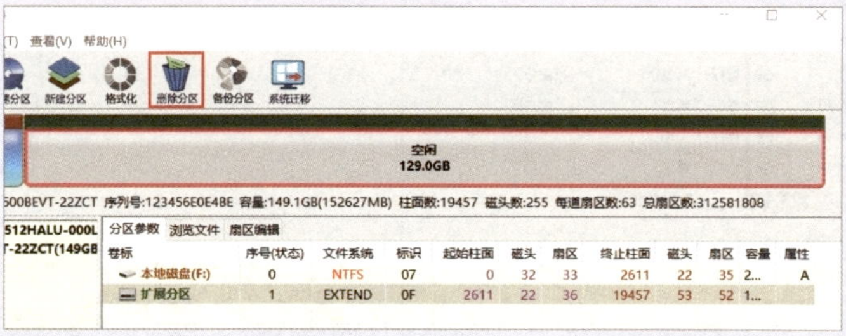	步骤 6 选中扩展分区，单击常用工具栏里的“删除分区”按钮。
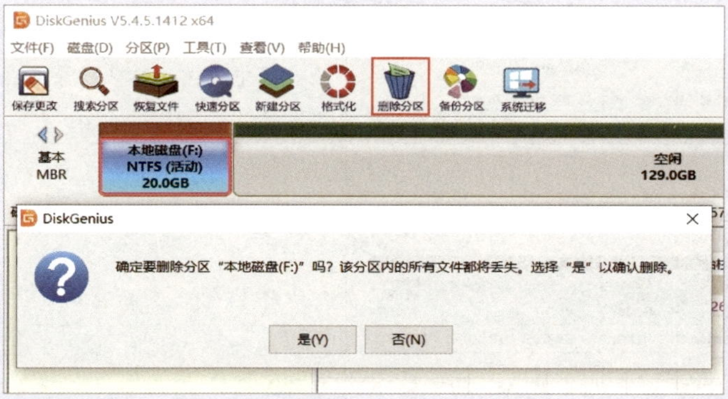	步骤 7 选中F盘，单击常用工具栏里的“删除分区”按钮。在弹出的对话框中单击“是”按钮，确认删除。
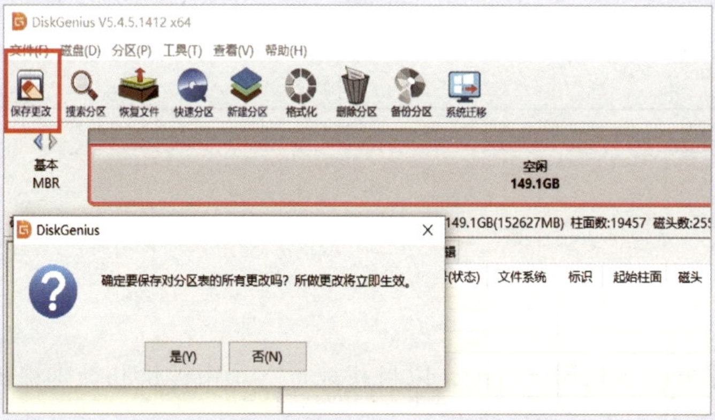	步骤 8 单击常用工具栏里的“保存更改”按钮，使硬盘恢复至初始状态。 【思考】 若不保存对分区表的更改，重启系统后，原有分区是否还在？
	步骤 9 选中需要分区的硬盘，单击常用工具栏里的“快速分区”按钮，弹出“快速分区”对话框。

续表

操作过程图	操作步骤说明
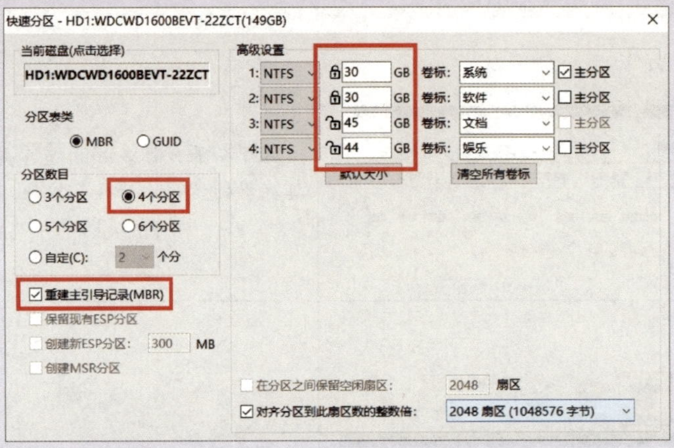	步骤 10 在“快速分区”对话框中进行如下设置：高级设置中的大小分别设为30、30、45、44，分区数目设为4个，勾选“重建主引导记录（MBR）”复选框，最后单击“确定”按钮。 【思考】 一般情况下，在左图所示高级设置中应该勾选多少个分区为主分区？
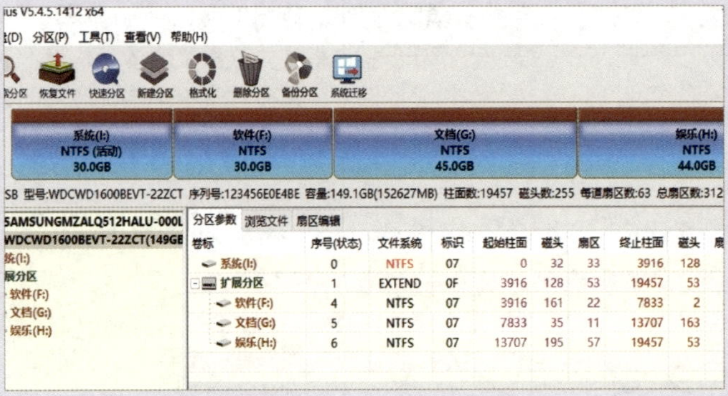	步骤 11 分区和格式化自动完成后，查看效果。

考核评价

按照表1-6-4中所列的评价项目和评价标准，以自我评价、小组评价和教师评价相结合的方式，对本任务的完成情况进行考核评价。

表1-6-4　考核评价表

评价项目	评价标准	评价方式及权重			得分
		自我评价	小组评价	教师评价	
		20%	30%	50%	
职业素养	1. 遵守课堂纪律和机房管理制度 2. 学习主观能动性，动手能力 3. 团队协作能力				

续表

评价项目	评价标准	评价方式及权重			得分
		自我评价	小组评价	教师评价	
		20%	30%	50%	
专业能力	1. 利用 DiskGenius 软件对硬盘分区和格式化 2. 利用 DiskGenius 软件对硬盘快速分区				
总分（职业素养得分 ×30% ＋专业能力得分 ×70%）					
教师签字		日期			

任务 7　拆装笔记本电脑

学习目标

1. 能完成笔记本电脑关键硬件的拆卸和安装。
2. 能完成笔记本电脑易损硬件的更换。

环境准备

笔记本电脑、十字旋具、一字旋具、拨片等。

问题引入

通过互联网检索或查阅相关资料，进行小组讨论，回答以下问题，初步了解笔记本电脑的内部和外部结构。

1. 为了便于快速描述笔记本电脑维修时的位置，一般会将笔记本电脑划分成多个区域并赋予 A 面、B 面、C 面、D 面等代号，通过网络查询，在表 1–7–1 中为笔记本电脑的各个区域标注好对应的编号。

表 1–7–1　笔记本电脑的区域

______面	______面

______面	______面

2. 图 1–7–1 所示为常见笔记本电脑的硬件布局图，通过网络查询，结合本书前面任务中所学习的计算机硬件知识，将数字标识处硬件的名称及用途填写在表 1–7–2 中。

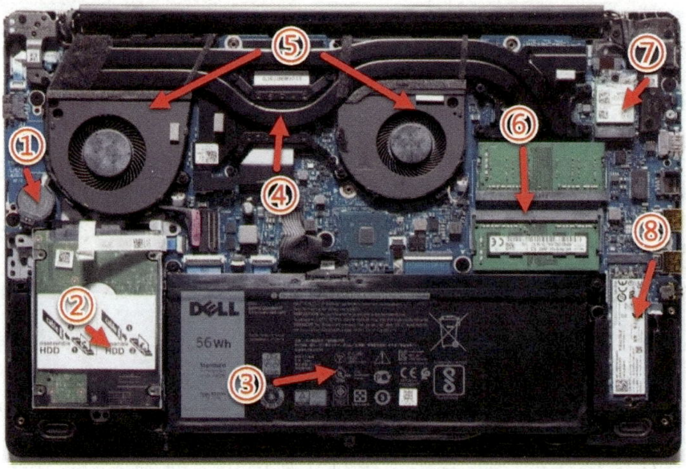

图 1–7–1　常见笔记本电脑的硬件布局图

表 1-7-2　笔记本电脑硬件名称及用途

数字标识	硬件名称	用途
①		
②		
③		
④		
⑤		
⑥		
⑦		
⑧		

相关知识

一、拆卸笔记本电脑的注意事项

1. 拆卸笔记本电脑前的注意事项

（1）拆机前应关闭电源，并拆去所有的外部设备，如电源适配器、电源线、外接型电池、移动硬盘及其他电缆等。因为在电源关闭的情况下，一些电路、设备可能仍在工作，如直接拆卸可能会引发线路损坏。若笔记本电脑使用的是内嵌型电池则需要先断开其供电线与主板的连接。

（2）拆去电源线和电池后，长按笔记本电脑的电源开关，以释放内部电容中所存储的直流电流余电。在有条件的情况下应佩戴防静电手环，或通过洗手、接触金属接地物等方式释放自身所携带的静电。

2. 拆卸笔记本电脑时的注意事项

（1）拆卸笔记本电脑时必须细心，动手前仔细观察准备拆卸的硬件。可以通过网络查询对应型号的笔记本电脑拆卸的视频、图文教程等资料，明确拆卸顺序、安装部位，必要时用笔记下关键步骤和要点。

（2）使用合适的工具，如旋具、拨片、镊子、钩针等，但使用时也要小心，切勿对笔记本电脑中各类硬件上的精密电路造成人为损伤。

（3）拆卸各类电缆（电线），尤其是排线时，切勿直接拉拽，而是首先要明确其端口的吻合方式，然后再动手用巧力左右摆动接口进行拆卸，且注意用力适度，切忌暴力拆卸。

（4）普通笔记本电脑中的很多部件均采用工程塑料材质制作，拆卸时需要关注其受力情况，注意用力轻柔、适度，避免损坏。

（5）由于笔记本电脑中的很多零件十分细小，如螺钉、排线、弹簧等，所以要采用拍照等方式严格记录下每个硬件及相关零件的位置，拆卸下来后将其按种类或者区域规则码放。这不仅能提高维修效率，还能避免出现安装完毕后忘记安装或错装部分螺钉从而返工等情况。

二、笔记本电脑装机的注意事项

1. 在安装笔记本电脑的主板时，要将笔记本电脑的主板放到 D 面上，并放平整，然后将 C 面放到笔记本电脑的主板上，对照观察哪些螺钉先拧、哪些螺钉后拧。

2. 不要忘记安装一些小的零件，拆卸和安装排线时注意用力适度，动作尽量轻柔。

3. 要注意接口所用螺钉的型号、编号，不要将长螺钉强行安装到短螺钉孔中。

4. 在安装风扇及导管的螺钉时要用力均匀，并且注意不要把一个螺钉直接拧紧后再拧下一个，这样有可能造成 CPU、独立显卡因用力不均而受损，正确的方法是先全部拧到能固定住硬件的程度后，再逐一拧紧。

任务实施

任务场景 1　现有一台老旧的笔记本电脑，性能已不能满足办公和学习需要，需升级内存和硬盘，以提升其性能。

参照表 1-7-3 所列步骤，使用新购置的大容量内存和 M.2 接口固态硬盘完成笔记本电脑内存和硬盘的升级。

表 1-7-3　为笔记本电脑升级内存和硬盘

操作过程图	操作步骤说明
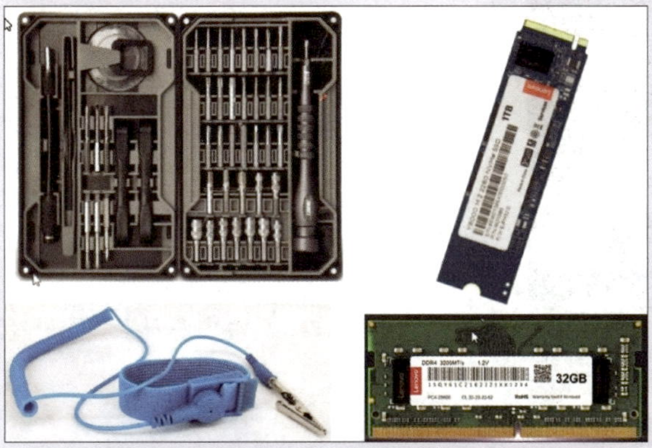	步骤 1 提前准备好升级需要使用的硬件及拆装工具。 【思考】 1. 选择笔记本电脑的内存时应该注意什么问题？ 2. 选择笔记本电脑的固态硬盘时应该注意什么问题？
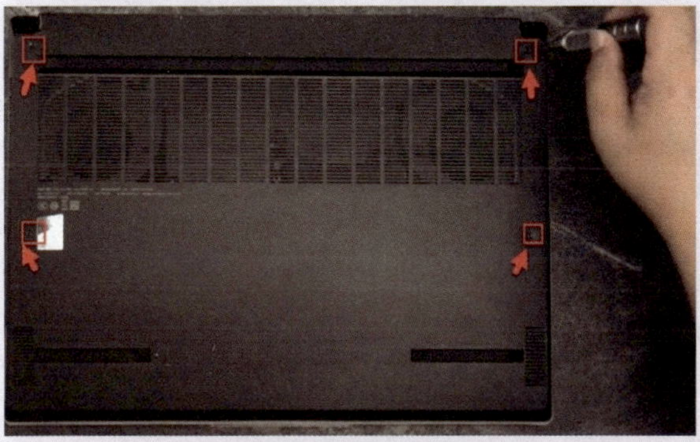	步骤 2 找到笔记本电脑背面的螺钉孔，并使用对应的旋具取出对应的螺钉。 【思考】 螺钉取出后应如何放置？
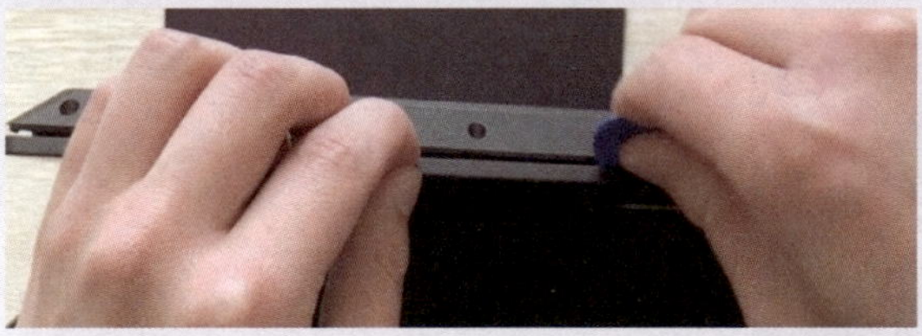	步骤 3 使用拨片沿着缝隙撬开笔记本电脑 D 面外壳的连接卡扣，并将 D 面外壳移除。 【思考】 使用拨片时应该注意什么问题？
	步骤 4 移除 D 面外壳后，仔细找到电池排线与主板连接接口所在位置，细心地从对接口中断开排线与主板的连接，并按一下电源键。 【思考】 1. 断开电池与主板的连接排线时需要注意什么？ 2. 为什么断开电池与主板的连接后需要按一下电源键？

续表

操作过程图	操作步骤说明
	步骤 5 仔细观察内存屏蔽罩，并从边角处揭开内存屏蔽罩，胶水粘贴比较紧时，可以先用吹风机中挡热风吹一下从而降低胶水的黏性。 【思考】 笔记本电脑配备的内存屏蔽罩能起到什么作用？
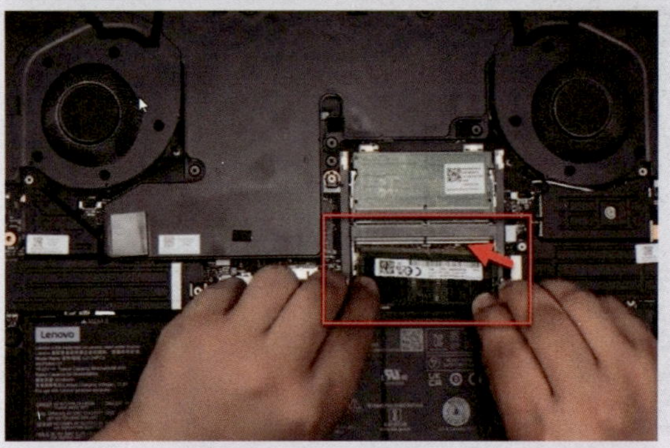	步骤 6 在拆除内存屏蔽罩后，取出准备好的内存，使内存金手指的方向与中间防呆接口的位置朝向对应，沿斜向下的方向将内存插入笔记本内存插槽，完全插入后下压内存以便锁定卡扣，重新粘贴好内存屏蔽罩，即可完成内存的安装。 【思考】 如何确认内存已安装无误？
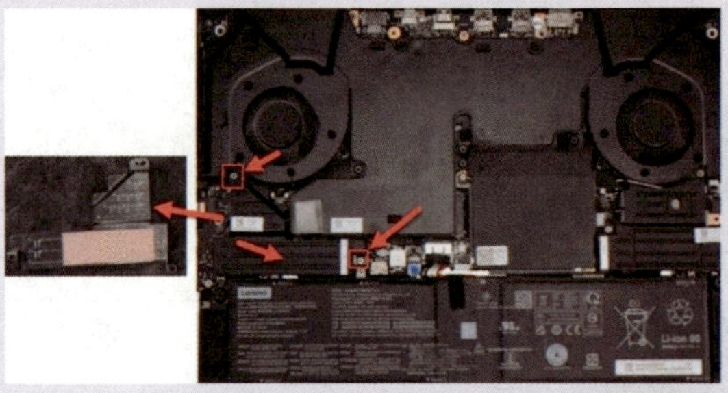	步骤 7 仔细观察 M.2 接口固态硬盘屏蔽罩，松开并取下硬盘屏蔽罩顶部的固定螺钉，即可取下硬盘屏蔽罩。 【思考】 1. 笔记本电脑配备的硬盘屏蔽罩起什么作用？ 2. 为什么硬盘屏蔽罩相比内存屏蔽罩要特意加装螺钉进行固定，并且两者屏蔽罩的材质也有不同？
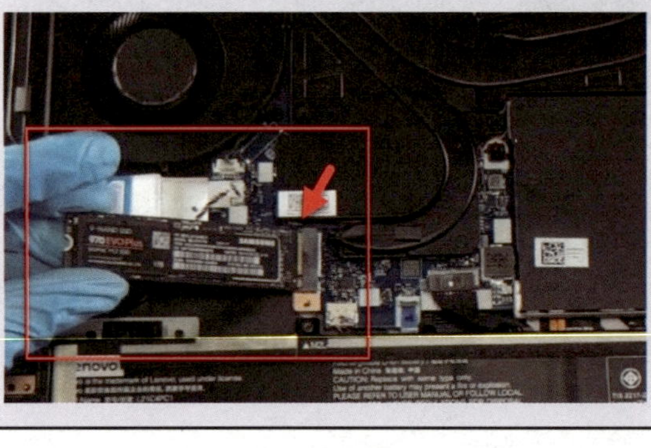	步骤 8 在拆除硬盘屏蔽罩后，取出准备好的 M.2 接口固态硬盘，使金手指的方向与防呆接口的位置朝向对应，沿斜向下的方向将固态硬盘插入笔记本硬盘插槽，完全插入后下压固态硬盘，安装固定螺钉和硬盘屏蔽罩，即可完成新硬盘的安装。 【思考】 M.2（SATA）接口与 M.2（NVMe）接口有什么区别？

任务场景 2　一台笔记本电脑屏幕不小心被磕碰碎裂导致无法正常使用，并且该笔记本电脑已过了保修服务期限。现需要从第三方渠道购买一个兼容的同尺寸笔记本电脑屏幕，为笔记本电脑替换损坏的屏幕。

参照表 1-7-4 所列步骤完成笔记本电脑屏幕的更换。

表 1-7-4　更换笔记本电脑屏幕

操作过程图	操作步骤说明
	步骤 1 通过第三方渠道购买兼容的用于替换的屏幕。 【思考】 选择用于替换的屏幕时应该注意哪些事项？
	步骤 2 观察笔记本电脑屏幕四周的缝隙，寻找合适的位置，使用拨片小心地沿着缝隙划过，使屏幕保护外壳的卡扣上下脱离，以便卸下屏幕保护外壳。 【思考】 在使用拨片分离屏幕保护外壳时需要注意哪些事项？
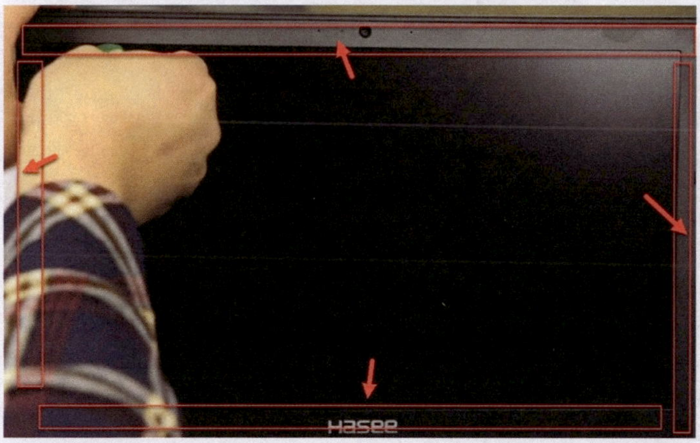	步骤 3 部分笔记本电脑屏幕的保护外壳与笔记本电脑 A 面结合得比较紧密，此时可以从屏幕边框处着手，使屏幕保护外壳的卡扣上下脱离，以便卸下屏幕保护外壳。 【思考】 在屏幕保护外壳内部的四周使用拨片分离屏幕保护外壳时需要注意哪些事项？

续表

操作过程图	操作步骤说明
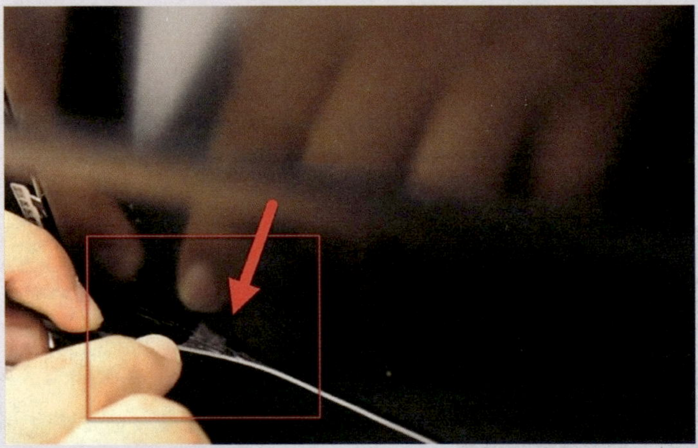	步骤 4 部分笔记本电脑还用胶水将屏幕保护外壳与笔记本电脑屏幕的边缘进行了粘贴，此时可以利用吹风机的热风降低胶水的黏性，以降低卸下屏幕保护外壳的难度。 【思考】 部分笔记本电脑在屏幕保护外壳的四周还粘有一圈防水软胶，如何顺利撕下防水软胶并使其能被再次使用？
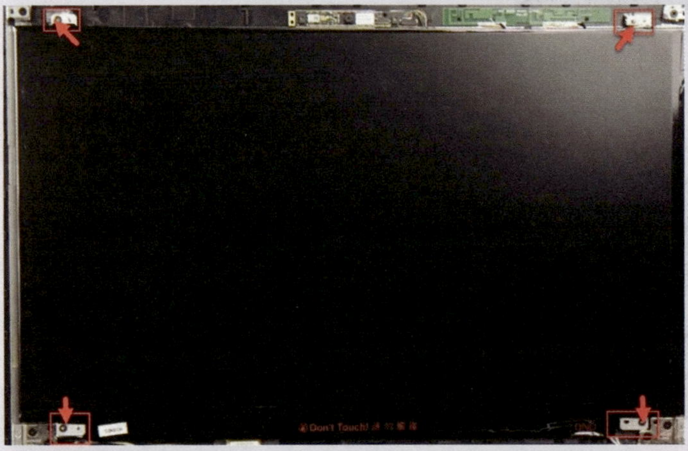	步骤 5 卸下屏幕保护外壳后，仔细观察屏幕的四周，将固定螺钉逐个取下。 【思考】 在取下固定螺钉的过程中需要注意哪些事项？
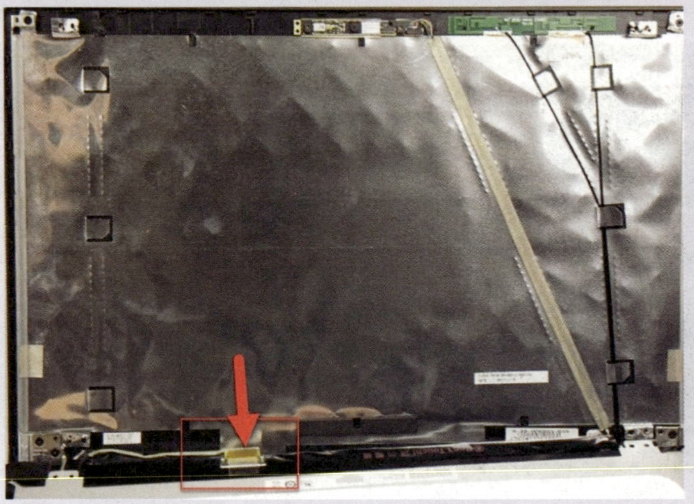	步骤 6 首先以轻柔的动作将屏幕平放，然后仔细地将屏幕的数据排线与笔记本电脑主板的数据接口分离。 【思考】 在取下排线的过程中需要注意哪些事项？

续表

操作过程图	操作步骤说明
	步骤 7 安装新的屏幕时，只需要按照相反的顺序重新连接好屏幕与主板对接的数据排线，并安装好固定螺钉后，将屏幕保护外壳嵌回笔记本电脑 A 面即可。 【思考】 在安装新屏幕的过程中需要注意哪些事项？

考核评价

按照表 1-7-5 中所列的评价项目和评价标准，以自我评价、小组评价和教师评价相结合的方式，对本任务的完成情况进行考核评价。

表 1-7-5　考核评价表

评价项目	评价标准	评价方式及权重			得分
		自我评价	小组评价	教师评价	
		20%	30%	50%	
职业素养	1. 遵守课堂纪律和机房管理制度 2. 学习主观能动性，动手能力 3. 团队协作能力				
专业能力	1. 能叙述笔记本电脑的基本结构 2. 掌握笔记本电脑的拆卸及安装要点，并完成相关操作 3. 能完成笔记本电脑易损硬件的更换				
总分（职业素养得分 ×30% ＋专业能力得分 ×70%）					
教师签字		日期			

项目二
安装配置软件环境

任务 1　配置虚拟机环境

学习目标

1. 能叙述虚拟机的概念和功能，操作系统的概念及其作用。
2. 能配置虚拟机环境并在其中安装 Windows 7 操作系统。
3. 能叙述虚拟机与 Windows 操作系统安装过程中的各项功能的作用与注意事项。

环境准备

计算机、虚拟机软件、Windows 7 操作系统等。

问题引入

通过互联网检索或查阅相关资料，结合生活经验和常识，进行小组讨论，回答以下问题，初步了解虚拟机和操作系统的相关知识。

1. 认识表 2-1-1 中所列常见的虚拟机软件，并简要说明它们的优缺点。

表 2-1-1　常见的虚拟机软件

软件标志	优缺点
vmware	
Microsoft Virtual PC	
VirtualBox	

2. 选出表 2-1-2 中所列的操作界面或基本信息页面属于哪种操作系统。

表 2-1-2　认识操作系统

	□ Windows 11 □ Windows 10 □ Windows 7 □ Windows Server 2016 □ Linux
	□ Windows 11 □ Windows 10 □ Windows 7 □ Windows Server 2016 □ Linux

续表

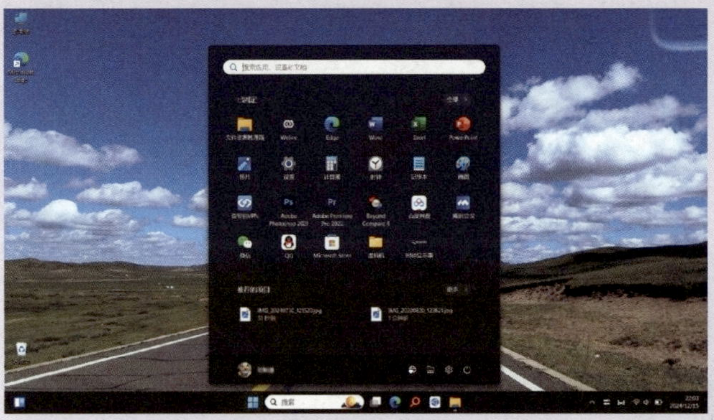	☐ Windows 11 ☐ Windows 10 ☐ Windows 7 ☐ Windows Server 2016 ☐ Linux
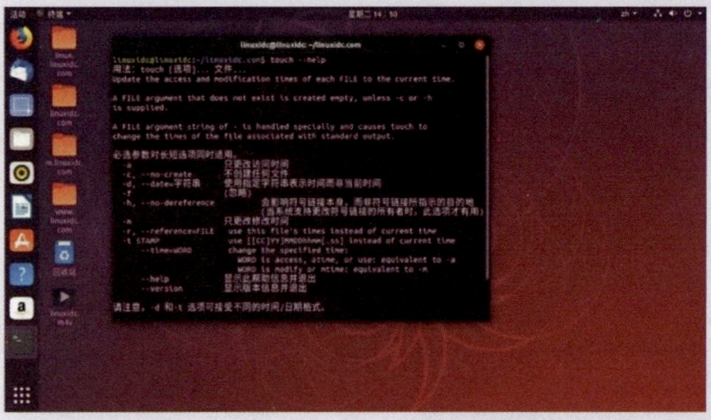	☐ Windows 11 ☐ Windows 10 ☐ Windows 7 ☐ Windows Server 2016 ☐ Linux
	☐ Windows 11 ☐ Windows 10 ☐ Windows 7 ☐ Windows Server 2016 ☐ Linux

相关知识

一、虚拟机的功能和特点

虚拟机（virtual machine），顾名思义，就是在计算机上通过软件方式模拟出来的虚拟的计算机系统。虚拟机可以模拟出和实体计算机一样的完整的硬件系统功能，在实体计算机中能够完成的工作在虚拟机中都能够实现。

虚拟机摆脱了实体硬件的限制，可以根据需要搭配不同的硬件设备、安装不同的操作系统，并且因其运行在一个完全隔离的环境中，也不必担心因故障或操作不当导致硬件设备损坏或数据损失。因此，虚拟机在工作、学习和生活中都有着广泛应用。工作中，可以利用虚拟机在不同操作系统、不同硬件条件下进行软件的开发测试；学习中，可以利用虚拟机学习不同操作系统的安装使用；生活中，可以利用虚拟机实现多操作系统环境，例如在 macOS 操作系统的计算机中配置虚拟机并安装 Windows 操作系统，就可以解决某些软件没有 macOS 版本而只能在 Windows 环境下使用的问题。

常用的虚拟机软件有 Vmware Workstation、Virtual PC、VirtualBox 等，本项目中使用 Vmware Workstation Pro 17 版本的虚拟机软件进行操作系统安装的学习。

二、常见的操作系统

操作系统（operating system，OS）是管理计算机系统全部硬件资源、软件资源以及数据资源的控制程序，为其他系统软件、应用软件提供支持，使计算机系统所有的资源更好地发挥作用，为用户提供方便、有效、友善的服务界面。

操作系统是计算机硬件和用户及各种应用软件之间的桥梁，具备资源管理、程序控制和人机交互等功能。只有通过操作系统，才能更好地使用计算机的软、硬件资源。

在计算机的发展过程中，不同时期、不同应用领域和不同的使用需求下，出现了很多不同的操作系统，目前在个人计算机中较为常见的是 Windows 和 macOS 等。

1. Windows 操作系统

Windows 操作系统是由微软公司开发的操作系统。因其采用图形化的操作界面，和早期的 DOS 等命令行形式的操作系统相比更加人性化，使用更为简单便捷，在竞争中逐渐占据主流地位，成为世界上应用最为广泛的操作系统。Windows 操作系统是个人计算机中主流的操作系统，目前应用最为广泛的版本是 Windows 10 以及较新的 Windows 11，此外较早的 Windows 7 等在一些旧设备上仍有使用。

2. macOS 操作系统

macOS 是运行于苹果公司 iMac、MacBook 等系列个人计算机上的专用操作系统，一般在其他计算机中无法安装使用。与 Windows 相比，macOS 具有界面美观、操作简便、安全性高等优点。作为同一公司的软件和硬件，iMac 等产品与操作系统实现了良好的“软硬结合”，尤其在图形图像处理方面性能优越，在艺术设计等领域有着广泛的应用。

3. Linux 操作系统

Linux 操作系统是一款对外公布源代码的开源操作系统，任何个人和机构都可以遵循使用协议自由地对其进行修改和发布。因此，自 1991 年首次发布以来，Linux 操作系统发展迅速，产生了众多的衍生版本，并广泛应用于各个领域。通常用户所使用的 Linux 操作系统是其各种发行版，较为著名的包括 Debian、Ubuntu、RedHat、CentOS 等，统信 UOS、红旗 Linux、麒麟等国产操作系统也是基于 Linux 开发的。Linux 操作系统在普通个人用户中应用较少，但在一些专业领域及服务器中应用广泛。此外，除了计算机，Linux 操作系统还广泛应用于路由器、智能手机等其他各类设备中。目前智能手机中主流的 Android 操作系统就是基于 Linux 开发的。

4. DOS 操作系统

DOS 操作系统是一种基于命令行形式的操作系统，不具有图形化的界面，在二十世纪八九十年代，曾是个人计算机中最为主流的操作系统之一。不同厂商开发了不同版本的 DOS 操作系统，使用最多的是微软公司的 MS-DOS。DOS 操作系统曾具有举足轻重的地位，早期的 Windows 操作系统都是以 DOS 下应用程序的形式出现的，Windows 98 以前的版本还需要在运行 DOS 操作系统后才可启动。随着科技的不断进步，DOS 操作系统无法适应软件和硬件的发展，逐渐被具有图形界面的、操作更为友好的 Windows 操作系统所取代，但作为一种辅助功能，仍以“命令提示符”的形式存在于 Windows 操作系统中。

任务实施

任务场景 某单位因业务需要，现需在计算机中安装 VMware Workstation Pro 17 虚拟机软件，并利用已准备好的操作系统镜像文件，在虚拟机中安装 Windows 7 操作系统。

1. 参照表 2-1-3 所列步骤完成虚拟机软件的安装。

表 2-1-3 安装虚拟机软件

操作过程图	操作步骤说明
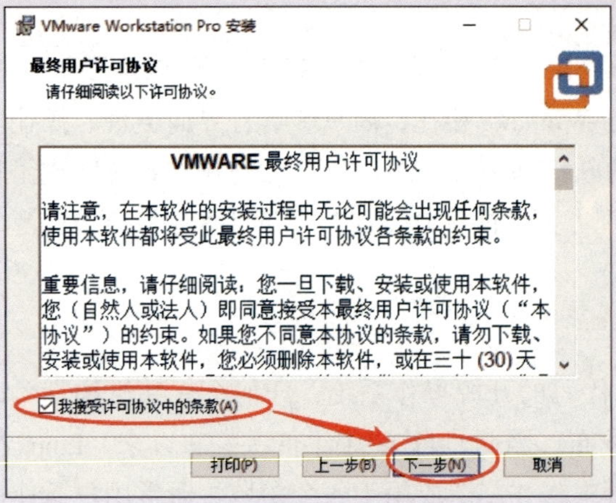	步骤 1 在官网下载 VMware Workstation Pro 17 的安装包，双击运行，按照安装向导提示，单击“下一步”按钮进行安装，注意勾选接受许可条款的复选框。

续表

操作过程图	操作步骤说明
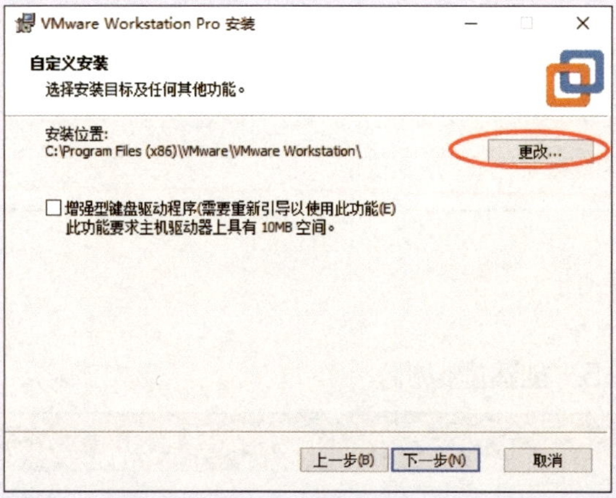	步骤 2 更改安装位置，尽量不要安装在系统盘（通常为 C 盘）内，建议软件最好安装在系统盘外的硬盘中。 单击“更改”按钮，设置新的安装位置。 【思考】 将虚拟机软件安装在系统盘中可能会出现什么问题？
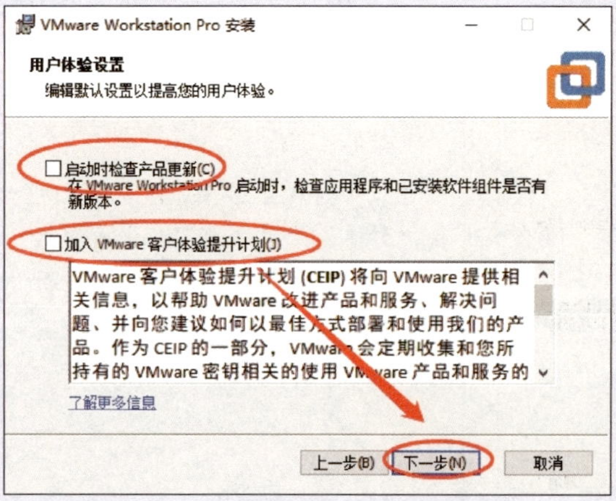	步骤 3 根据需要选择是否在启动时检查产品更新、是否加入客户体验提升计划、是否创建相关的快捷方式等。 勾选需要的选项后，单击“下一步”按钮，最后单击“安装”开始安装虚拟机软件。
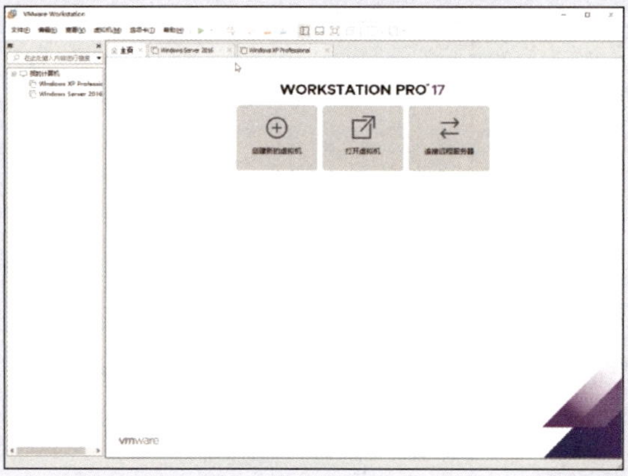	步骤 4 安装完成后，运行软件，确认软件已正确安装。

2. 通过互联网查询需要安装的 Windows 7 操作系统的硬件配置最低要求。完成表 2-1-4 中计算机硬件配置信息的填写，为在虚拟机软件中创建新的虚拟机做准备。

表 2-1-4　Windows 7 操作系统硬件配置

主要硬件	最低配置要求	创建虚拟机设置要求
处理器		
内存		
显卡		
硬盘		

3. 按照表 2-1-5 中所列的步骤创建虚拟机。

表 2-1-5　创建虚拟机

操作过程图	操作步骤说明
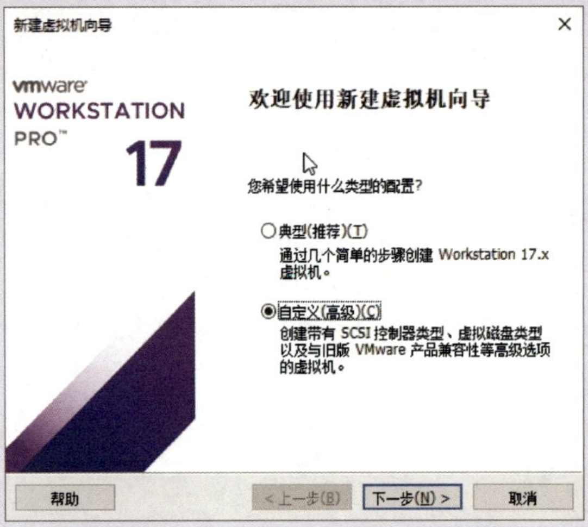	步骤 1 启动 VMware Workstation Pro 17，单击“文件”菜单中的“新建虚拟机”按钮，打开“新建虚拟机向导”界面，选择“自定义（高级）”配置类型。
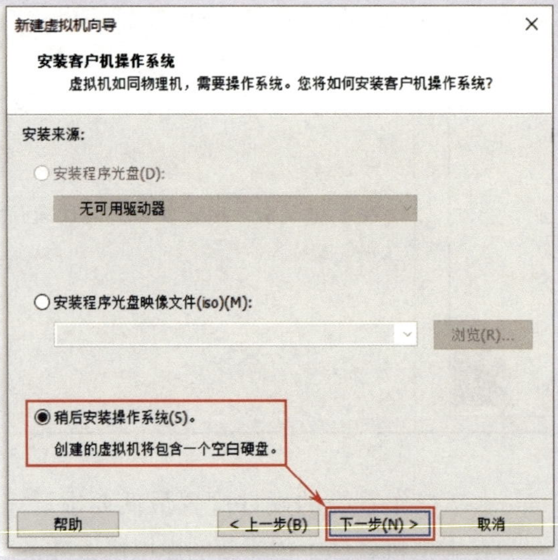	步骤 2 在左图所示界面中，选择“稍后安装操作系统”。 【思考】 在新建虚拟机的过程中，除了勾选稍后安装操作系统，其他两种方式适用于何种场景？

续表

<table>
<tr><th>操作过程图</th><th>操作步骤说明</th></tr>
<tr><td>
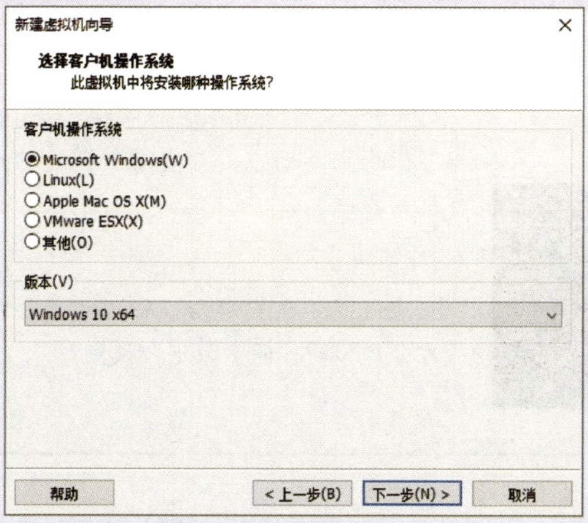

</td><td>
步骤 3

选择拟安装操作系统的类型、版本，单击“下一步”按钮，设置虚拟机的名称和保存位置，并在教师指导下依次完成固件类型、处理器数量、内存大小、网络连接方式等参数的设置。
</td></tr>
<tr><td>
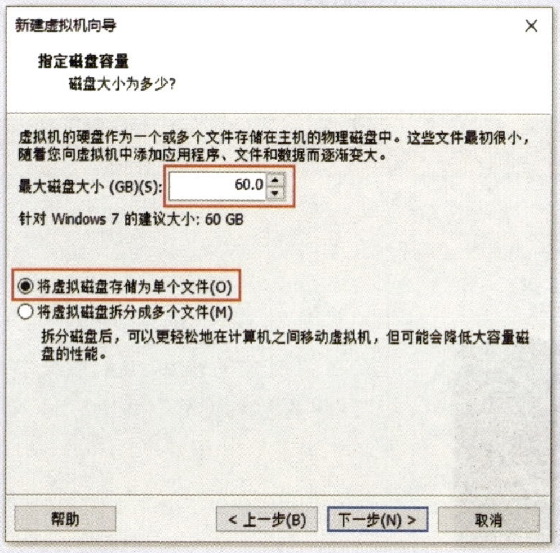

</td><td>
步骤 4

按向导提示创建新的虚拟磁盘，并设定最大磁盘大小为 60 GB，选择“将虚拟磁盘存储为单个文件”，单击“下一步”按钮。

【思考】

“将虚拟磁盘存储为单个文件”和“将虚拟磁盘拆分为多个文件”两个选项有何区别?
</td></tr>
<tr><td>
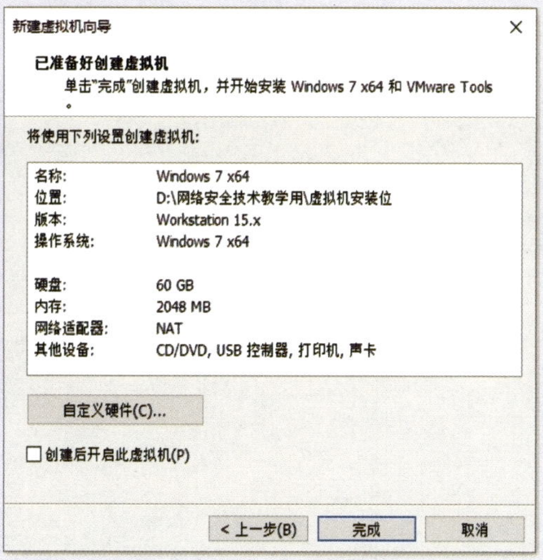

</td><td>
步骤 5

查看虚拟机配置信息，确认无误后，单击“完成”按钮，完成虚拟机的创建。
</td></tr>
</table>

续表

操作过程图	操作步骤说明
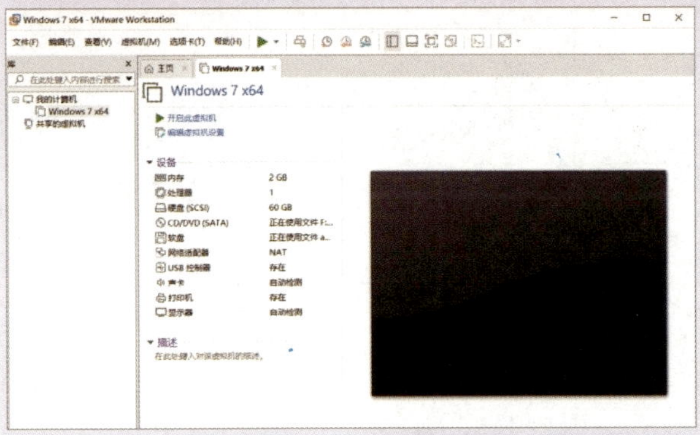	步骤 6 回到主界面中，可查看新创建的虚拟机的各项参数。 【思考】 生成虚拟机环境后，如何对虚拟机的部分虚拟硬件的参数进行设置？

4. 按照表 2-1-6 中所列的步骤在虚拟机中安装 Windows 7 操作系统。

表 2-1-6　在虚拟机中安装 Windows 7 操作系统

操作过程图	操作步骤说明
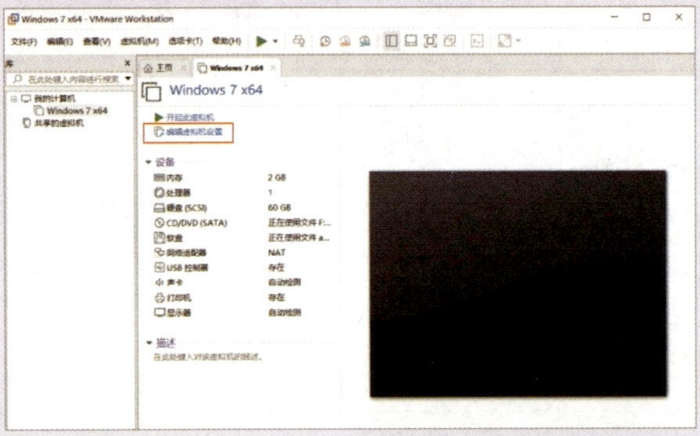	步骤 1 在刚创建的虚拟机主界面中单击“编辑虚拟机设置”按钮，进入“虚拟机设置”对话框。
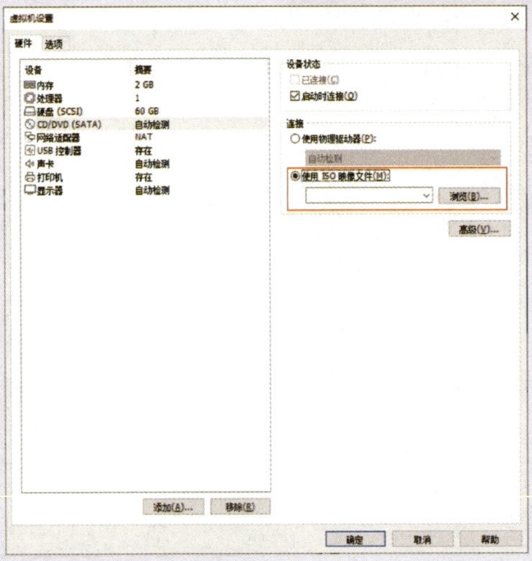	步骤 2 在教师指导下，加载 Windows 7 操作系统的安装镜像文件。

续表

<table>
<tr><th>操作过程图</th><th>操作步骤说明</th></tr>
<tr><td></td><td>步骤 3
成功加载后，在虚拟机主界面中单击“开启此虚拟机”按钮，软件将自动运行 Windows 7 安装程序。</td></tr>
<tr><td>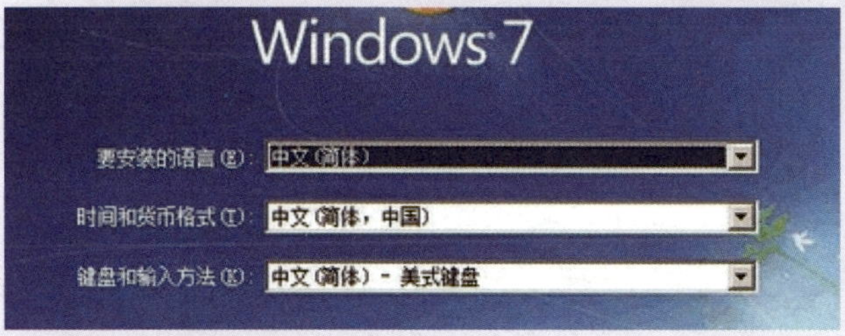

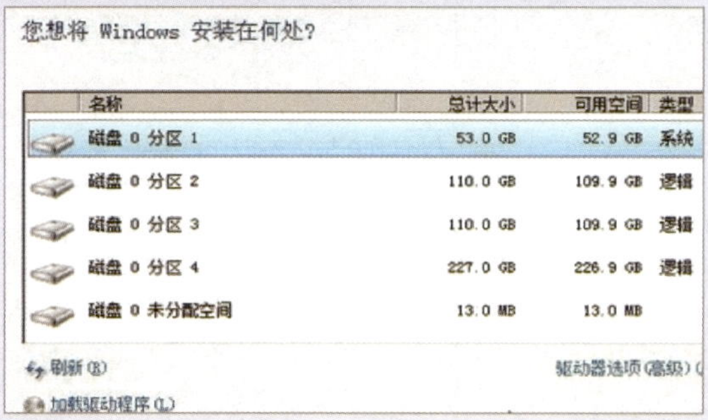
</td><td>步骤 4
根据提示，设置语言、时间和货币格式、键盘和输入方法等信息，选择操作系统安装位置，有多个分区的，一般选在第一个分区。</td></tr>
<tr><td>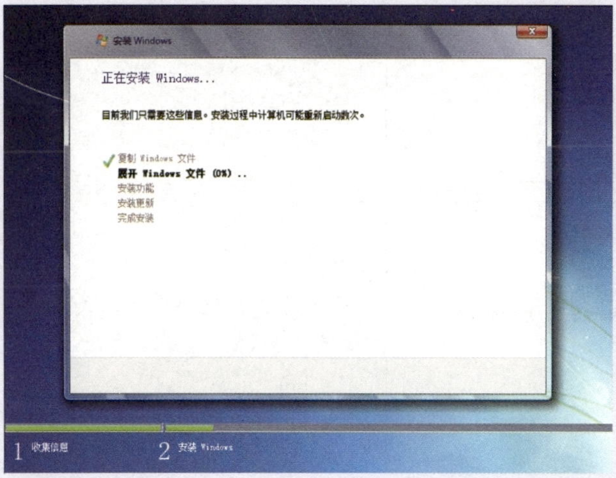
</td><td>步骤 5
系统安装大部分环节为自动运行，并显示安装进度。</td></tr>
</table>

续表

<table>
<tr><th>操作过程图</th><th>操作步骤说明</th></tr>
<tr><td>
</td><td>步骤 6
等待操作系统完成硬件性能检测。
【思考】
操作系统进行硬件性能检测的作用是什么？</td></tr>
<tr><td>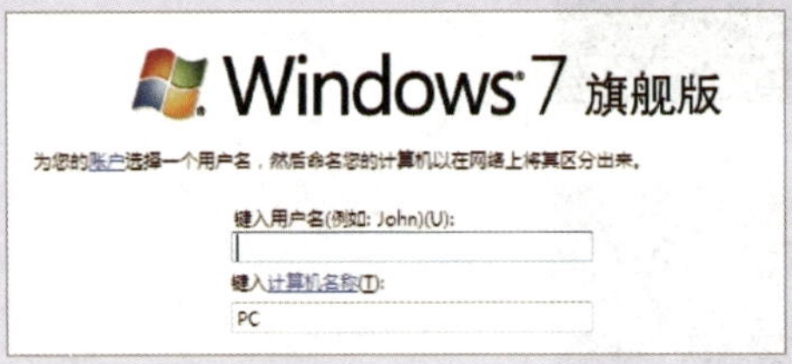
</td><td>步骤 7
根据个人需求自定义用户名和计算机名。
【思考】
设置用户名和计算机名时有哪些需要注意的问题？</td></tr>
<tr><td>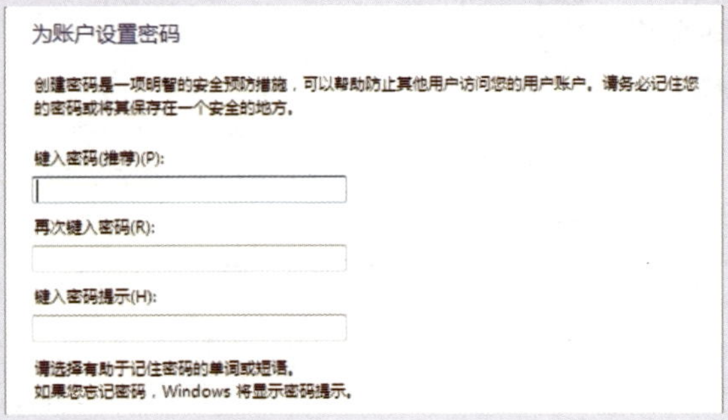
</td><td>步骤 8
按照提示创建账户密码。
【思考】
设置账户密码时有什么安全要求和注意事项？</td></tr>
<tr><td>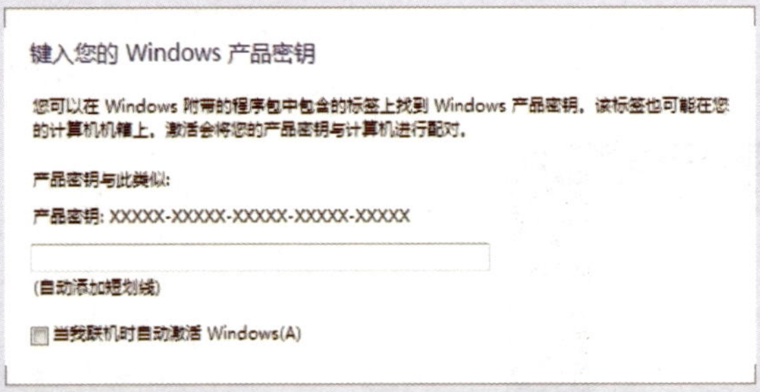
</td><td>步骤 9
对 Windows 进行正版激活。</td></tr>
<tr><td>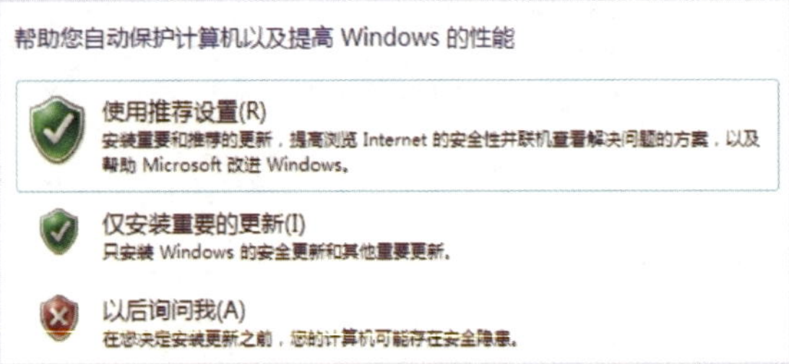
</td><td>步骤 10
设定操作系统的更新方式，选择“使用推荐设置”。
【思考】
Windows 更新的作用是什么？</td></tr>
</table>

考核评价

按照表 2-1-7 中所列的评价项目和评价标准，以自我评价、小组评价和教师评价相结合的方式，对本任务的完成情况进行考核评价。

表 2-1-7　考核评价表

<table>
<tr><th rowspan="3">评价项目</th><th rowspan="3" colspan="2">评价标准</th><th colspan="3">评价方式及权重</th><th rowspan="3">得分</th></tr>
<tr><th>自我评价</th><th>小组评价</th><th>教师评价</th></tr>
<tr><th>20%</th><th>30%</th><th>50%</th></tr>
<tr><td>职业素养</td><td colspan="2">1. 遵守课堂纪律和机房管理制度
2. 学习主观能动性，动手能力
3. 团队协作能力</td><td></td><td></td><td></td><td></td></tr>
<tr><td>专业能力</td><td colspan="2">1. 能完成 VMware Workstation Pro 17 的安装和设置
2. 能在虚拟机中完成 Windows 7 操作系统的安装</td><td></td><td></td><td></td><td></td></tr>
<tr><td colspan="3">总分（职业素养得分 ×30% ＋专业能力得分 ×70%）</td><td></td><td></td><td></td><td></td></tr>
<tr><td colspan="2">教师签字</td><td></td><td>日期</td><td colspan="3"></td></tr>
</table>

任务 2　利用光盘安装 Windows 10 操作系统

学习目标

1. 能叙述主流操作系统的类型及其应用领域。
2. 能利用 Windows 10 安装光盘完成操作系统的安装。
3. 能叙述 Windows 10 操作系统安装过程中的各项功能作用与配置要点。

环境准备

计算机、Windows 10 安装光盘等。

问题引入

通过互联网检索或查阅相关资料，进行小组讨论，回答以下问题，初步了解 Windows 10 操作系统的相关知识。

1. 简述 Windows 操作系统的发展历程。

2. 目前你所用的计算机（家中或实训教室中）安装的是什么版本的操作系统？

3. Windows 11 是 Windows 操作系统的最新版本，目前应用情况如何？是否所有计算机都能安装 Windows 11 操作系统？

4. Windows 操作系统的安装一般有哪些方式？

相关知识

一、Windows 10 操作系统

Windows 10 是目前应用较为普遍的 Windows 操作系统版本。Windows 10 可供家庭及商业工作环境、笔记本电脑、平板电脑、多媒体中心等使用。Windows 10 在易用性和安全性方面较以往版本有了极大的提升，除了对云服务、智能移动设备、自然人机交互等新技术进行融合外，还对固态硬盘、高分辨率屏幕等硬件进行了优化完善与支持。

Windows 10 操作系统的版本包括普通家庭版（Home）、专业版（Professional）、企业版（Enterprise）、教育版（Education）、专业工作站版（Windows 10 Pro for Workstations）、物联网核心版（Windows 10 IoT Core）等版本。

Windows 10 操作系统的特色功能主要有以下几点。

1. 生物识别功能

Windows 10 的 Windows Hello 功能将带来一系列对于生物识别技术的支持。除了常见的指纹扫描模式之外，还进一步加入面部和虹膜扫描两种用户登录模式。

2. Cortana 搜索功能

利用 Windows 10 中的 Cortana 语音助手服务，可以搜索磁盘内的文件、系统设置、安装的应用，甚至是互联网中的其他信息。

3. 平板模式

Windows 10 提供了针对触控屏设备优化的功能，同时还提供了专门的平板模式，开始菜单和应用都将以全屏模式运行。同时也提供自动在平板模式与桌面模式之间切换的功能。

4. 贴靠辅助功能

将一个程序窗口贴近屏幕的左右边缘时，屏幕的剩余空间内还会显示出其他开启应用的缩略图，单击其中一个程序之后可将其快速填充到这块剩余的空间当中。还可进一步将窗口拖拽到屏幕的四个角落使其自动拓展并填充 1/4 的屏幕空间。

5. 多桌面功能

在多桌面功能的帮助下，用户可以通过“Win+Tab”组合键新建虚拟桌面，将各种程序窗口放进不同的虚拟桌面当中，通过切换桌面进行分类使用。

二、Windows 10 操作系统的安装准备工作

1. 硬件配置要求：Windows 10 操作系统分为 32 位系统和 64 位系统，对硬件的最低配置要求也不同。

（1）32 位系统的最低配置：CPU>1 GHz，内存 >1 GB，硬盘空间 >16 GB，显示器分辨率 >800 × 600，显卡为 DirectX 9 或更高版本。

（2）64 位系统的最低配置：CPU>1 GHz，内存 >2 GB，硬盘空间 >32 GB，显示器分辨率 >800 × 600，显卡为 DirectX 9 或更高版本。

2. 准备好 Windows 10 专业版的安装光盘，并检查光盘是否支持自启动。

3. 如有充裕的时间，在运行安装程序前可在 DOS 操作系统或 Windows PE 下使用硬盘扫描程序扫描预定要安装系统的硬盘，确保硬盘无物理坏道或逻辑坏道，避免操作系统安装、使用过程中频繁出现错误。

4. 操作系统的安装过程中会对所在分区的数据区域进行读写，应提前备份操作系统所在分区的重要数据，以免丢失。

三、Windows 11 操作系统

Windows 11 是目前最新版的 Windows 操作系统，应用于计算机和平板电脑等设备中，其桌面如图 2-2-1 所示。它于 2021 年 6 月 24 日发布，2021 年 10 月 5 日发行。Windows 11 提供了许多创新功能，增加了新版“开始”菜单和输入逻辑等，支持与时代相符的混合工作环境，侧重于在灵活多变的体验中提高用户最终的工作效率。任何符合 Windows 11 最低配置要求的计算机都能安装该系统，但实际上，为保证流畅运行，Windows 11 对硬件的性能有一定的要求，且 Windows 11 对较多已形成使用习惯的人机界面进行了大幅度变更，导致 Windows 11 在现有市场上仍有较长一段用户适应的过程。

图 2-2-1　Windows 11 操作系统的桌面

对比 Windows 10，Windows 11 功能的改进与优化主要有以下几点。

1. 设置面板

Windows 11 重新设计了设置面板，采用分栏式布局，可以保证用户在任何时候都能跳转到所需的模块。设置面板添加了左侧导航栏、面包屑导航。设置面板的页面顶部有新的控件，突出显示关键信息和常用设置。并且，设置面板对具有大量设置的页面添加了可扩展框。

2. 多任务布局

Windows 11 支持多任务布局，除了新增加了布局菜单外，还增加了一套根据设备自适应功能。除了传统的几个常规布局外，当用户的显示器超过一定比例时，Windows 11 还会自动添加一个三栏式布局，用以提高超宽屏幕的使用效率。此外，多任务布局也能根据所连接的设备进行实时调节。

3. 全新输入逻辑

Windows 11 的软键盘在 Windows 10 的基础上进一步提升，采用了更有质感的全新外观设计。Windows 11 支持手写模式和听写模式，还针对触控笔增加了触觉反馈功能。Windows 11 的语音识别能力也有所增强，除了支持自动添加标点符号外，还可以用语音直接实现某些指令。

4. 虚拟桌面

Windows 11 完善了虚拟桌面的功能，在原有的基础上允许各个桌面拥有自己的主题、壁纸和名称。新设计调整了桌面上工具栏的位置，以方便触摸屏设备用户快速取用。

5. 运行 Android 应用

Windows 11 内置 Android 子系统，可直接运行 Android 应用，用户可以在 Microsoft Store 中的亚马逊应用商店或其他来源搜索和下载 Android 应用。Android 应用可以直接运行在 Windows 11 上，拥有相应的功能体验。

6. 文件资源管理器

Windows 11 的文件资源管理器启用全新设计，取消了置顶的 Ribbon 面板，常用命令以图标形式固定在工具栏上。当选择不同的对象时，对应的图标会亮起，以提示用户哪些操作有效。Windows 11 的文件资源管理器用图标代替了之前的相应功能，不常用的功能被隐藏在“...”里。支持宽松和紧凑两种风格，分别对应于平板用户和键盘鼠标用户。

7. 网络钓鱼保护

Windows 11 在内核级别提供网络钓鱼保护，它可识别用户在记事本和恶意程序等的输入，并以弹窗的方式来保护用户免受网络钓鱼攻击。

任务实施

任务场景 1 某单位新购一批计算机，未安装操作系统或已安装的操作系统不能满足使用需要，现需使用安装光盘为其安装 Windows 10 操作系统。

1. 进入 BIOS 设置光驱优先启动，如图 2-2-2 所示。

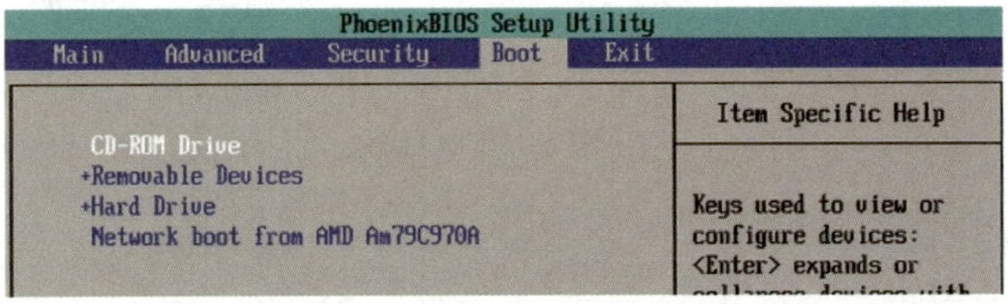

图 2-2-2 进入 BIOS 设置光驱优先启动

（1）按“Delete”键进入 BIOS，部分设备需按“F2”键进入 BIOS。

（2）通过键盘上的方向键选中“Boot”。

（3）用 –/+ 键将“CD–ROM Drive”调节到第一启动项（第一排）。

（4）通过方向键选中“Save & Exit Setup”或者按键盘上的“F10”键。

2. 进入系统安装阶段。

（1）重启计算机，将 Windows 10 安装光盘插入光驱。

（2）屏幕提示“Press any key to boot from CD or DVD...”时，立即按“Enter”键。

（3）片刻后，屏幕出现 Windows 安装程序界面，如图 2-2-3 所示。

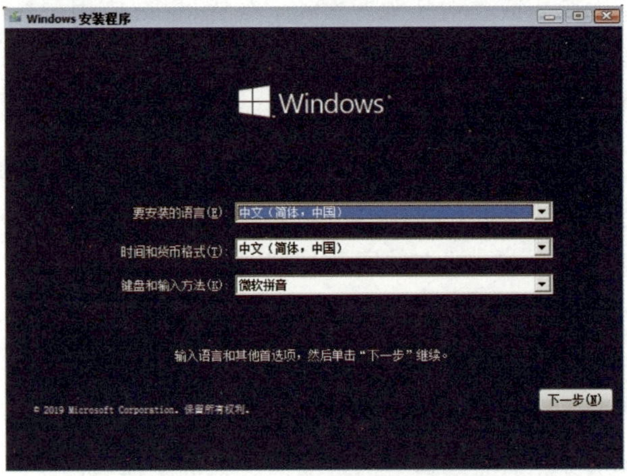

图 2-2-3 Windows 安装程序界面

（4）根据需要选择“要安装的语言”“时间和货币格式”及“键盘和输入方法”后，单击“下一步”按钮，出现安装界面，直接单击“现在安装”按钮开始安装。

（5）进入“激活 Windows”页面，如已拥有 Windows 产品密钥，可在图 2-2-4 所标示的方框中输入对应的 Windows 产品密钥，然后单击“下一步”按钮。若需要通过其他方式激活 Windows 副本，则可以直接单击“我没有产品密钥”按钮，转入“适用的声明和许可条款”界面。在该界面中，在浏览相关条款并认可条款后，选中“我接受许可条款”选项框后单击“下一步”按钮，如图 2-2-5 所示。

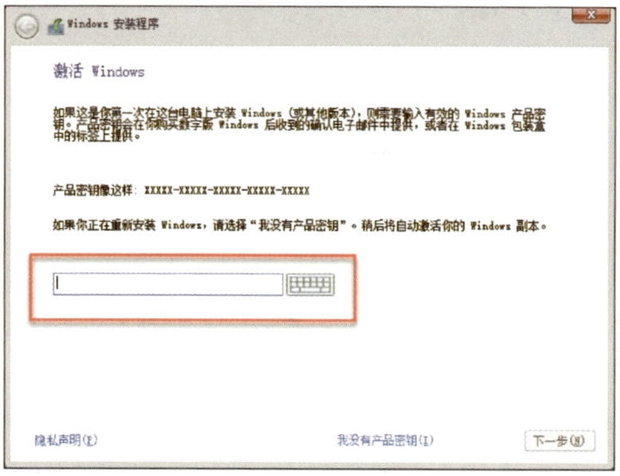

图 2-2-4　激活 Windows

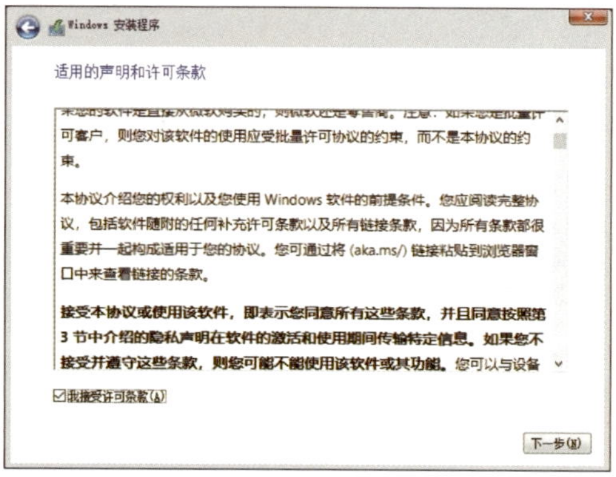

图 2-2-5　确认许可条款

（6）进入“你想执行哪种类型的安装?”页面，如图 2-2-6 所示，如果是从早期版本直接升级到 Windows 10，可选择“升级”模式进行安装，原有 Windows 版本的文件、设置和应用程序会保留。如无须保留原有 Windows 版本的数据或需要全新安装系统，可以选择“自定义”的高级安装模式。本任务中使用“自定义”模式对 Windows 10 进行全新安装。

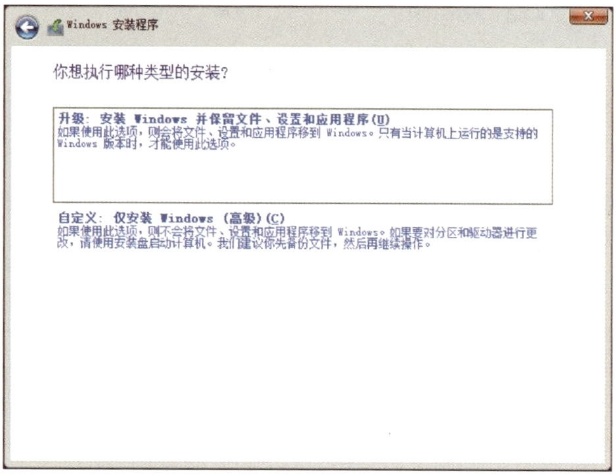

图 2-2-6　选择安装类型

（7）根据不同的底层固件引导模式，Windows 10 对硬盘分区模式的需求也不同。在 Legacy BIOS 底层固件引导模式下，硬盘分区使用 MBR 分区类型，并预留一个系统保留分区用于存放系统引导文件，安装开始后，在将 Windows 10 系统文件写入主分区时，系统的引导文件会写入系统分区，如图 2–2–7 所示。在 UEFI BIOS 底层固件引导模式下，安装程序要求硬盘分区必须使用 GPT 分区类型，并预留一些用于恢复、引导等系统功能的特殊分区，如图 2–2–8 所示。若分区类型错误，会出现操作系统无法安装到 MBR 分区的提示，如图 2–2–9 所示。

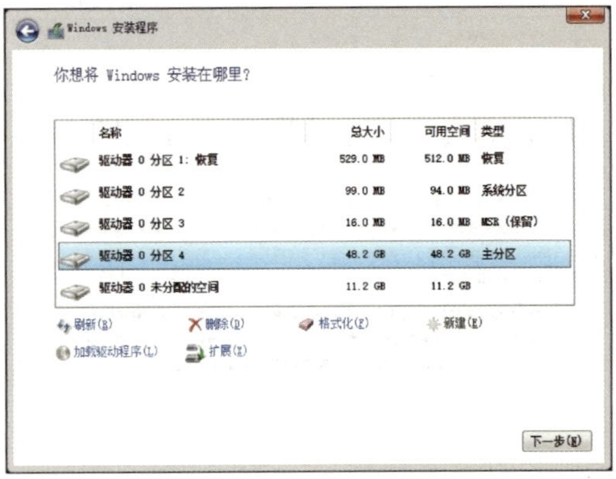

图 2–2–7　Legacy BIOS 固件分区类型

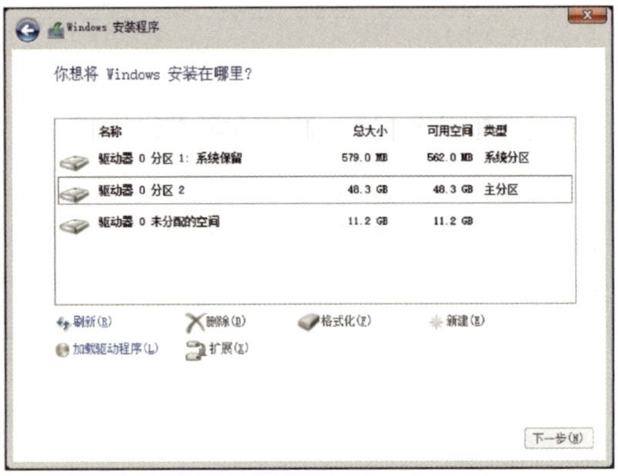

图 2–2–8　UEFI BIOS 固件分区类型

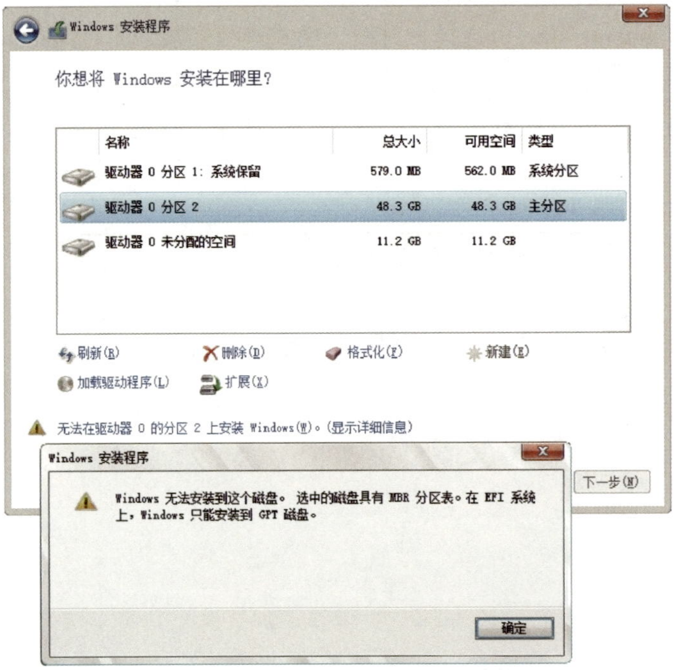

图 2–2–9　UEFI BIOS 固件使用 MBR 分区时的错误提示

（8）继续单击“下一步”按钮，安装程序会开始复制Windows文件，然后展开Windows文件，开始安装功能和更新，无须用户干预。

（9）继续按照向导提示操作，最后重启计算机，即可完成整个操作系统的安装。

任务场景2　学校升级计算机设备，现需要使用安装光盘将校园办公、教学系统，以及机房计算机都升级为Windows 10操作系统。

1. 首先对机房的计算机硬件配置进行检查，查看是否满足Windows 10操作系统安装的最低要求。完成表2-2-1中计算机硬件配置的填写。

表2-2-1　计算机的硬件配置

主要硬件	机房计算机	最低配置要求
CPU		
内存		
显卡		
硬盘		

2. 设置光驱优先启动，参考图2-2-2，完成对应的设置，放入Windows 10安装光盘并重启。

3. 参照表2-2-2所列步骤安装Windows 10操作系统。

表2-2-2　安装Windows 10操作系统

操作过程图	操作步骤说明
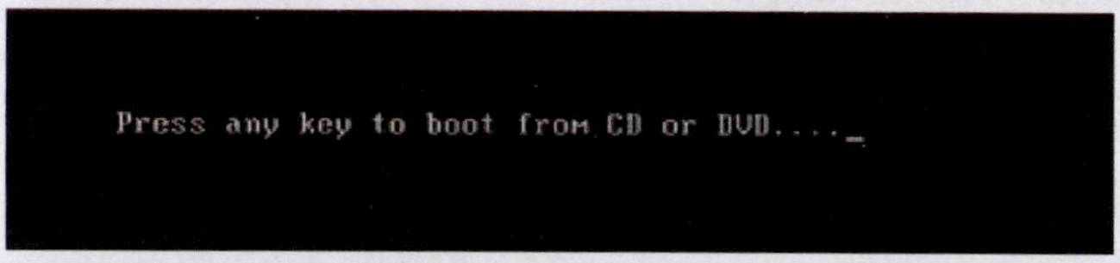	步骤1 根据提示按下任意按键启动安装程序。
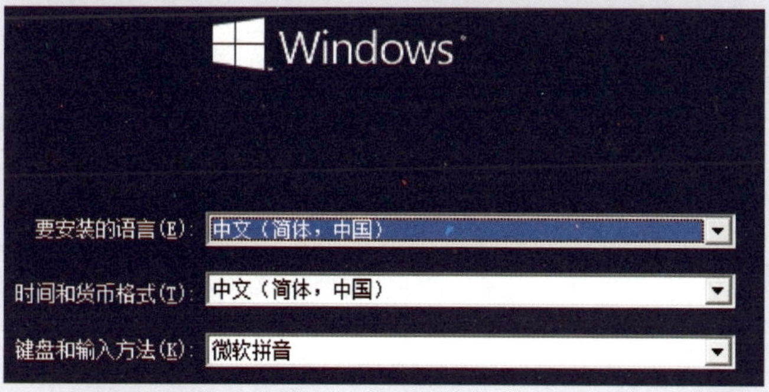	步骤2 设定操作系统要安装的语言，时间和货币格式、键盘和输入方法。 【思考】 除默认的“微软拼音”外，系统中还有哪些键盘和输入方法可以选择？

续表

<table>
<tr><th>操作过程图</th><th>操作步骤说明</th></tr>
<tr><td>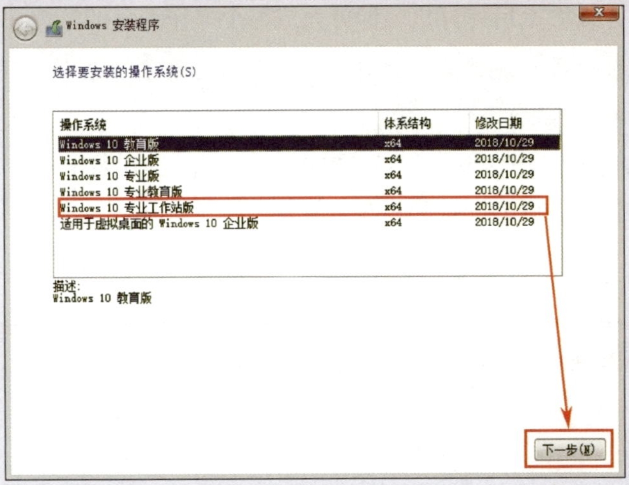</td><td>步骤 3
选择“Windows 专业工作站版”，并单击“下一步”按钮。
【思考】
Windows 10 操作系统的不同版本各有哪些特点？区别是什么？</td></tr>
<tr><td>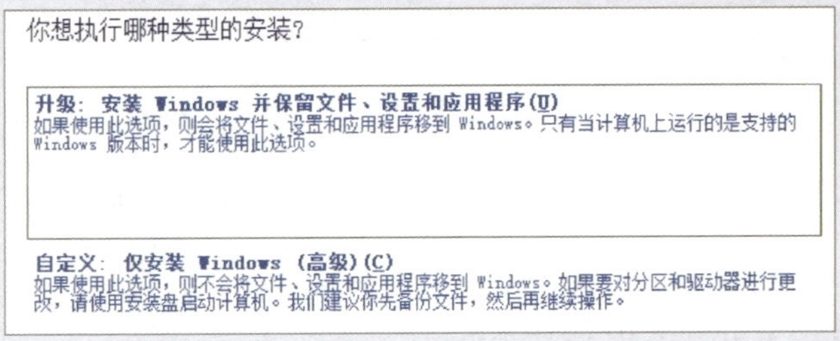</td><td>步骤 4
若虚拟硬盘中已有 Windows 7 操作系统，则选择“升级”。若要全新安装，则选择“自定义”，并单击“下一步”按钮。</td></tr>
<tr><td>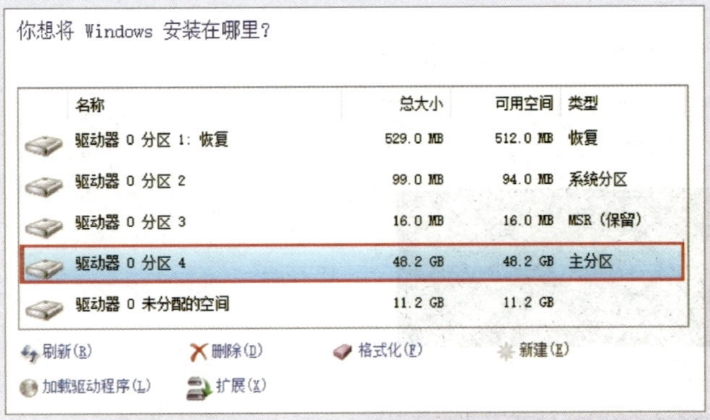</td><td>步骤 5
选择“驱动器 0 分区 4”作为操作系统所在的主分区，并单击“下一步”按钮继续。
【思考】
左图中的“驱动器 0 分区 1、2、3”分别起什么作用？</td></tr>
<tr><td>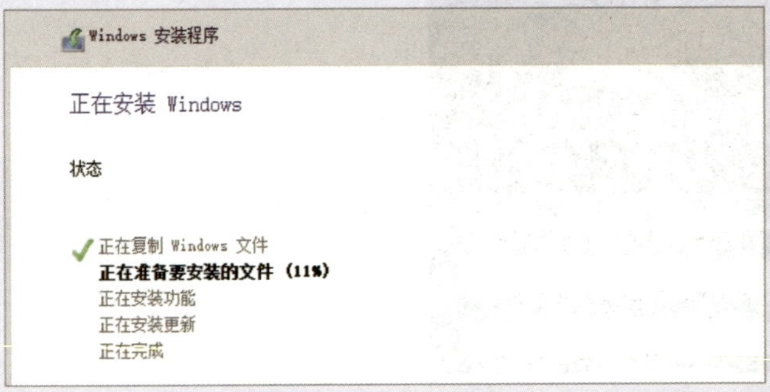</td><td>步骤 6
等待操作系统程序完成数据部署。
【思考】
在此过程中，Windows 安装程序会在对应的硬盘根目录下创建哪些关键的文件夹？</td></tr>
</table>

续表

操作过程图	操作步骤说明
	步骤 7 根据文字和语音提示完成基础设置的部署过程。 【思考】 如何打开或关闭语音输入？
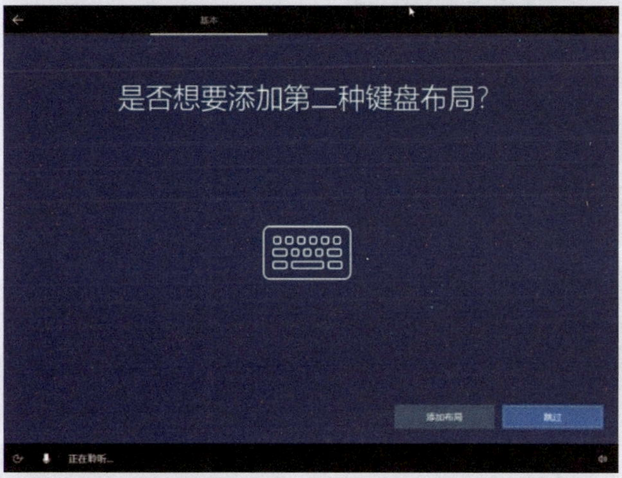	步骤 8 添加第二种键盘布局或跳过。 【思考】 有哪些键盘布局可供选择？
	步骤 9 选择“暂时跳过”，暂不进行 Windows 操作系统程序更新。 【思考】 获取 Windows 操作系统程序更新的前置条件是什么？

续表

<table>
<tr><th>操作过程图</th><th>操作步骤说明</th></tr>
<tr><td>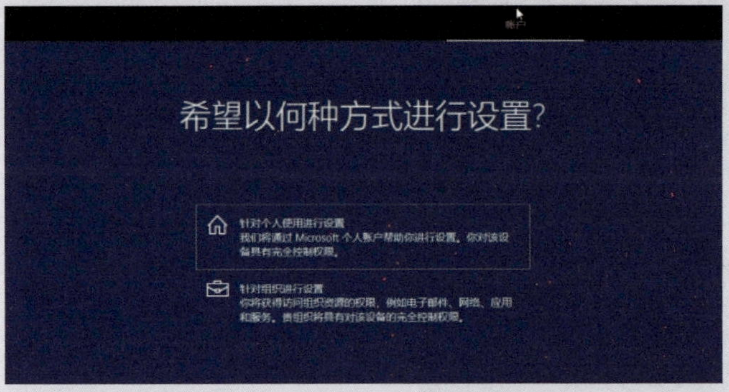
</td><td>步骤 10
选择“针对个人使用进行设置”模式，设置 Windows 操作系统。
【思考】
此处的“针对个人使用进行设置”与“针对组织进行设置”有何区别？</td></tr>
<tr><td>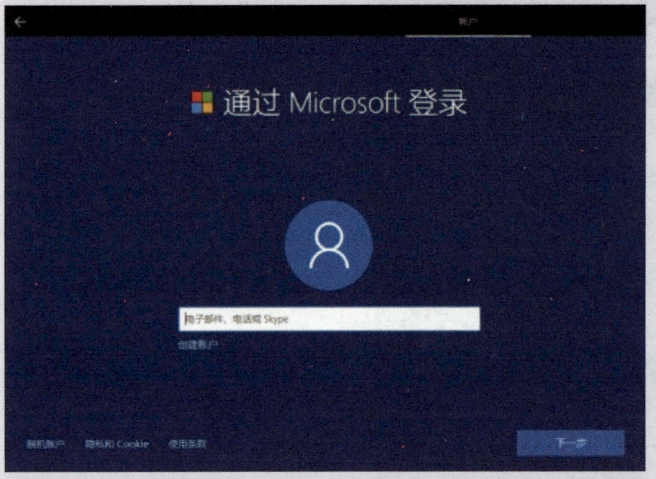
</td><td>步骤 11
选择左下角的“脱机账户”模式创建系统账户。
【思考】
创建 Microsoft 账户需要注意哪些事项？</td></tr>
<tr><td>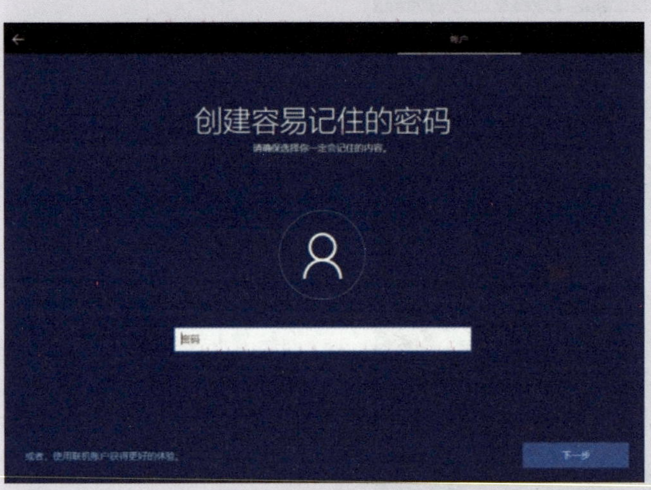
</td><td>步骤 12
为用户设置对应的密码。
【思考】
设置账户密码的时候有什么要求和注意事项？</td></tr>
</table>

续表

操作过程图	操作步骤说明
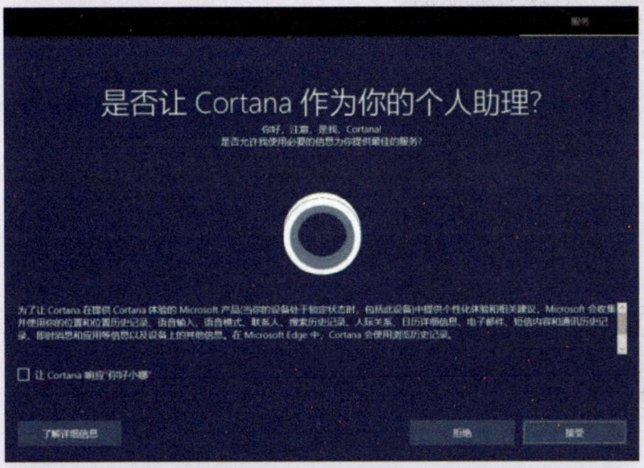	步骤 13 根据个人需求选择“接受”或“拒绝”使用 Cortana。 【思考】 Cortana 是什么？能实现什么功能？
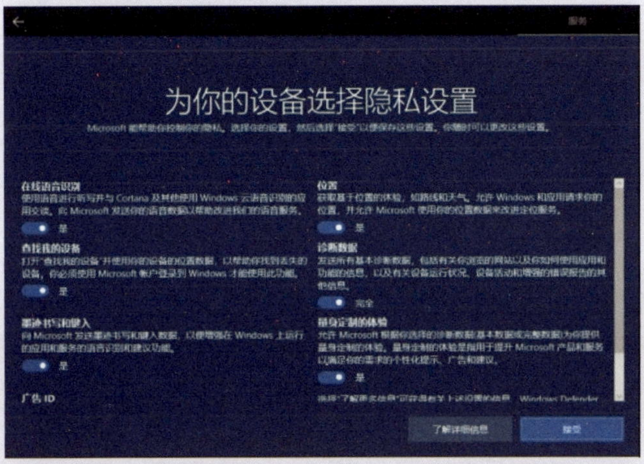	步骤 14 根据个人实际情况设置开启或关闭相关设备的隐私选项。 【思考】 要使用“在线语音识别”功能需要计算机配备什么类型的设备？
	步骤 15 根据个人需求选择是否允许向 Microsoft 发送部分用户的使用习惯记录，以改善使用体验。 【思考】 该页面的选择能给用户带来什么样的变化？

续表

操作过程图	操作步骤说明
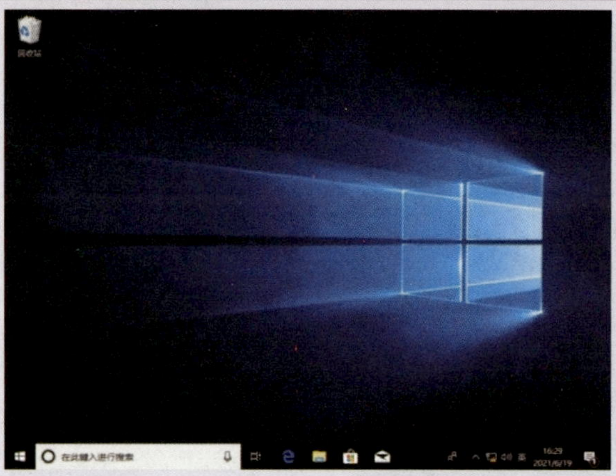	步骤 16 完成相关的设置后，将成功登录操作系统并进入桌面环境。 【思考】 Windows 10 操作系统安装完毕后，默认情况下桌面上只有回收站的图标，该如何调出“此电脑”“网络”等其他桌面图标？

考核评价

按照表 2-2-3 中所列的评价项目和评价标准，以自我评价、小组评价和教师评价相结合的方式，对本任务的完成情况进行考核评价。

表 2-2-3　考核评价表

<table>
<tr><th rowspan="3">评价项目</th><th rowspan="3">评价标准</th><th colspan="3">评价方式及权重</th><th rowspan="3">得分</th></tr>
<tr><th>自我评价</th><th>小组评价</th><th>教师评价</th></tr>
<tr><th>20%</th><th>30%</th><th>50%</th></tr>
<tr><td>职业素养</td><td>1. 遵守课堂纪律和机房管理制度
2. 学习主观能动性，动手能力
3. 团队协作能力</td><td></td><td></td><td></td><td></td></tr>
<tr><td>专业能力</td><td>1. 能叙述 Windows 10 操作系统的主要特点
2. 能完成 BIOS 光驱优先启动设置
3. 能利用光盘安装 Windows 10 操作系统</td><td></td><td></td><td></td><td></td></tr>
<tr><td colspan="2">总分（职业素养得分 ×30% + 专业能力得分 ×70%）</td><td></td><td></td><td></td><td></td></tr>
<tr><td colspan="2">教师签字</td><td>日期</td><td colspan="3"></td></tr>
</table>

任务3　利用光盘安装统信 UOS 操作系统

学习目标

1. 能叙述主流常见国产操作系统的品牌及特点。
2. 能利用统信 UOS 安装光盘或镜像成功安装操作系统。
3. 能叙述统信 UOS 操作系统安装过程中的各项功能的作用和配置要点。

环境准备

计算机、统信 UOS 安装光盘等。

问题引入

通过互联网检索或查阅相关资料，进行小组讨论，回答以下问题，初步了解国产操作系统。

1. 简述普及国产操作系统的意义。

2. 列举常见的国产操作系统的种类及特点。

3. 列举统信 UOS 和 Windows 操作系统的异同。

相关知识

一、统信 UOS 操作系统

统信 UOS 操作系统是由统信软件基于 Linux 内核，根据中国用户使用习惯设计开发的一款国产操作系统。它兼容 X86、ARM、MIPS、SW 架构，支持七大国产 CPU 品牌（龙芯、申威、鲲鹏、麒麟、飞腾、海光、兆芯），与多个国产个人计算机整机厂商达成合作。统信 UOS 操作系统具有高稳定性，拥有丰富的硬件、外部设备和软件兼容性，广泛的应用生态支持。统信 UOS 操作系统采用了先进的安全机制，能够有效保证系统的安全可靠性，经过了严格的安全测试和审核，通过多项权威认证，具有较高的安全性能。

统信 UOS 操作系统按照面向对象的不同，分为服务器版、专业版、教育版、家庭版和社区版五个细分版本。

服务器版面向服务器端运行环境，用于构建信息化基础设施环境。它主要针对企事业单位、教育机构，以及普通的企业型用户，着重满足服务器端基础设施的安装部署、运行维护、应用支撑等需求。

专业版面向个人终端运行环境，拥有丰富的专业组件功能，适合各类开发与应用环境，能实现定期漏洞扫描自检，及时修复更新。它拥有丰富的各类系统级安全策略，适合专业工作站设备。

教育版是结合教育部门、各级学校的特殊使用需求和软硬件生态需求，进行深度定制而推出的，是为基础教育、职业教育、高等教育的学校管理者、老师和学生提供满足教育、教学、教务需求的自研操作系统。

家庭版为个人用户提供，具有美观、易用的特点。它简化安装方式，能一键安装，自动高效，同时支持 Linux 原生应用、Android 应用及通过 Wine 运行的 Windows 应用，对桌面视觉和交互体验进一步优化，统一桌面环境。

社区版面向全球操作系统生态软件开发者，根据社区用户的意见进行有针对性的调整，搭配最新测试版本的各类功能，优化具有交互体验、高效的反馈机制，为社区用户提供全面的 Linux 开源开发环境。

二、统信 UOS 操作系统的安装准备工作

1. 硬件配置要求：CPU 主频 >2 GHz，内存 >2 GB，硬盘空间 >64 GB。

2. 准备好统信 UOS 专业版安装光盘，并检查光盘是否支持自启动。

3. 如有充裕的时间，在运行安装程序前可在 DOS 操作系统或 Windows PE 下使用

硬盘扫描程序扫描预定要安装系统的硬盘，确保硬盘无物理坏道或逻辑坏道，避免操作系统安装、使用过程中频繁出现错误。

4. 安装操作系统的过程中会对所在分区的数据区域进行读写，应提前备份操作系统所在分区的重要数据，以免丢失。

任务实施

任务场景 1　一台新购买的笔记本电脑未预装操作系统，故现需按用户要求安装能满足日常家庭使用的统信 UOS 操作系统家庭版。

1. 首先进入 BIOS 设置光驱优先启动，如图 2-3-1 所示。

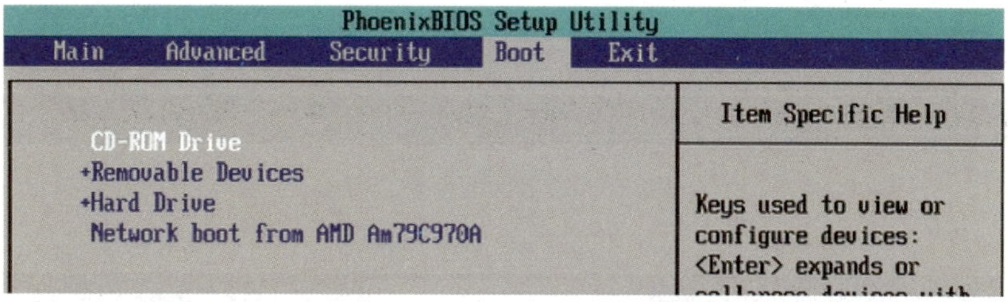

图 2-3-1　设置 BIOS 光驱优先启动

（1）按“Delete”键进入 BIOS，部分笔记本电脑的快捷键为“F2”键，惠普笔记本电脑的快捷键为“F10”键，联想笔记本电脑的快捷键为“F12”键、苹果笔记本电脑的快捷键为“C”键。

（2）通过键盘上的方向键选中“Boot”。

（3）用 –/+ 键将 CD-ROM Drive 调整到第一启动项（第一排）。

（4）通过方向键选中“Save & Exit Setup”或者按键盘上的“F10”键。

2. 进入系统安装过程。

（1）把统信 UOS 安装光盘插入光驱，片刻后屏幕会自动进入操作系统的 GNU GRUB 界面，如图 2-3-2 所示。

（2）在 GNU GRUB 界面中选择“Install UnionTech OS 20 Home”即可进入安装界面。选择“Install UnionTech OS 20 Home（Safe graphics）”模式将会在安装过程中禁用部分驱动以保证系统能顺利安装，此模式适用于无法通过标准模式进行安装的特殊主机。选择“Check ISO SHA256”（SHA256 是用于计算哈希值的算法），系统会自动检测当前操作系统安装光盘的哈希值（一种用于判断指定数据或程序是否被第三方篡改的数值）是否正确，如图 2-3-3 所示，检测正确后会提示 checksum success 以确认该操作系统安装光盘数据内容无误且没有被篡改，单击“OK”按钮继续安装，如图 2-3-4 所示。

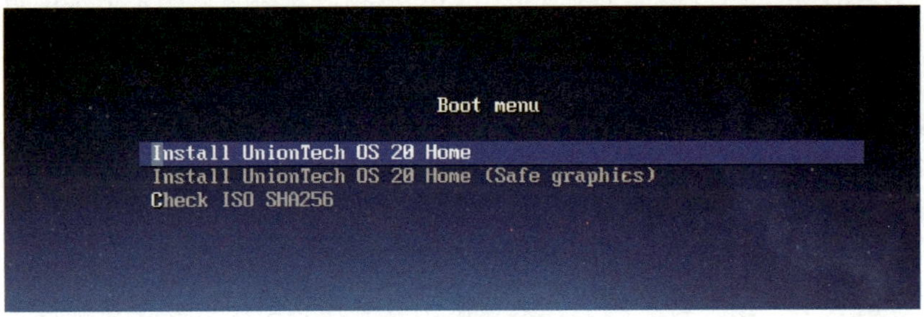

图 2-3-2　GNU GRUB 界面

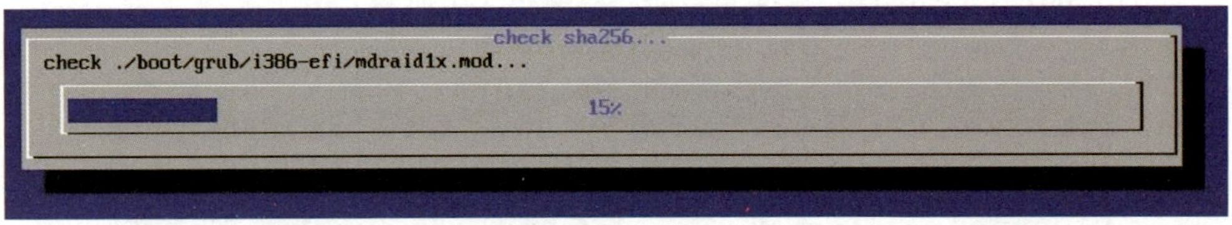

图 2-3-3　ISO 镜像数据校验

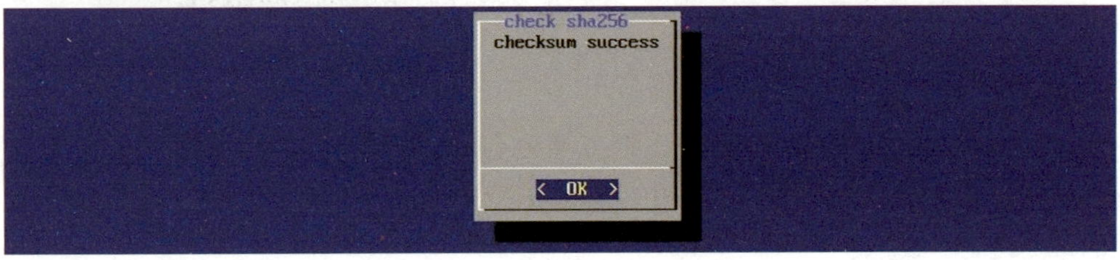

图 2-3-4　ISO 镜像数据校验成功

（3）进入统信 UOS 安装选择页面，如图 2–3–5 所示。普通用户可以直接单击“立即安装”按钮启动自动安装程序，由系统自动设定各项参数配置。而选择“自定义设置”则可对硬盘分区进行自定义设置，此处选择“自定义设置”。

（4）在硬盘分区界面，使用“全盘安装”选项会在程序检测到当前设备只有一块时，使用默认的分区方案对该硬盘进行全盘格式化并自动分区，如图 2–3–6 所示。该模式适合新投入使用的设备或新增硬盘作为系统分区时。

当程序检测到当前设备有多块硬盘时，硬盘分区界面会以列表模式分别显示为系统分区和数据分区，当选择系统盘进行安装时，这个分区方案和单硬盘分区方案一致，数据分区界面会显示除系统分区之外的所有分区。需要注意的是，如果选择数据分区进行安装，那么数据分区会变成系统分区，数据分区中的数据也会被格式化，原来的系统分区同时会变成数据分区。

图 2-3-5　统信 UOS 安装选择界面

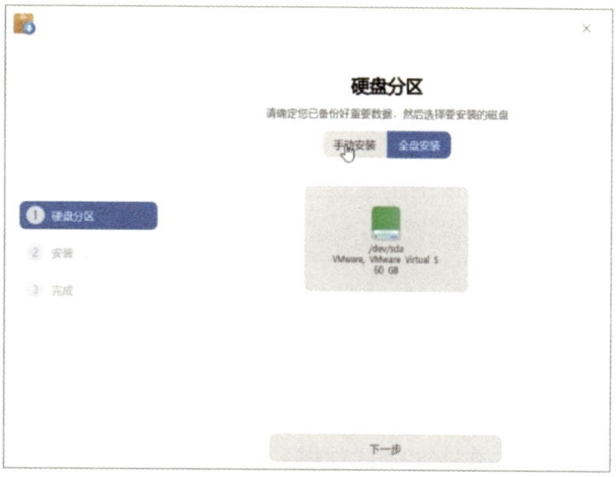

图 2-3-6　硬盘分区界面

（5）在硬盘分区界面选择“手动安装”选项则可让用户对硬盘分区参数进行详细的设定，在该界面中可以查看设备的可用空间，如图 2-3-7 所示。选中可用空间，并单击右侧的圆形编辑小图标启动“新建分区”界面。在该界面中可设定所创建分区的类型、位置、文件系统、挂载点及大小，如图 2-3-8 所示。创建分区时，文件系统一般选择 ext4，并根据实际情景需求创建表 2-3-1 所列的相关挂载点。安装其他基于 Linux 开发的操作系统时也可参照设置。

Linux 中的所有内容都是以文件的形式保存和管理的，硬件设备需要挂载到相应的目录文件才能使用。硬件设备也被视作文件，这和 Windows 通过设备管理器来管理硬件是完全不同的。所谓“挂载”就是将一个目录当作进入点，将硬盘分区的数据放置在该目录下，进入该目录就可以读取该分区，那个作为进入点的目录就称为挂载点。挂载点实际上就是 Linux 中硬盘文件系统的入口目录。

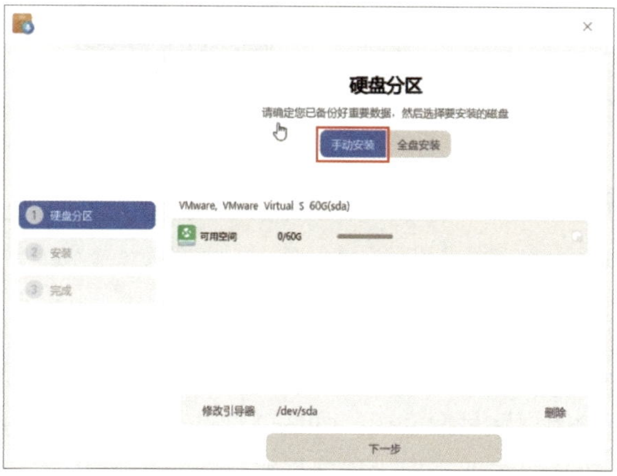

图 2-3-7　硬盘分区列表

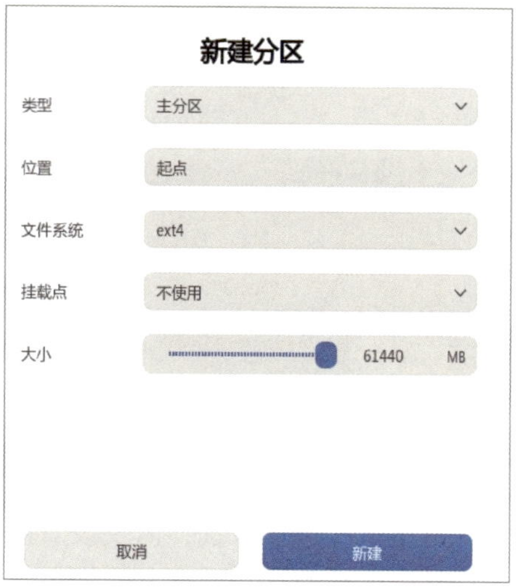

图 2-3-8　新建分区选项窗口

表 2-3-1　常见的挂载点及其作用

挂载点	作用
/	根目录，所有文件系统的入口，所有子目录都是在根目录下创建的
/boot	存放内核和加载内核所需要的文件
/home	普通用户的默认存储目录
/usr	存放用户使用的系统命令和应用程序等信息，如可执行命令、帮助文件等
/var	存放经常变动的文件，如系统日志文件、数据包和数据库文件等
/opt	可添加的第三方软件的存放目录
/tmp	系统和用户创建的临时文件，系统重启时，此目录中的临时文件将被删除
/srv	服务器启动之后所需要提取的数据
swap	交换分区，内存文件暂存处，容量视情况而定，一般设置为内存容量的两倍

（6）在“硬盘分区”配置页面完成对硬盘的分区设定后，单击“下一步”按钮，操作系统会检查分区是否有误，如符合分区规范即可跳转到硬盘分区“准备安装”界面，如图 2-3-9 所示。确认无误后，即可单击“继续安装”按钮，进入操作系统安装过程界面，如图 2-3-10 所示。

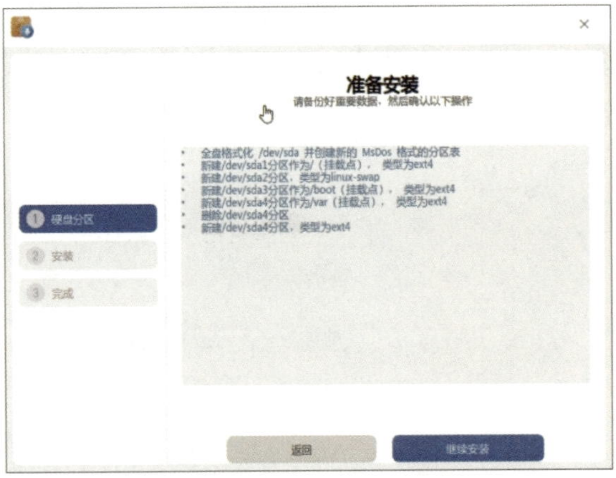

图 2-3-9　硬盘分区“准备安装”界面

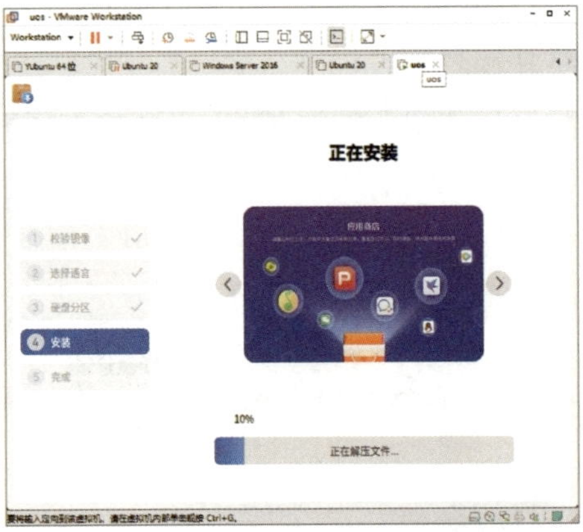

图 2-3-10　操作系统安装过程界面

（7）安装进度达到 100% 后，会出现安装成功提示，表示操作系统安装完成，如图 2-3-11 所示。单击界面中的“立即重启”按钮即可结束整个安装过程并进入操作系统。首次进入操作系统，需要设置登录的用户账号及密码，如图 2-3-12 所示。需要注意的是，账号的首写字母只能为小写，并且不能重复创建管理员账号 root，设置完毕后单击“确认”按钮即可完成用户账号及密码的设置。

图 2-3-11　操作系统安装完成

图 2-3-12　设置用户账号及密码界面

（8）在统信 UOS 登录界面输入用户账号及密码，如图 2-3-13 所示。验证无误后即可登录操作系统桌面，如图 2-3-14 所示。

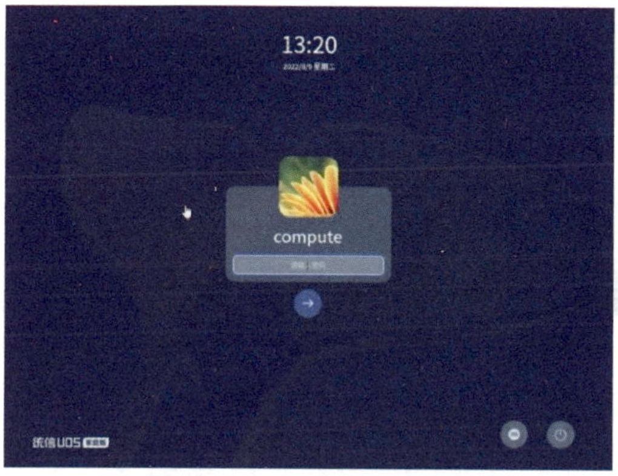

图 2-3-13　统信 UOS 登录界面

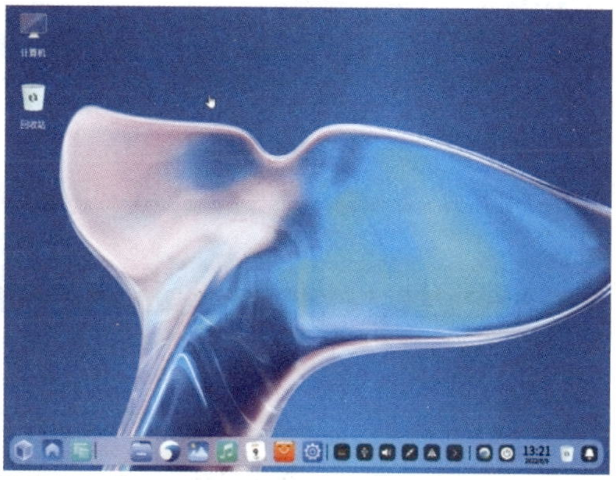

图 2-3-14　统信 UOS 桌面

任务场景 2　某企业单位为了提升安全性和统一管理，决定统一将相关计算机设备的操作系统改为统信 UOS 操作系统专业版。现需对操作系统进行重新安装。

1. 首先对企业的计算机硬件配置进行综合检查，查看是否满足统信 UOS 操作系统安装的最低要求。完成表 2-3-2 中计算机硬件配置的填写。

表 2-3-2　计算机的硬件配置

主要硬件	企业计算机设备	最低配置要求
CPU	Ryzen3 5300G	
内存	海盗船 DDR4 2666 8 GB	
显卡	集成显卡	
硬盘	SL300 512 GB	

2. 完成光驱优先启动设置，参考图 2–3–1 完成对应的设置，放入统信 UOS 操作系统安装光盘并重启。

3. 按照表 2–3–3 中所列步骤安装统信 UOS 操作系统。

表 2–3–3　安装统信 UOS 操作系统

操作过程图	操作步骤说明
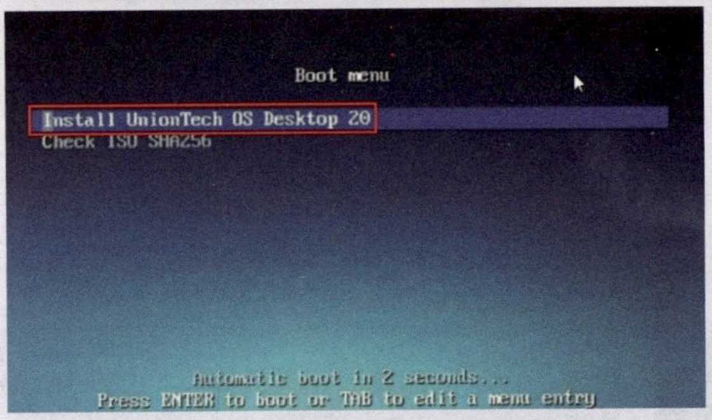	步骤 1 选择“Install UnionTech OS Desktop 20”，并按“Enter”键确认。 【思考】 如何切换到左图 GNU GRUB 启动界面中的第二项功能？
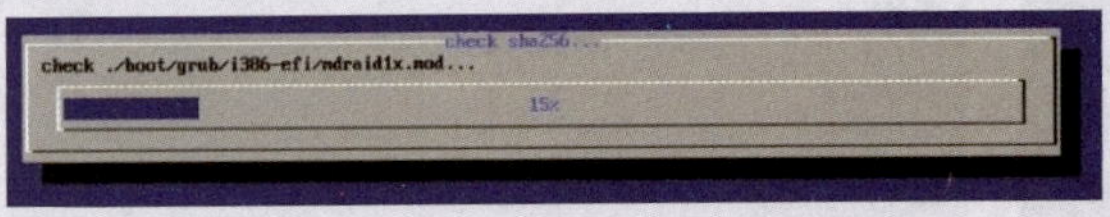	步骤 2 等待操作系统安装检查程序核对所要准备安装的操作系统镜像数据是否缺失。 【思考】 图中该进度条显示正在执行的功能是什么？
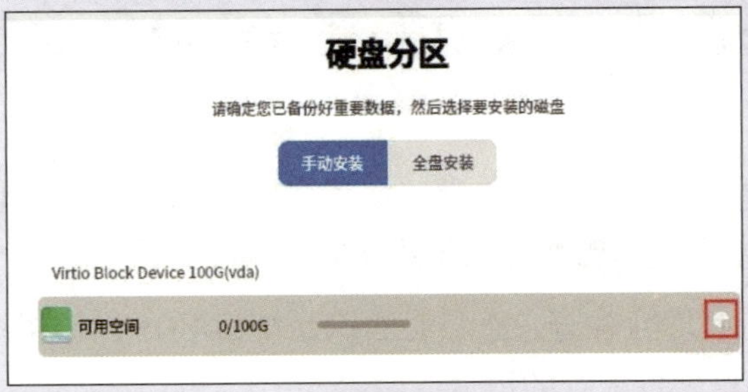	步骤 3 进入“硬盘分区”界面，选择“手动安装”选项，并单击“可用空间”右侧的按钮进行硬盘分区。 【思考】 “手动安装”与“全盘安装”分别适合什么场景？
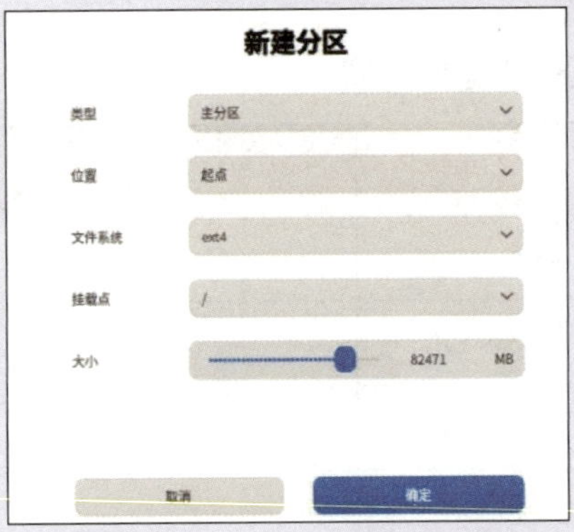	步骤 4 根据提示创建对应的挂载点，并分配适合的空间大小。 【思考】 安装系统时必须创建哪些挂载点？

续表

操作过程图	操作步骤说明
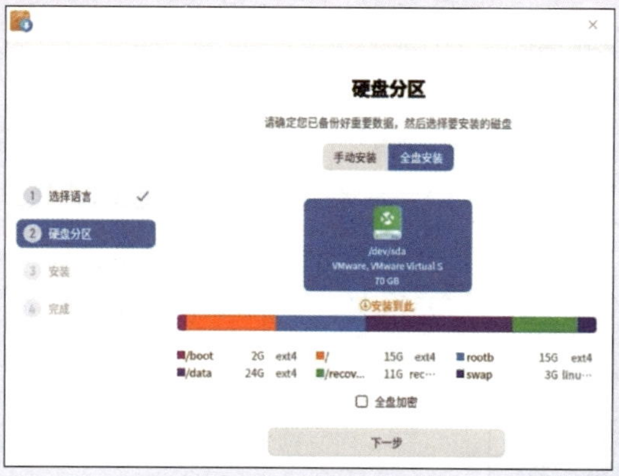	步骤 5 确认硬盘的挂载点创建无误后，单击“下一步”按钮继续。 【思考】 图中分别创建了哪些挂载点？分别用于存放什么类型的文件？
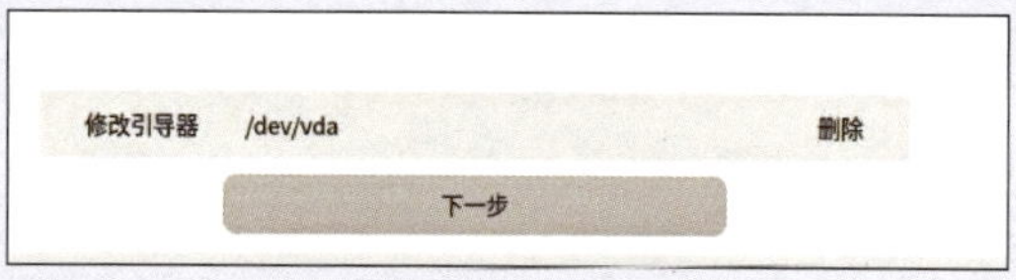	步骤 6 确认引导器所在目录无误后，单击“下一步”按钮继续。 【思考】 在 EFI 分区模式下，引导器应该如何设置？
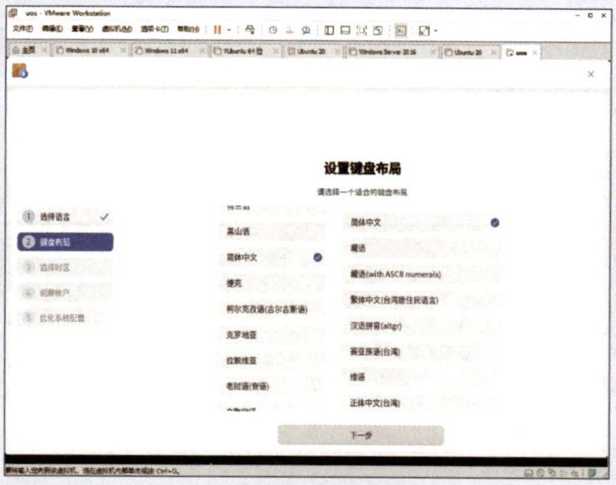	步骤 7 选择键盘布局类型为“汉语”。确认所在时区是否正确，单击“下一步”按钮继续。 【思考】 若无法自动选择时区，需手动设置时，应该如何设置？
	步骤 8 创建用户名、计算机名和密码。 【思考】 在统信 UOS 操作系统中设置“用户名”和“密码”时应该遵循什么规则？

续表

操作过程图	操作步骤说明
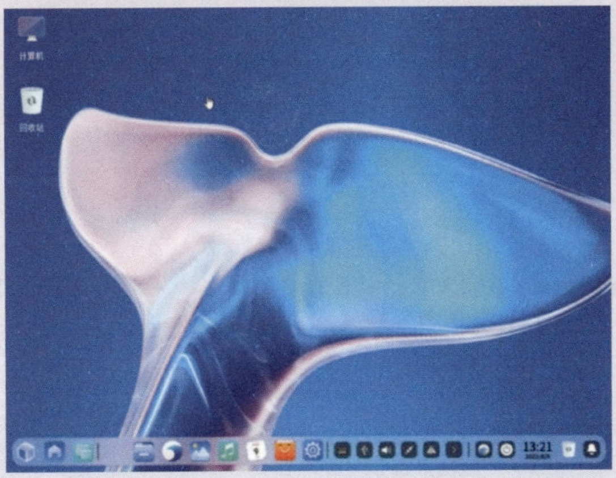	步骤 9 安装完成，成功登录统信 UOS 操作系统桌面。 【思考】 在进入统信 UOS 操作系统界面后，如何找到并安装相关的常用软件？

考核评价

按照表 2-3-4 中所列的评价项目和评价标准，以自我评价、小组评价和教师评价相结合的方式，对本任务的完成情况进行考核评价。

表 2-3-4　考核评价表

评价项目	评价标准	评价方式及权重			得分
		自我评价	小组评价	教师评价	
		20%	30%	50%	
职业素养	1. 遵守课堂纪律和机房管理制度 2. 学习主观能动性，动手能力 3. 团队协作能力				
专业能力	1. 能叙述统信 UOS 操作系统的主要特点 2. 能完成 BIOS 光驱优先启动设置 3. 能利用光盘安装统信 UOS 操作系统				
总分（职业素养得分 ×30% ＋专业能力得分 ×70%）					
教师签字		日期			

任务 4　利用 U 盘启动盘安装操作系统

学习目标

1. 能制作 U 盘启动盘。
2. 能利用 U 盘启动盘安装 Windows 10 和统信 UOS 操作系统。

环境准备

计算机、U 盘、U 盘启动盘制作软件、Windows 10 操作系统 ISO 安装镜像、统信 UOS 操作系统 ISO 安装镜像等。

问题引入

通过互联网检索或查阅相关资料，进行小组讨论，回答以下问题，初步了解使用 U 盘安装操作系统这一方式。

1. 操作系统安装的方式有哪些？常用的是哪几种？

2. 用 U 盘安装操作系统比用光盘安装方便吗？为什么？

3. 通常，用户可通过 BIOS 设置设定设备通电自检完毕后优先尝试加载的设备，不同类型品牌计算机进入 BIOS 设置的方法（所用按键）也不相同。完成表 2-4-1 中的内容，熟悉各种不同类型、品牌计算机进入 BIOS 设置的方法。

表 2-4-1　不同类型、品牌计算机进入 BIOS 设置的方法

组装机（主板）		笔记本电脑		台式机	
品牌	按键	品牌	按键	品牌	按键
华硕		联想		联想	
技嘉		宏碁		惠普	
微星		华硕		宏碁	
华擎		惠普		戴尔	
昂达		华为		神舟	
映泰		戴尔		华硕	
盈通		神舟		海尔	
影驰		小米		同方	

相关知识

一、启动盘

1. 启动盘，又称紧急启动盘或安装启动盘，是写入了操作系统镜像文件的具有特殊功能的移动存储介质（U 盘、光盘、移动硬盘及早期使用的软盘），主要用来在操作系统崩溃时进行修复或者重装。

2. 早期的启动盘主要是光盘或者软盘，随着移动存储技术的成熟，逐渐出现了 U 盘和移动硬盘作为载体的启动盘，它具有移动性强、使用方便等优点。

二、U 盘启动模式

使用 U 盘作为启动盘，其工作原理实际是将其模拟为传统用于系统启动的硬盘、软盘或光盘等，相应地，U 盘的启动模式也有不同类型，包括 USB-HDD、USB-ZIP、USB-HDD+、USB-ZIP+、USB-CDROM 等。

1. USB-HDD

USB-HDD，即硬盘仿真模式，启动后 U 盘盘符显示为“C:”，现在主流的 U 盘格式化工具制作的 U 盘默认采用此启动模式。此模式兼容性很高，但对于一些只支持 USB-ZIP 模式的计算机则无法启动。

2. USB-ZIP

USB-ZIP，即大容量软盘仿真模式，启动后U盘盘符显示为“A:”，使用FlashBoot制作的USB-ZIP启动U盘即采用此模式。此模式在一些比较老的计算机上是唯一可选的模式，但对大部分新款计算机来说，其兼容性较差，特别是对大容量U盘的兼容性不佳。

3. USB-HDD+

USB-HDD+，即增强的USB-HDD模式，启动后U盘盘符显示为“C:”，兼容性极强。它的缺点是在仅支持USB-ZIP模式启动的计算机中无法发挥作用。

4. USB-ZIP+

USB-ZIP+，即增强的USB-ZIP模式，支持USB-HDD和USB-ZIP双模式启动（对于不同计算机，有些在启动后U盘盘符显示为“C:”，有些则显示为“A:”），具有很高的兼容性。它的缺点在于有些支持USB-HDD模式的计算机会将其误认作USB-ZIP模式来启动，从而导致对4 GB以上大容量U盘的兼容性有所降低。

5. USB-CDROM

USB-CDROM，即光盘仿真模式，启动后可以不占盘符，兼容性一般。它的优点在于可以像光盘一样进行操作系统的安装。一般需要使用具体U盘型号或序列号所对应的专用量产工具来进行制作。

三、U盘启动盘制作工具的使用技巧

在网络上，热心的开发者发布了各式各样的U盘启动盘制作工具，如“优启通”“一键U盘启动盘”“绿叶”“USBOOT”等。这里以“优启通”U盘启动盘制作工具为例说明U盘启动盘制作工具的使用技巧。

1. 在主菜单中选择“还原空间”，可以将U盘从启动盘模式恢复为标准的U盘模式。需注意的是，该操作会涉及U盘分区操作，须提前做好数据备份，以免丢失。

2. 在主菜单中选择“免格升级”，可以将由旧版本“优启通”所制作的U盘启动盘中的相关软件和系统数据直接进行更新，升级为当前版本所携带的软件和系统。

3. U盘启动盘制作完成后，可以通过主界面中的“模拟测试”下拉选项来模拟测试该U盘启动盘在不同底层固件引导模式中的运行情况。

4. 用户除了可以通过U盘模式制作U盘启动盘外，还可以通过主菜单上的“本地模式”将Windows PE安装到计算机终端的本地硬盘中，用户可以直接通过引导选项选择本地Windows操作系统或Windows PE，以便当本地Windows操作系统出现故障时进入Windows PE进行修复。同时，用户可以通过主菜单上的“生产ISO”选项，将Windows PE导出为光盘镜像，刻录到光盘或使用U盘量产工具的USB-CDROM模式，以实现其他类型的启动盘引导方式。

任务实施

任务场景 1 ABC 公司最近采购了一批计算机供办公使用，但是这批计算机未安装操作系统，并且没有配置光驱。现需制作 U 盘启动盘，并用其为这些计算机安装 Windows 10 操作系统。

1. 准备软、硬件。

（1）准备一个 U 盘，容量应不小于______。

（2）准备 U 盘启动盘制作软件，选用的软件名称和版本是____________________。

（3）准备镜像文件，文件名是__________。

2. 在计算机上插入 U 盘。若 U 盘支持 USB 3.0 或 USB 3.0 以上的传输协议标准，应将其接入计算机支持 USB 3.0 或 USB 3.0 以上标准的接口中。

3. 启动已安装的操作系统，参照表 2-4-2 所列步骤，利用 U 盘启动盘制作软件制作 U 盘启动盘。

表 2-4-2 制作 U 盘启动盘

操作过程图	操作步骤说明
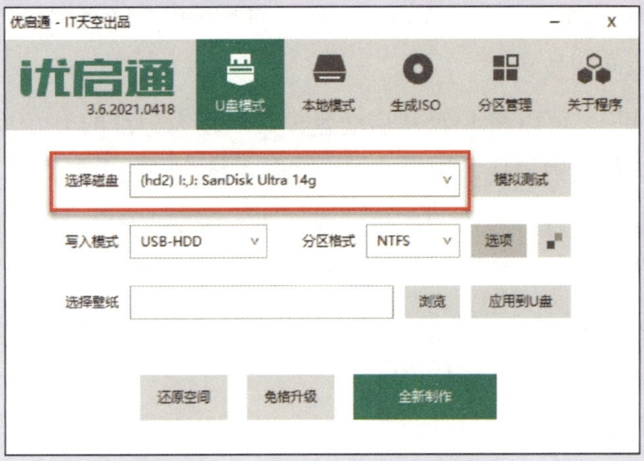	步骤 1 运行“优启通”U 盘启动盘制作软件，并在“选择磁盘”下拉栏中选择需要制作的 U 盘型号。 【思考】 连接多个 U 盘时，如何在“选择磁盘”中选择正确的 U 盘？

续表

操作过程图	操作步骤说明
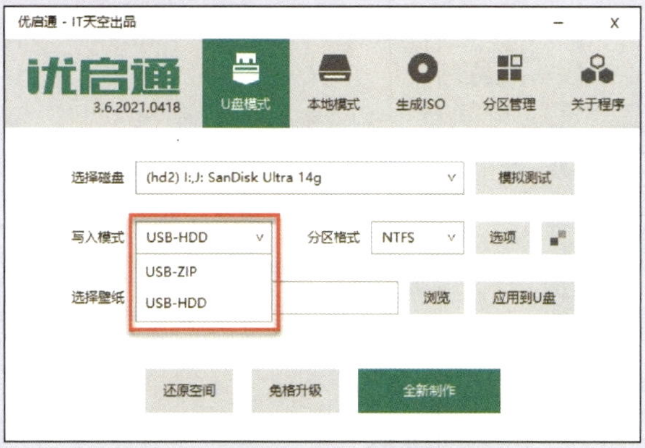	步骤 2 在主界面的“写入模式”选项中选择“USB-HDD”模式。 【思考】 USB-HDD 和 USB-ZIP 模式分别适合哪些使用场景？
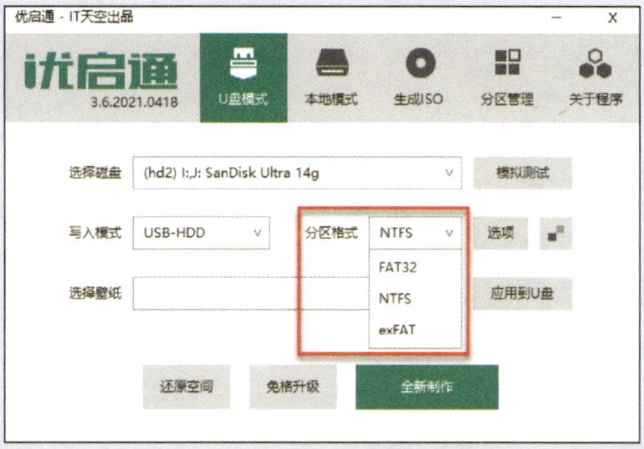	步骤 3 在主界面的“分区格式”选项中选择“NTFS”分区格式。 单击“选项”按钮，可以对 U 盘启动盘程序进行更为详细的设定。 【思考】 NTFS、FAT32、exFAT 三种文件系统格式分别适用于哪些场景？
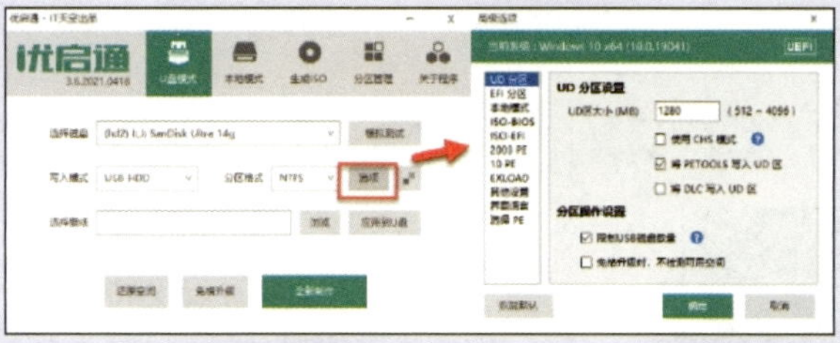	
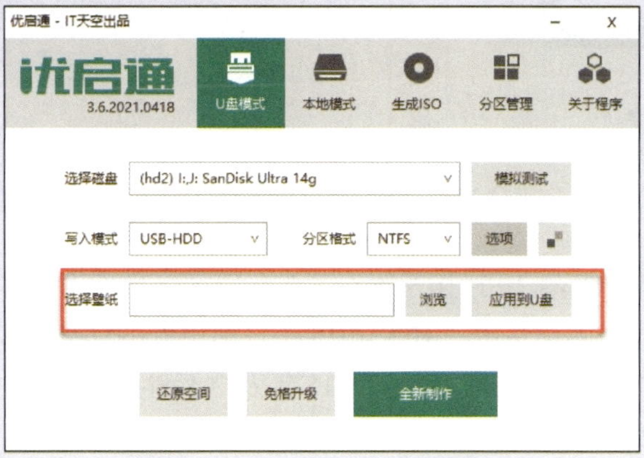	步骤 4 单击主界面中的“浏览”按钮，选择并确认图片后，单击“应用到 U 盘”按钮，将图片注入即将写入 U 盘启动盘的 Windows PE 中，作为 Windows PE 的默认启动界面壁纸。

续表

<table>
<tr><th>操作过程图</th><th>操作步骤说明</th></tr>
<tr><td>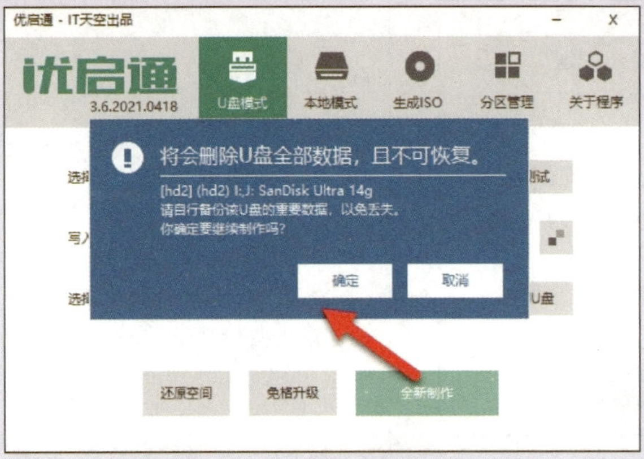
</td><td>步骤 5
单击“全新制作”按钮，开始制作 U 盘启动盘。
【思考】
在开始制作 U 盘启动盘之前，需要对数据文件实施什么操作?</td></tr>
<tr><td>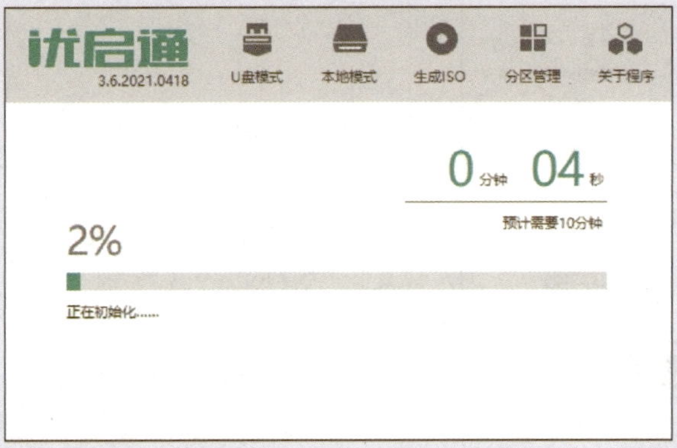
</td><td>步骤 6
等待程序格式化 U 盘并将相关引导软件及 Windows PE 写入 U 盘中。
【思考】
初始化过程中是否可以随时将 U 盘拔出?</td></tr>
<tr><td>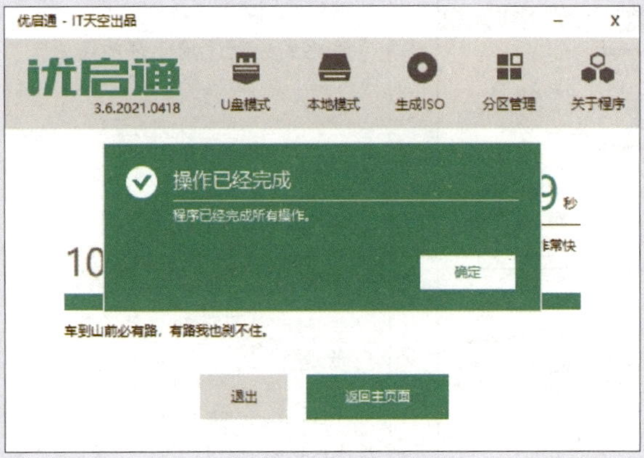
</td><td>步骤 7
单击“确定”按钮关闭“操作已经完成”提示，完成 U 盘启动盘的制作。</td></tr>
</table>

4. 参照表 2–4–3，利用已存储 Windows 10 操作系统安装光盘镜像文件的 U 盘启动盘进入 Windows PE 并安装 Windows 10 操作系统。对于 2015 年之前生产的计算机，建议选择“【 1 】启动 Windows 2013 PE（旧机型）”。对于 2015 年及之后生产的计算机，建议选择“【 2 】启动 Windows 10 PE × 64（新机型）”。

表 2-4-3　利用 U 盘启动盘进入 Windows PE 并安装 Windows 10 操作系统

<table>
<tr><th>操作过程图</th><th>操作步骤说明</th></tr>
<tr><td>
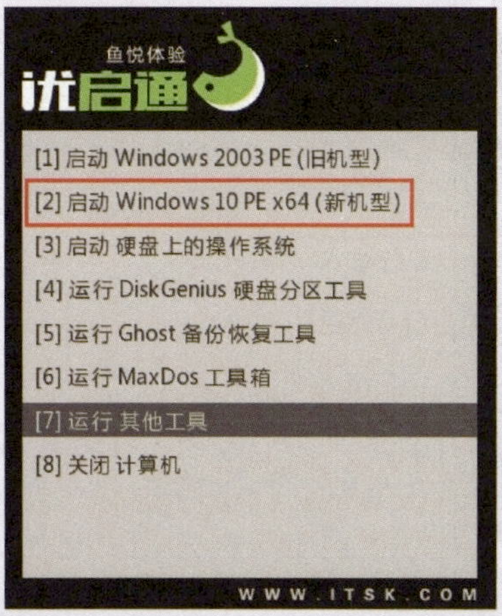

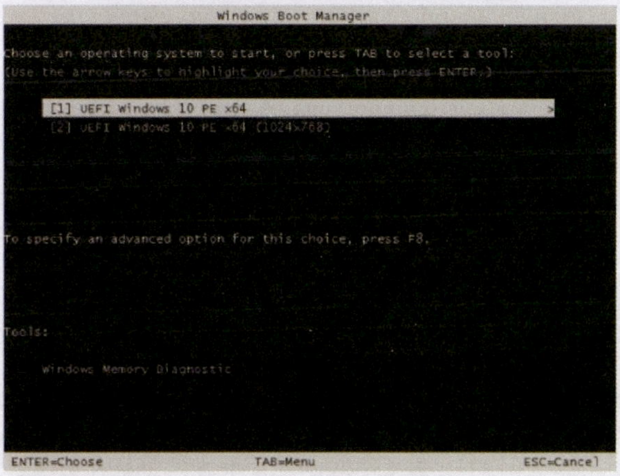

</td><td>
步骤 1

此处选择“启动 Windows 10 PE ×64（新机型）”选项进入 Windows 10 PE 操作系统。

需要注意的是，使用 EFI 模式的终端设备中，将不会出现左上图中的图形界面，而是出现左下图中的文字界面，可以选择“UEFI Windows 10 PE ×64”进行启动。

【思考】

假设本任务使用的是联想笔记本电脑，应该按什么按键进入引导程序？

左下图中两个启动选项的区别是什么？
</td></tr>
<tr><td>
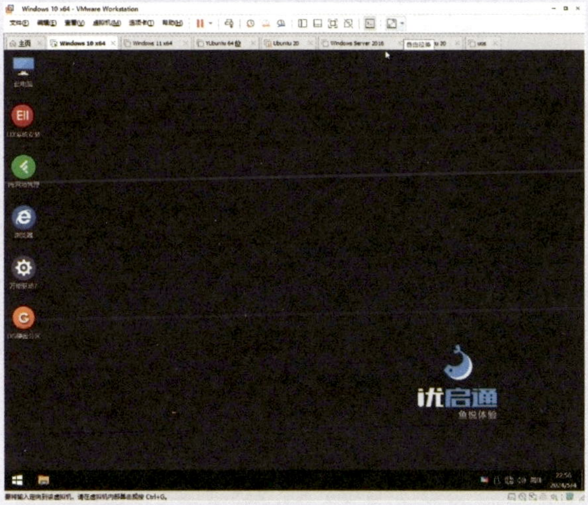

</td><td>
步骤 2

完成 Windows 10 PE 操作系统操作界面的加载。

【思考】

若启动 Windows 10 PE 操作系统后未能正确加载软件图标，需要进行什么操作进行恢复？
</td></tr>
</table>

续表

<table>
<tr><th>操作过程图</th><th>操作步骤说明</th></tr>
<tr><td>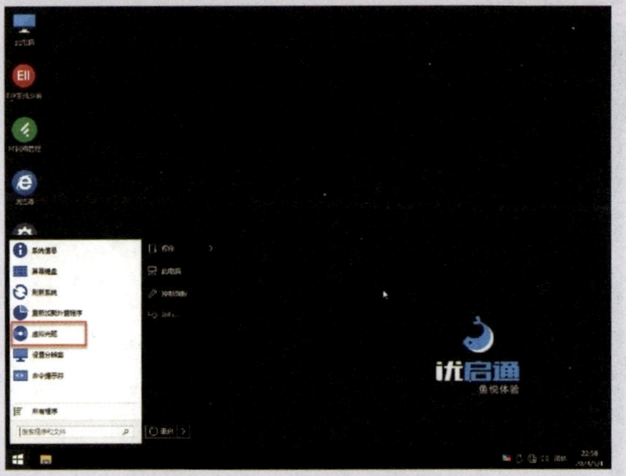
</td><td>步骤 3
依次单击“开始”菜单→“虚拟光驱”，运行虚拟光驱软件。
【思考】
虚拟光驱的作用是什么？</td></tr>
<tr><td>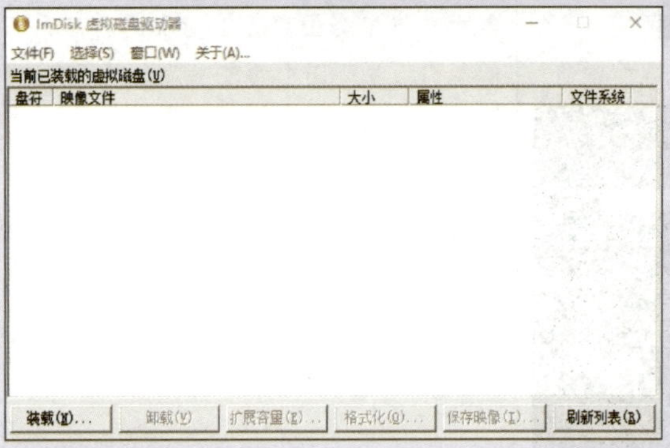
</td><td>步骤 4
确认“ImDisk 虚拟磁盘驱动器”软件完成正常启动。单击“装载”按钮进入下一步。</td></tr>
<tr><td>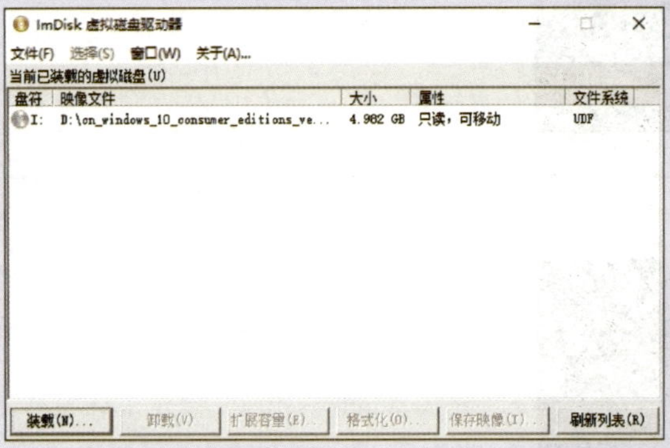
</td><td>步骤 5
在文件选择窗口中选择并加载操作系统安装光盘镜像文件。
【思考】
该操作系统安装光盘镜像文件所在分区的盘符是什么？</td></tr>
<tr><td>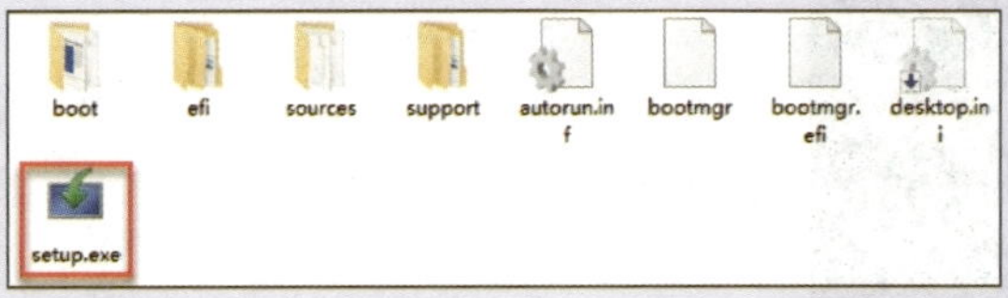
</td><td>步骤 6
打开操作系统安装镜像文件所在的虚拟光驱，运行其中的“setup.exe”程序启动安装程序，完成 Windows 10 操作系统的安装。
【思考】
除了通过虚拟光驱安装外，操作系统还有哪些安装方法？</td></tr>
</table>

任务场景 2　根据学校信息设备管理要求，部分关键部门预装 Windows 10 操作系统的办公计算机需要重新安装稳定且可靠的国产操作系统。现需使用 U 盘启动盘为这些计算机安装统信 UOS 操作系统。

1. 准备软、硬件。

（1）准备一个 U 盘，容量应不小于________。

（2）准备镜像文件，文件名是________。

2. 在计算机上插入提前准备好的 U 盘，参照表 2-4-4 所列步骤，使用自带的 DEEPIN-B 软件来制作 U 盘启动盘，并安装统信 UOS 操作系统。

表 2-4-4　统信 UOS 操作系统的安装过程

操作过程图	操作步骤说明
	步骤 1 下载统信 UOS 操作系统 U 盘启动盘制作程序，打开其所在文件夹，运行其中的 “DEEPIN_B.EXE” 程序。 【思考】 文件夹中的 MD5SUM.TXT 和 SHA256SU.TXT 两个文件的作用是什么？
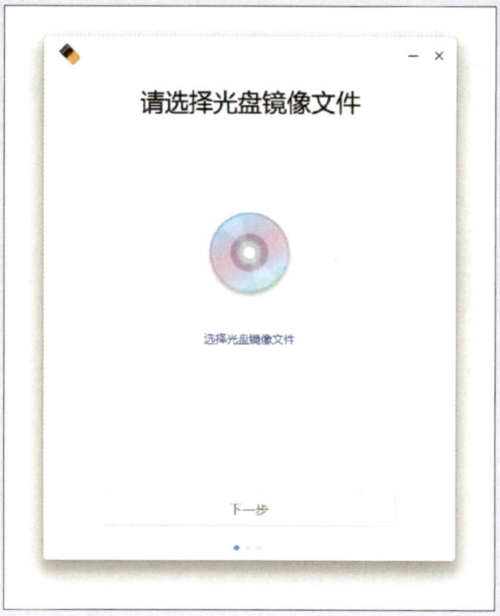	步骤 2 在 U 盘启动盘的制作程序中，单击 “选择光盘镜像文件”，并在弹出的文件选择窗口中选择统信 UOS 操作系统光盘镜像文件。

续表

<table>
<tr><th>操作过程图</th><th>操作步骤说明</th></tr>
<tr><td>

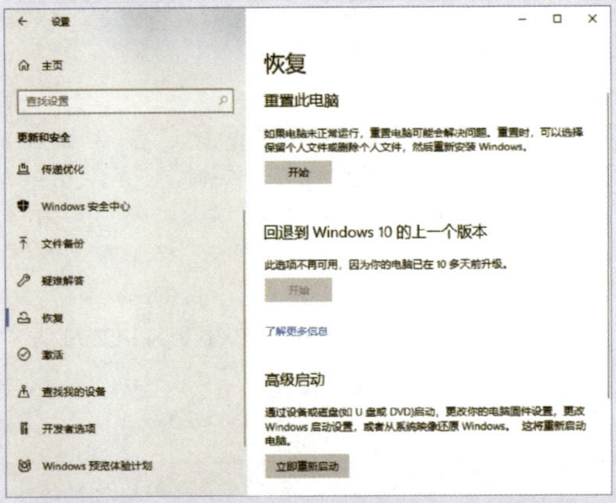
</td><td>步骤 3
选中需要制作为 U 盘启动盘的 U 盘，勾选“格式化磁盘可提高制作成功率”复选框，并单击“开始制作”按钮。
当重启计算机后无法通过键盘启动按键引导进入U盘启动盘时，可以通过依次单击“开始”菜单→“设置”→“恢复”→“高级启动”选项实现相同的效果。
【思考】
格式化前，需要对 U 盘中原有的数据进行什么操作？</td></tr>
<tr><td>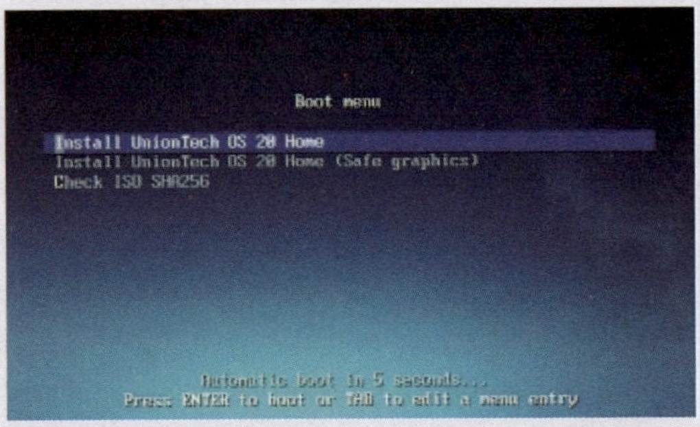
</td><td>步骤 4
成功通过 U 盘启动盘进入统信 UOS 操作系统的安装引导界面，使用键盘上的方向键选择“Install UnionTech OS 20 Home”选项并按“Enter”键即可开始进行操作系统的安装。
【思考】
安装引导界面中其他选项的作用是什么？</td></tr>
</table>

考核评价

按照表 2-4-5 中所列的评价项目和评价标准，以自我评价、小组评价和教师评价相结合的方式，对本任务的完成情况进行考核评价。

表 2-4-5　考核评价表

评价项目	评价标准	评价方式及权重			得分
		自我评价	小组评价	教师评价	
		20%	30%	50%	
职业素养	1. 遵守课堂纪律和机房管理制度 2. 学习主观能动性，动手能力 3. 团队协作能力				
专业能力	1. 能制作U盘启动盘 2. 能利用U盘启动盘安装 Windows 10 操作系统 3. 能利用U盘启动盘安装统信 UOS 操作系统				
总分（职业素养得分 ×30%＋专业能力得分 ×70%）					
教师签字		日期			

任务 5　备份和还原 Windows 10 操作系统

学习目标

1. 能使用 GHOST、EIX 等第三方工具备份 Windows 10 操作系统。
2. 能使用 GHOST、EIX 等第三方工具还原 Windows 10 操作系统。

环境准备

计算机、带有 GHOST 软件和 EIX 软件的启动光盘（或 U 盘启动盘）等。

问题引入

通过互联网检索或查阅相关资料，进行小组讨论，回答以下问题，初步了解操作系统备份与还原的方法。

1. 当计算机出现系统崩溃时，应如何处理？

□重新安装操作系统

□通过还原软件恢复系统

2. 常用的操作系统备份与还原软件有哪些？它们的特点是什么？填写在表 2-5-1 中。

表 2-5-1　操作系统备份与还原软件

软件名称	支持的操作系统	特点

相关知识

一、操作系统的备份与还原

操作系统的备份与还原是指对系统文件、应用程序、系统设置以及用户数据进行备份，并在需要时将其恢复到之前的状态。及时做好操作系统的备份，能够防止因硬件故障、软件错误、病毒攻击或人为误操作导致的数据丢失，在系统崩溃或无法正常启动时，能够快速恢复到之前的状态，减少停机时间和损失。通过定期备份，还可以保留文件的多个版本，便于追溯和恢复。

二、Windows 自带的备份与还原工具

Windows 7 操作系统提供了一个自带的“备份与还原”工具，该工具在后续版本

（如 Windows 10）中仍然可用，称为“备份与还原（Windows 7）”，可通过“控制面板”打开。利用该工具，用户可以创建当前系统的系统映像，并对重要的数据文件进行备份，未来在需要的时候利用这些备份文件还原系统。

所谓系统映像，就是操作系统的一个副本，是一个包含操作系统全部内容的文件，包括系统内核、驱动程序、系统库、配置文件、应用程序等，用于安装、分发或恢复操作系统。

三、GHOST 软件

GHOST 是 general hardware oriented system transfer（通用硬件导向系统转移）的首字母缩写，该软件能够完整而快速地备份、还原整个硬盘或单一分区。

1. 软件界面中相关词语的含义

Disk：磁盘。

Partition：分区，在操作系统里，每个盘符对应着一个分区。

Image：镜像，存放硬盘或分区内容的文件，扩展名为“gho”。

To：到，即“备份到”。

From：从，即“从……还原”。

2. Partition 菜单

To Partition：将一个分区（源分区）直接复制到另一个分区（目标分区），在操作时，目标分区的空间不能小于源分区。

To Image：将一个分区备份为一个镜像文件，存放镜像文件的分区空间不能小于源分区，一般应大于源分区。

From Image：从镜像文件中恢复分区（将备份的分区还原）。

3. 备份的最佳方案

完成操作系统及各种驱动的安装后，将常用的软件（如杀毒软件、媒体播放软件、Office 办公软件等）安装到系统所在分区，接着安装操作系统和常用软件的各种升级补丁并优化系统，最后再进行系统备份。

GHOST 软件的典型运行界面如图 2-5-1 所示。

四、EIX 软件

EIX 全称 easy image X，是一款应用较广泛地用于系统备份与恢复的管理工具，既支持 gho 格式的镜像文件，也支持 wim 格式的镜像文件，具有友好的图形界面，完成备份与恢复的操作更为便捷，具有较好的兼容性。

EIX 软件的典型运行界面如图 2-5-2 所示。

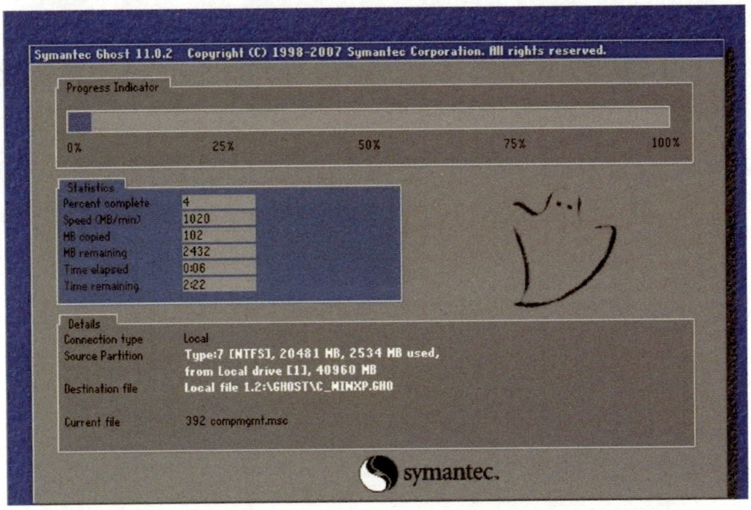

图 2-5-1　GHOST 软件的典型运行界面

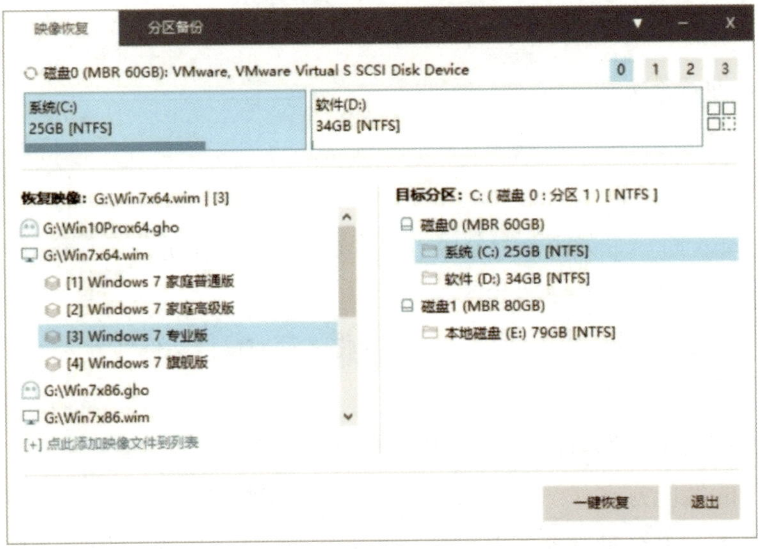

图 2-5-2　EIX 软件的典型运行界面

任务实施

任务场景 1　学院计算机机房因为学生经常使用 U 盘传输资料和上网查询资料，导致很多计算机都感染了木马病毒。现需使用 GHOST 软件及已有备份对计算机进行还原，然后进行相应的维护（本任务暂不涉及），并对维护好的操作系统进行备份（采用 Windows 10 操作系统）。

1. 准备软、硬件。

（1）准备一个 U 盘启动盘，应装有 Windows PE，并包含 Windows 10 操作系统镜像文件。

（2）U 盘的 Windows PE 中还应包含 GHOST 软件、DiskGenius 软件、UEFI 引导修复软件或其他同类软件。

2. 参照表 2-5-2 所列步骤，使用 GHOST 软件还原 Windows 10 操作系统。

表 2-5-2　使用 GHOST 软件还原 Windows 10 操作系统

操作过程图	操作步骤说明
	步骤 1 通过 U 盘启动盘启动计算机并进入 Windows PE。
	步骤 2 依次单击“开始”菜单→“备份还原”→“Ghost 11.5.1 正常模式”，启动 GHOST 软件。 【思考】 GHOST 软件的“极限模式”和“正常模式”的区别是什么？

续表

操作过程图	操作步骤说明
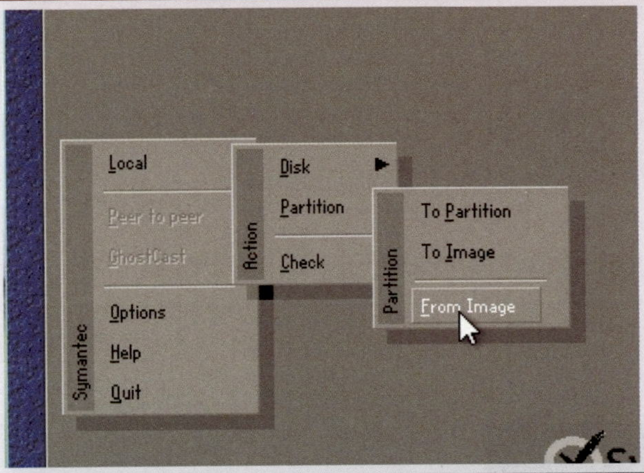	步骤 3 依次单击“Local”→“Partition”→“From Image”，使用已备份的镜像文件进行恢复。 【思考】 “Disk”“Partition”“Check”在该软件中的含义分别是什么？
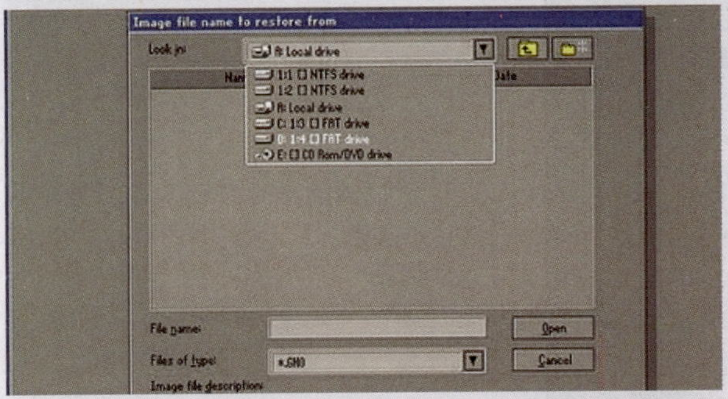	步骤 4 选择存放已备份镜像文件的硬盘分区。 【思考】 如何通过键盘按键切换窗口及选择所需的按钮？
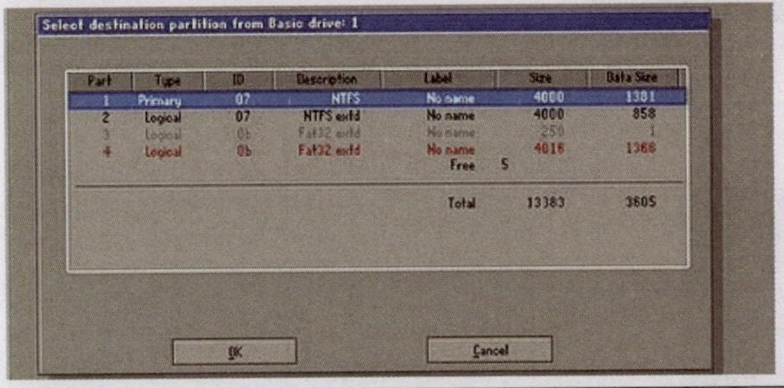	步骤 5 选择需要使用已备份镜像文件进行恢复的硬盘分区。 【思考】 左图中为什么有一个硬盘分区显示为红色？
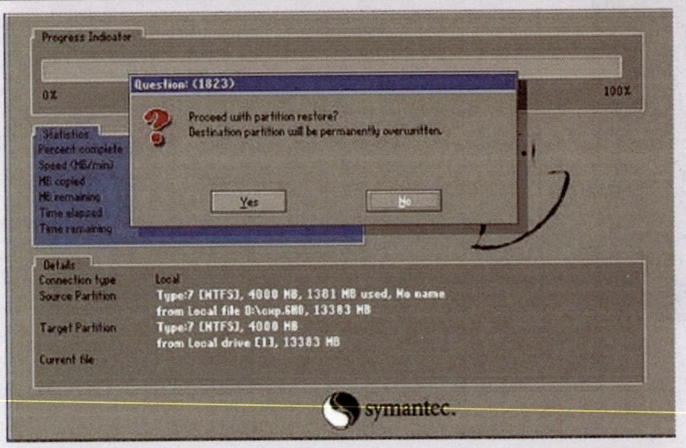	步骤 6 在弹出的信息窗口中选择“Yes”，以便在恢复硬盘分区的同时重建分区表。

续表

操作过程图	操作步骤说明
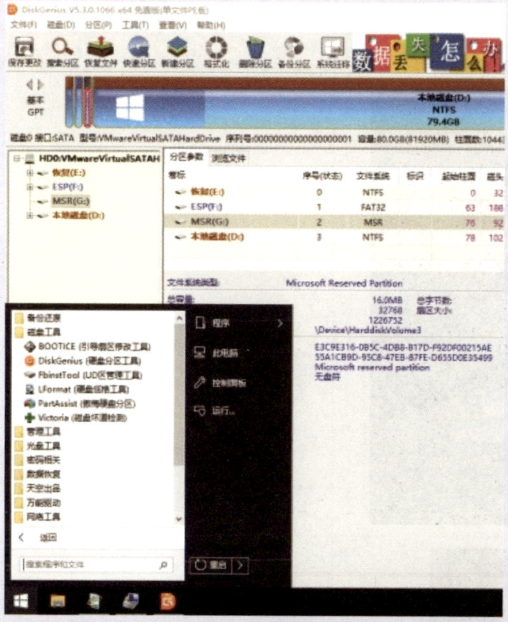	步骤 7 完成上述步骤后，若系统无法正常启动可依次单击“开始”菜单→“磁盘工具”→“DiskGenius”启动DiskGenius软件，查看该分区的分区模式，若使用了GPT分区模式，则需要对操作系统的引导方式进行修复。记下ESP分区的盘符。
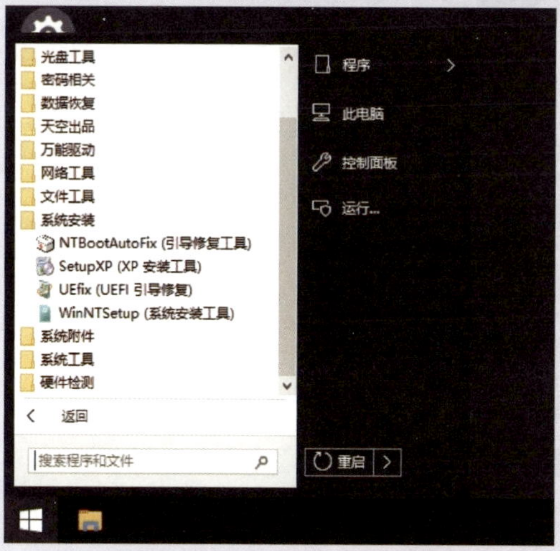	步骤 8 依次单击“开始”菜单→“系统安装”→“UEfix”，启动UEFI引导修复软件。 【思考】 安装在使用MBR分区模式分区的操作系统可以用什么工具进行引导修复?
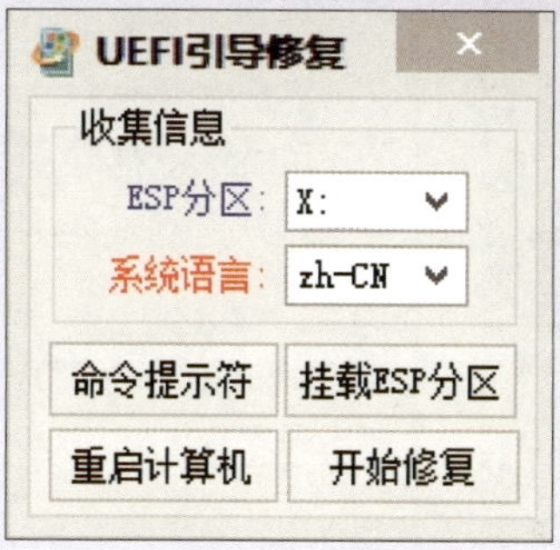	步骤 9 在UEFI引导修复软件中，按照步骤7中所记下的ESP分区的盘符，选择ESP所在的分区。单击“开始修复”按钮开始修复，修复完成后重启计算机即可。 【思考】 ESP分区的作用是什么?

3. 参照表 2-5-3，使用 GHOST 软件备份 Windows 10 操作系统。

表 2-5-3　使用 GHOST 软件备份 Windows 10 操作系统

操作过程图	操作步骤说明
	步骤 1 通过 U 盘启动盘启动计算机并进入 Windows PE。
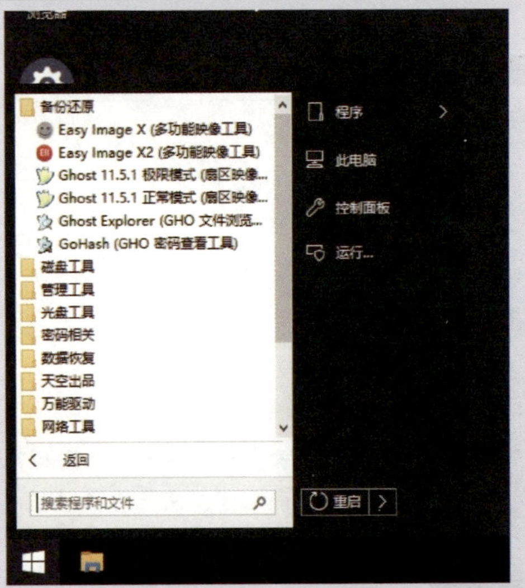	步骤 2 依次单击“开始”菜单→“备份还原”→“Ghost 11.5.1 正常模式”，启动 GHOST 软件。 【思考】 通过 GHOST Explorer 程序可以实现哪些操作？
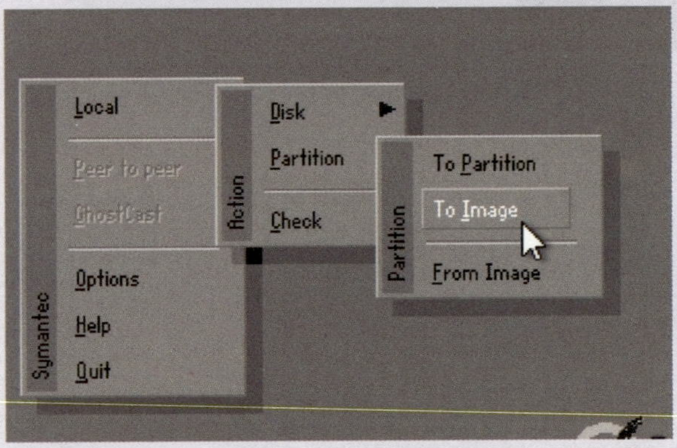	步骤 3 依次单击“Local” →“Partition” →“To Image”，对所需分区数据进行备份操作。 【思考】 “To Image” 和 “To Partition” 有何不同？

续表

<table>
<tr><th>操作过程图</th><th>操作步骤说明</th></tr>
<tr><td>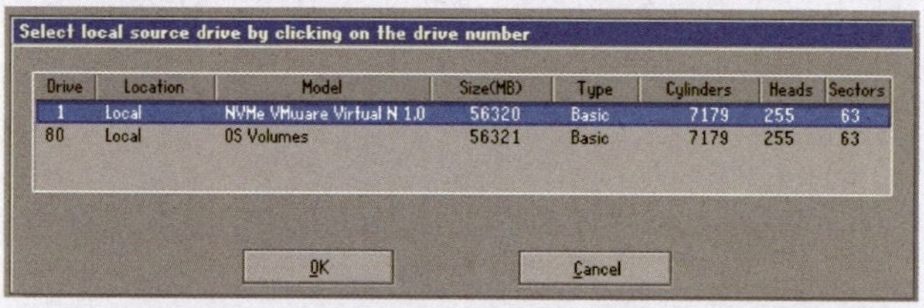
</td><td>步骤 4
选择需要备份的分区。</td></tr>
<tr><td>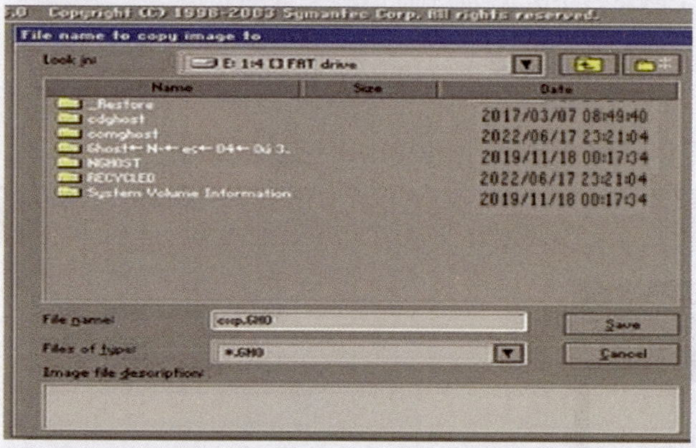
</td><td>步骤 5
选择备份镜像文件的存放位置，需注意不能选择需要进行备份的分区。
【思考】
为备份镜像文件命名时应注意哪些问题？</td></tr>
<tr><td>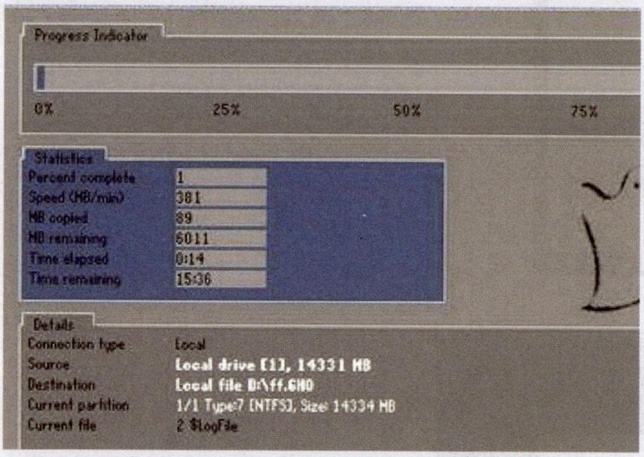
</td><td>步骤 6
启动并等待分区备份完成。
【思考】
如何获知备份过程的剩余时间？</td></tr>
<tr><td>
</td><td>步骤 7
备份完成后，可以在操作系统中查看所备份的镜像文件。</td></tr>
</table>

任务场景 2 学校新建的计算机机房中的部分设备同样在使用过程中感染了木马病毒。但与任务场景 1 中的计算机不同，该批计算机均使用 GPT 分区模式。现需使用 EIX 软件及已有备份对计算机进行还原，然后进行相应的维护（本任务暂不涉及），并将维护好的计算机进行备份（采用 Windows 10 操作系统）。

1. 准备软、硬件。

（1）准备一个 U 盘启动盘，应装有 Windows PE，并包含 Windows 10 操作系统镜像文件。

（2）U 盘中的 Windows PE 中还应包含 EIX 软件或其他同类型的软件。

2. 参照表 2-5-4 所示步骤使用 EIX 软件还原 Windows 10 操作系统。

表 2-5-4 使用 EIX 软件还原 Windows 10 操作系统

<table>
<tr><th>操作过程图</th><th>操作步骤说明</th></tr>
<tr><td>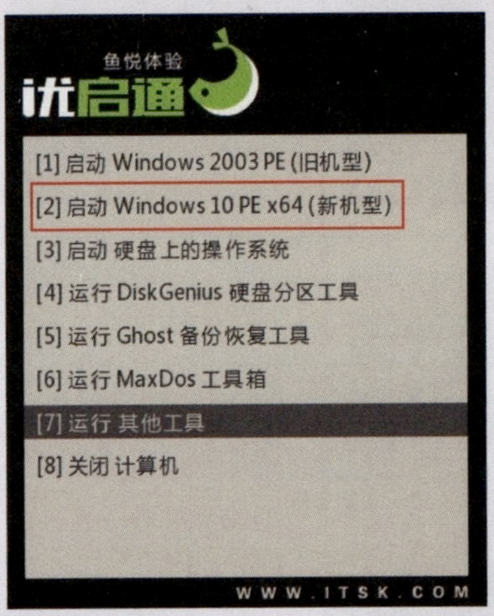
</td><td>步骤 1
通过 U 盘启动盘启动计算机并进入 Windows 10 PE ×64 系统。</td></tr>
<tr><td>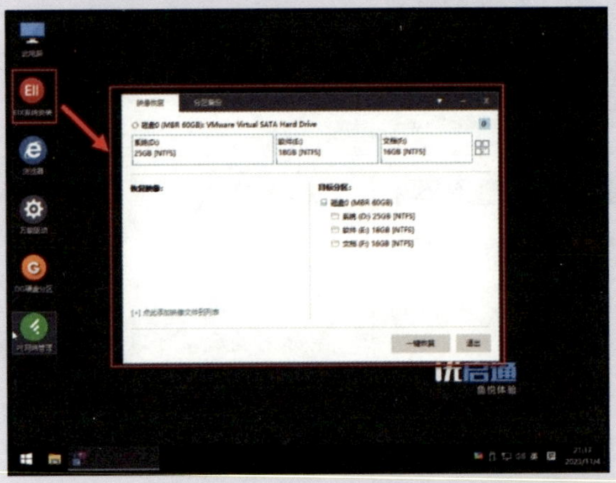</td><td>步骤 2
启动 EIX 软件。
【思考】
除了在操作系统的桌面上单击软件图标来启动外，还有什么途径可以启动该软件？</td></tr>
</table>

续表

<table>
<tr><th>操作过程图</th><th>操作步骤说明</th></tr>
<tr><td>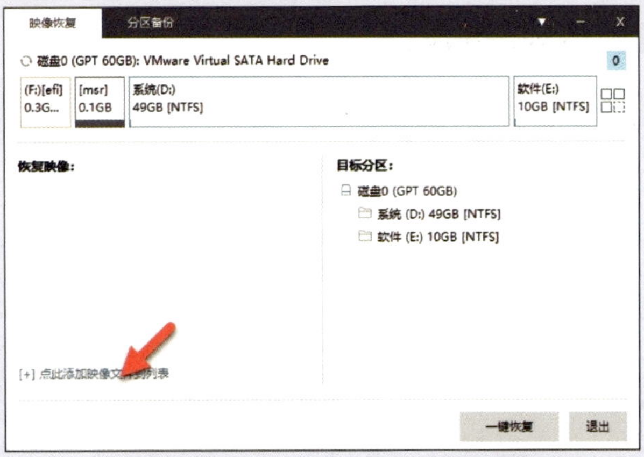
</td><td>步骤 3
单击主窗口左下方的“点此添加映像文件到列表”，导入需要恢复的备份镜像文件。</td></tr>
<tr><td>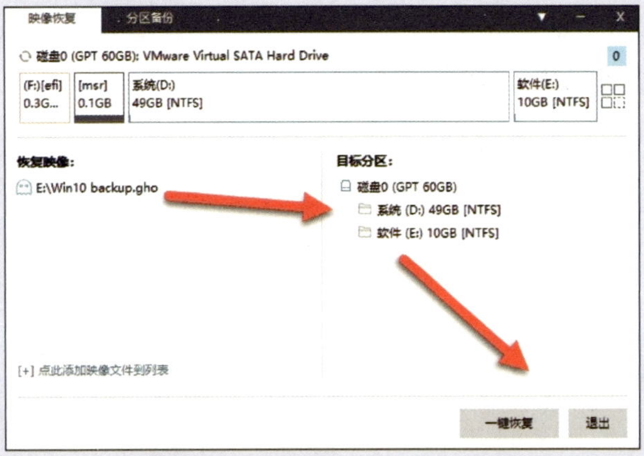
</td><td>步骤 4
在左侧“恢复映像”栏中选择备份镜像文件，在右侧“目标分区”栏中选择需要进行恢复的分区，单击“一键恢复”按钮。</td></tr>
<tr><td>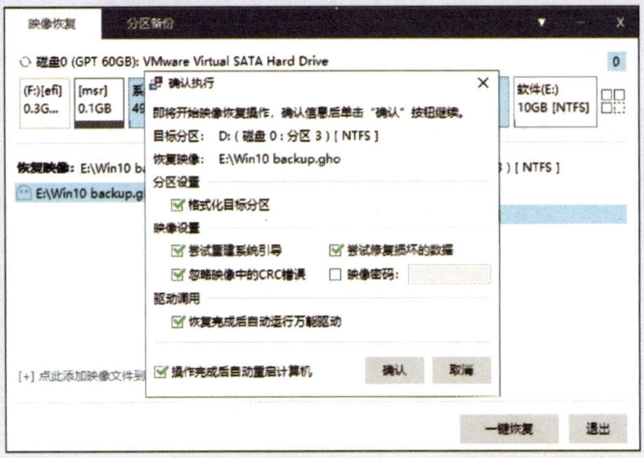
</td><td>步骤 5
在“确认执行”界面中使用默认设置或根据实际需要勾选相关功能，单击“确认”按钮开始恢复。
【思考】
当 EXI 软件重建系统引导失败时，可以使用什么程序对操作系统引导程序进行修复？</td></tr>
</table>

3. 对使用 GPT 分区模式的 Windows 10 操作系统进行备份，EIX 软件比 GHOST 软件的操作更为简便，效率更高。参照表 2-5-5，使用 EIX 软件备份 Windows 10 操作系统。

表 2-5-5　使用 EIX 软件备份 Windows 10 操作系统

<table>
<tr><th>操作过程图</th><th>操作步骤说明</th></tr>
<tr><td>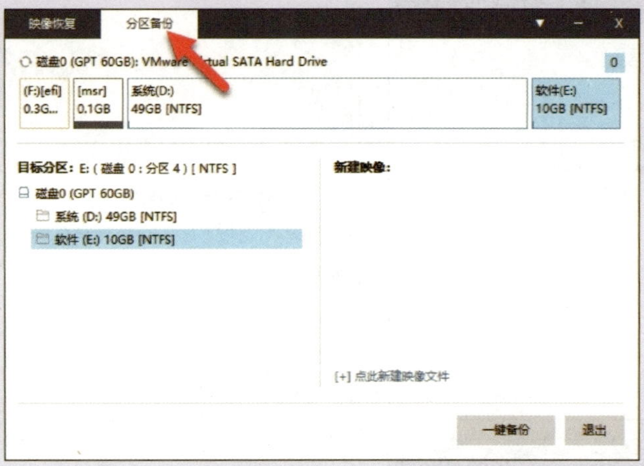
</td><td>步骤 1
启动 EIX 软件，在主界面上选择“分区备份”。
【思考】
安装在使用 MBR 分区模式分区的操作系统可以用什么工具进行引导修复？</td></tr>
<tr><td>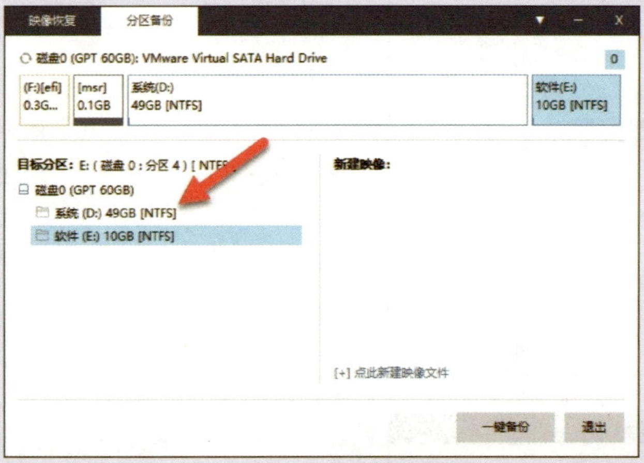
</td><td>步骤 2
在左侧“目标分区”栏中选择需要进行数据备份的分区。</td></tr>
<tr><td>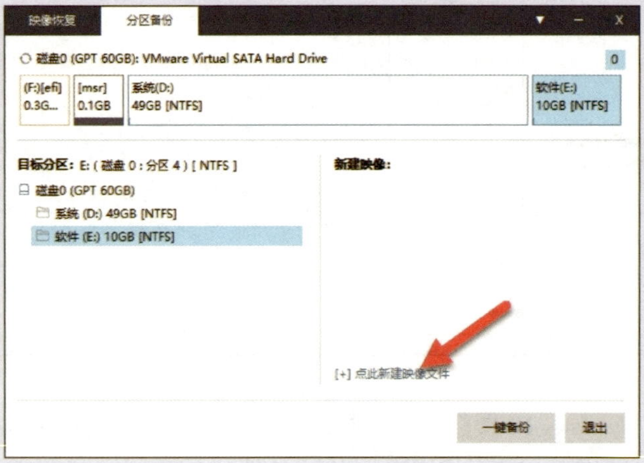
</td><td>步骤 3
在右侧“新建映像”栏中单击“点此新建映像文件”。</td></tr>
</table>

续表

操作过程图	操作步骤说明
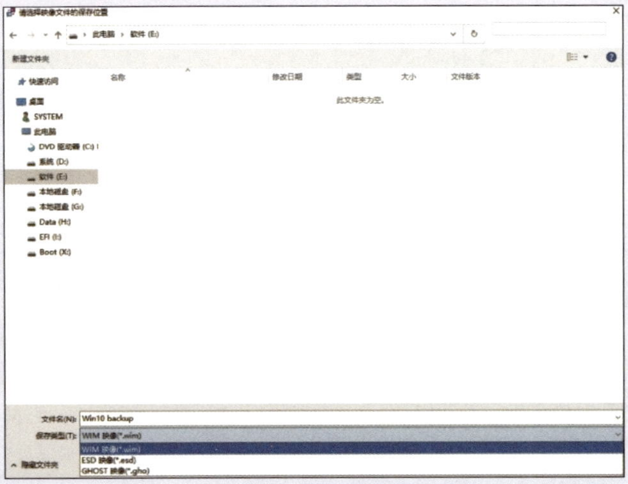	步骤 4 在文件保存位置选择窗口中选择存放备份镜像文件的文件夹，在窗口下方的“文件名”栏中为即将生成的备份镜像文件设置文件名。 【思考】 “保存类型”中可选择的三种类型分别是什么？各有什么特点？
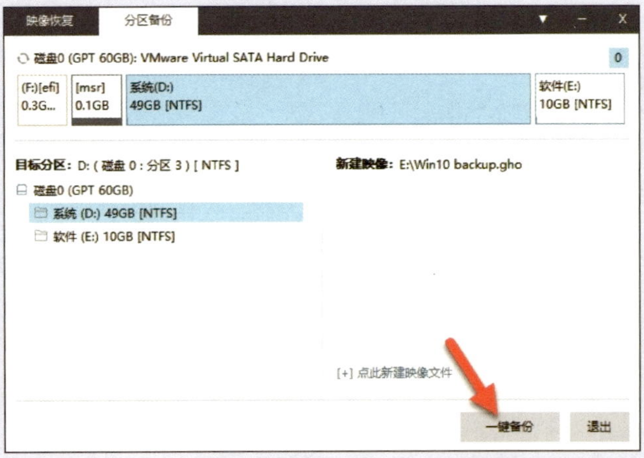	步骤 5 返回 EXI 软件“分区备份”界面，确认“目标分区”选择正确、“新建映像”中的存放位置设置正确后，单击“一键备份”按钮。
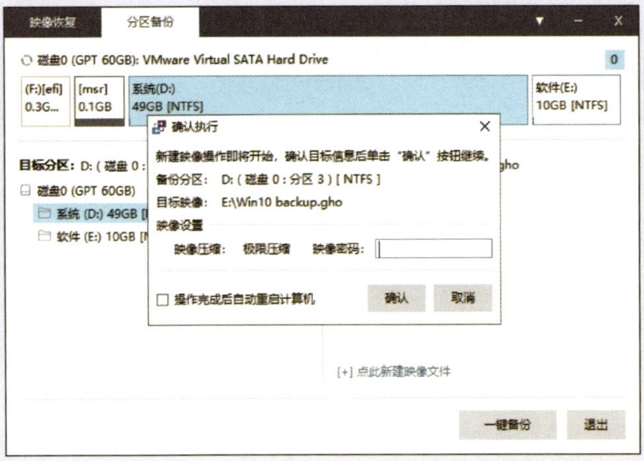	步骤 6 对备份分区和备份镜像文件的存放信息进行最后的确认后，单击“确认”按钮开始备份。 【思考】 若要避免备份镜像文件被非授权用户非法读取，可以采取什么保护措施？

考核评价

按照表 2-5-6 中所列的评价项目和评价标准，以自我评价、小组评价和教师评价相结合的方式，对本任务的完成情况进行考核评价。

表 2-5-6　考核评价表

<table>
<tr><th rowspan="3">评价项目</th><th rowspan="3">评价标准</th><th colspan="3">评价方式及权重</th><th rowspan="3">得分</th></tr>
<tr><th>自我评价</th><th>小组评价</th><th>教师评价</th></tr>
<tr><th>20%</th><th>30%</th><th>50%</th></tr>
<tr><td>职业素养</td><td>1. 遵守课堂纪律和机房管理制度
2. 学习主观能动性，动手能力
3. 团队协作能力</td><td></td><td></td><td></td><td></td></tr>
<tr><td>专业能力</td><td>1. 能利用 GHOST 软件和 EIX 软件对系统进行备份
2. 能利用 GHOST 软件和 EIX 软件对系统进行还原</td><td></td><td></td><td></td><td></td></tr>
<tr><td colspan="2">总分（职业素养得分 ×30% ＋专业能力得分 ×70%）</td><td></td><td></td><td></td><td></td></tr>
<tr><td>教师签字</td><td></td><td colspan="2">日期</td><td colspan="2"></td></tr>
</table>

任务 6　安装驱动程序

学习目标

1. 能叙述驱动程序的作用。
2. 能手动更新各类硬件的驱动程序。
3. 能利用第三方专业软件安装驱动程序。

环境准备

计算机、相关硬件的驱动程序、第三方驱动安装软件等。

问题引入

通过互联网检索或查阅相关资料，结合生活经验和常识，进行小组讨论，回答以下问题，初步认识设备驱动。

1. 计算机没有安装显卡驱动，能显示桌面吗？

□能　　□不能

2. 中央处理器（CPU）需要单独安装驱动程序吗？

□需要　　□不需要

3. 下面哪些是常见的一定需要安装驱动程序才能正常运行的硬件？

□ CPU	□主板	□显卡	□声卡	□网卡	□硬盘
□内存	□光驱	□打印机	□鼠标	□键盘	□显示器
□扫描仪	□ U 盘	□调制解调器			

相关知识

一、驱动程序

1. 驱动程序的概念

驱动程序（device driver），其全称为“设备驱动程序”，是一种可以使操作系统和硬件设备通信的特殊程序，可以说相当于硬件的接口，操作系统只有通过这个接口，才能控制硬件设备工作，若某设备的驱动程序未能正确安装，该设备便不能正常工作。正因为这个原因，驱动程序在计算机中所占的地位十分重要，一般在操作系统安装完毕后，首要工作便是安装硬件设备的驱动程序。

在 Windows 操作系统中，已内置了大量的硬件驱动程序，可覆盖市场上大部分主流硬件产品，操作系统安装完成后，CPU、显卡、声卡、硬盘、光驱、显示器、键盘、鼠标等硬件设备通常即可正常工作。但在安装某些特殊的或较新的硬件，操作系统内置驱动程序无法提供最佳性能或存在兼容性问题等情况时，仍需要自主安装驱动程序。

2. 驱动程序的作用

驱动程序是直接工作在各种硬件设备上的软件，“驱动”这个名称也十分形象地说明了它的功能。驱动程序一般在操作系统启动时加载，正是通过驱动程序，各种硬件设备才能正常运行，从而达到既定的工作效果。硬件如果缺少了驱动程序的“驱动”，那么本来性能非常强大的硬件就无法根据软件发出的指令进行工作，硬件就是空有一身本领无从发挥，变得毫无用武之地。

二、安装驱动程序的原则

安装驱动程序也需要按照一定原则进行，如果驱动程序安装不正确，系统中的某些硬件就可能无法正常使用，或者频繁出现非法操作、部分硬件不能被识别、资源冲突、黑屏和死机等问题。

1. 安装驱动程序的一般顺序

安装驱动程序时，一般建议按以下顺序进行：主板芯片组→显卡→声卡→有线网卡→无线网卡→红外线、蓝牙等设备→触控板→读卡器→其他外部设备。不按顺序安装驱动程序的话，很有可能导致某些软件安装失败。

2. 安装驱动程序的常用方法

驱动程序的安装与一般软件类似，可以直接运行驱动程序的安装文件进行安装，此外，还可以利用设备管理器安装，或使用第三方驱动管理工具进行安装等。

Windows 10 操作系统的自动更新功能较以往版本有了质的飞跃。使用 Windows 10 操作系统，并确保计算机设备联网的情况下，可使用 Windows 更新功能来扫描计算机硬件驱动状态及自动更新匹配的驱动程序。

3. 获得驱动程序的主要途径

驱动程序一般可通过硬件厂商官方网站或官方管理工具、第三方驱动程序管理工具、第三方驱动程序发布网站等渠道获得。

需要注意的是，通过不同渠道下载的不同版本的驱动程序，特别是某些第三方修改版、测试版等，在使用时可能会遇到兼容性问题，这些问题可能表现为安装过程中出现错误提示、硬件在使用过程中出现异常，或者性能明显低于设计标准等。此时应将现有驱动程序卸载，重新到官方渠道获取推荐的稳定版本重新安装。

任务实施

任务场景 1 一台笔记本电脑系统崩溃后，用户通过光盘重新安装好系统，发现存在集成在主板上的部分接口功能异常、显示颜色不正确等问题。现需重新安装计算机的驱动程序。

参照表 2-6-1 所列步骤，安装计算机的驱动程序。

表 2-6-1　安装计算机驱动程序

操作过程图	操作步骤说明
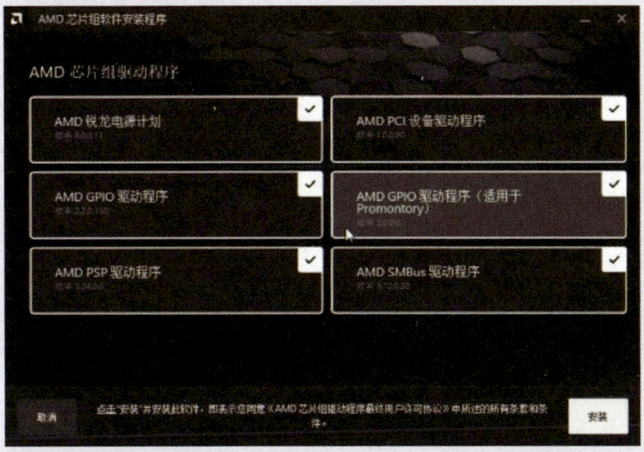	步骤 1 安装主板芯片组驱动。计算机中的主板芯片组一般是 Intel 系列和 AMD 系列。集成在主板上的硬件均需在安装主板芯片组驱动程序后才能正常进行。 下载主板芯片组驱动程序，双击“Setup.exe”程序，按照向导提示进行安装即可完成。
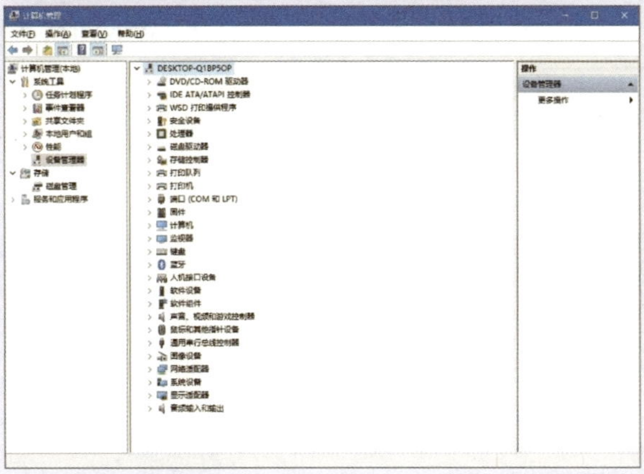	步骤 2 重新启动计算机后，右键单击“此电脑”，选择“计算机管理”命令，单击“系统工具”选项卡，然后单击“设备管理器”按钮打开设备管理器窗口，如果在窗口没有出现标记黄色感叹号的设备，则主板驱动已安装妥当。
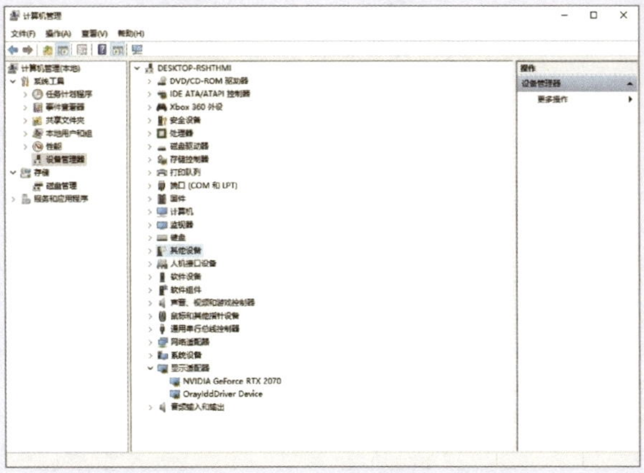	步骤 3 安装显卡驱动。目前市场上家用显卡的芯片均是由 AMD 和 NVIDIA 两家公司生产的，安装其驱动程序的步骤都较为简单。在官网上下载对应的驱动程序，一般为压缩文件的形式，将其解压到单独的文件夹中。此处以 RTX 2700 显卡为例说明，其文件夹名为“RTX 2700”，其中又包含一个名为“Display.Driver”的文件夹。进入设备管理器，单击“显示适配器”，找到对应的显卡型号，并右击选择“更新驱动程序”。

续表

操作过程图	操作步骤说明
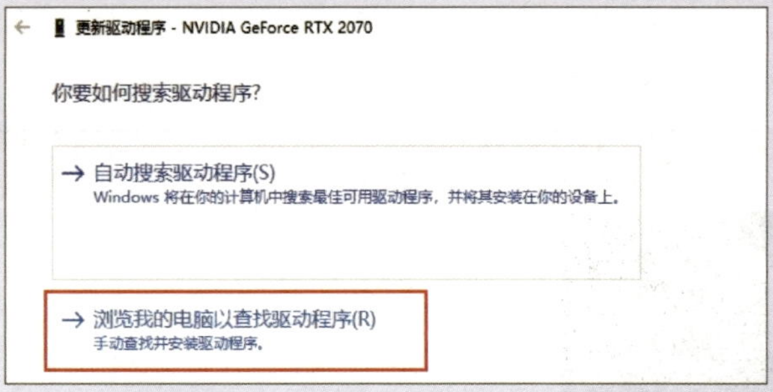	步骤 4 选择“浏览我的电脑以查找驱动程序”。
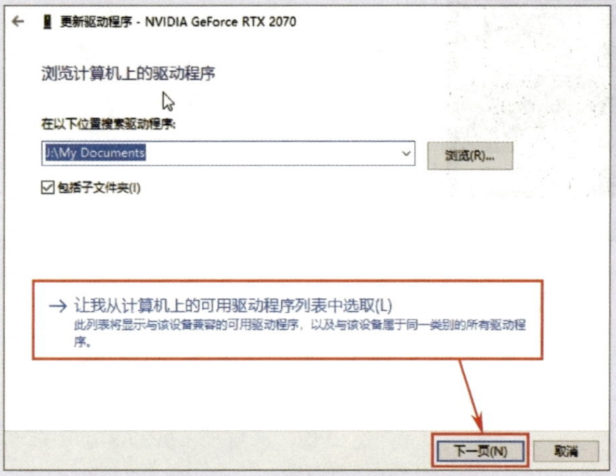	步骤 5 选择“让我从计算机上的可用驱动程序列表中选取”，单击“下一页”按钮。
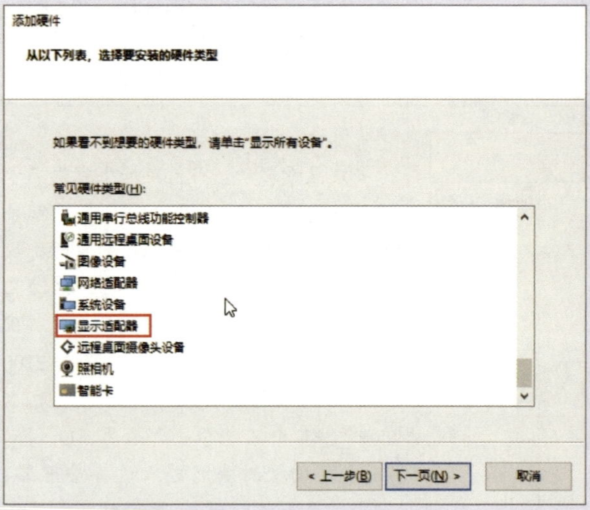	步骤 6 选择硬件类型，此处应选择“显示适配器”，然后单击“下一页”按钮。 【思考】 此界面中应根据驱动程序选择正确的硬件类型，否则将会安装失败。其中，网络适配器是什么？

续表

操作过程图	操作步骤说明
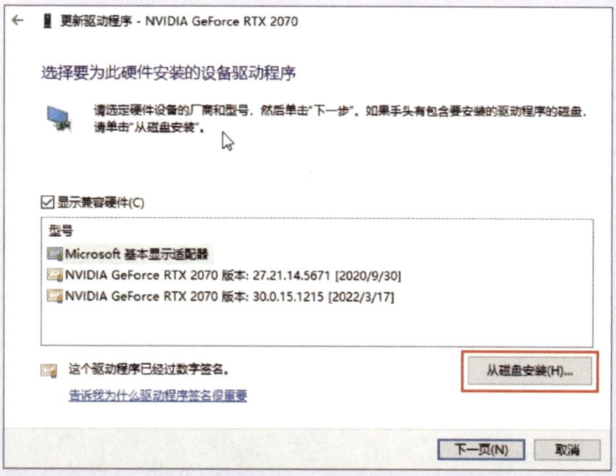	步骤 7 选择驱动程序，在该界面中会列出部分操作系统中已存在的匹配度较高的驱动程序，但其版本可能不能满足需要，如此例要安装自行下载的驱动程序，则应单击“从磁盘安装”按钮。
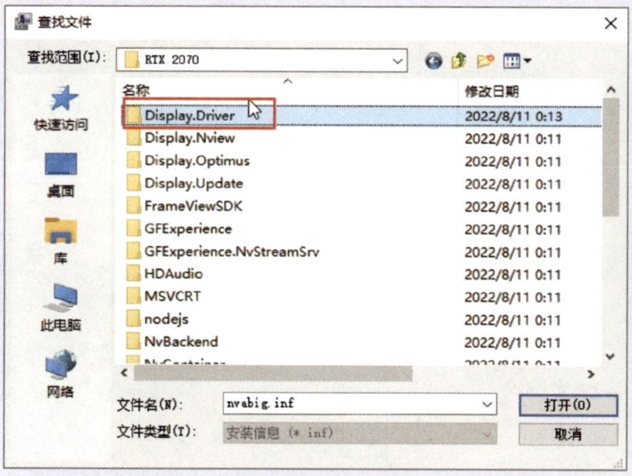	步骤 8 定位到下载的“Display.Driver”文件夹，单击“打开”按钮。系统会自动判断该文件夹下是否有可供使用的安装引导文件并开始安装，安装完成后根据提示选择是否重启计算机系统即可完成驱动的安装。

任务场景 2　某办公室的办公计算机系统崩溃后，重新安装了操作系统，但发现没有声音和本地网络连接。该故障一般是驱动程序异常造成的，需重新安装。

1. 从厂商官方网站等正规渠道下载声卡驱动程序安装文件后，参照表 2-6-2 所列步骤安装声卡驱动。

表 2-6-2　安装声卡驱动

<table>
<tr><th>操作过程图</th><th>操作步骤说明</th></tr>
<tr><td>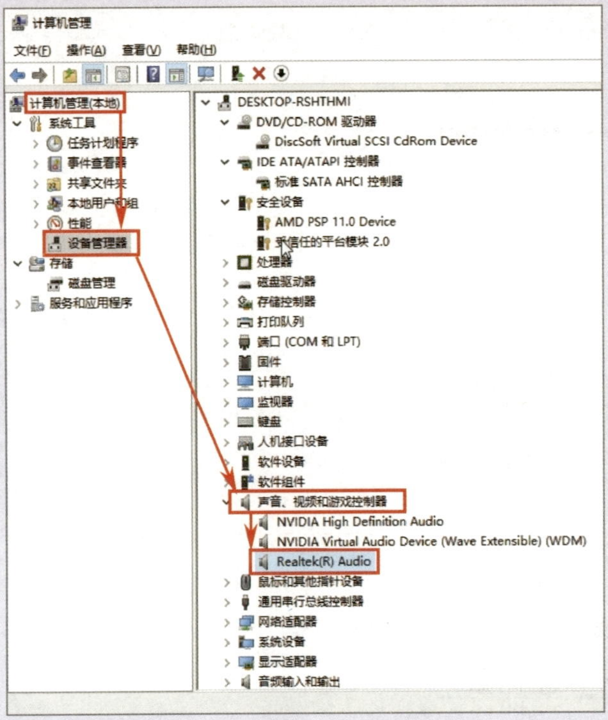
</td>
<td>步骤 1
打开“计算机管理”程序，依次单击“设备管理器”→“声音、视频和游戏控制器”，双击“Realtek(R) Audio”打开“Realtek(R) Audio 属性”界面。
【思考】
除了 Realtek Audio，还有哪些常见的音频硬件驱动程序？</td></tr>
<tr><td>
</td>
<td>步骤 2
在“Realtek(R)Audio 属性”界面中，单击“更新驱动程序”按钮。
【思考】
硬件驱动程序数字签名的作用是什么？</td></tr>
</table>

续表

操作过程图	操作步骤说明
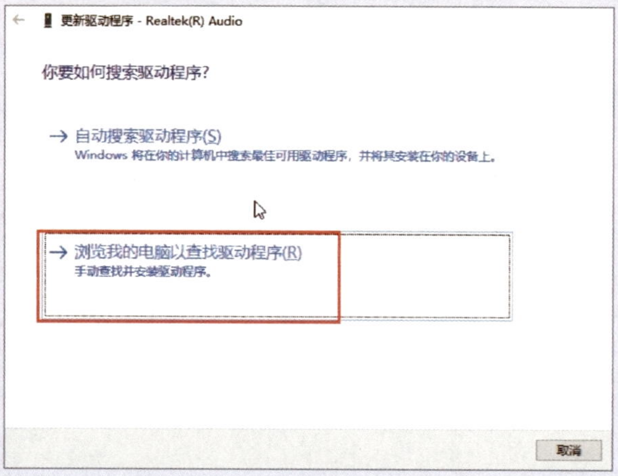	步骤 3 选择“浏览我的电脑以查找驱动程序”。 【思考】 自动搜索驱动程序有何优势和不足?
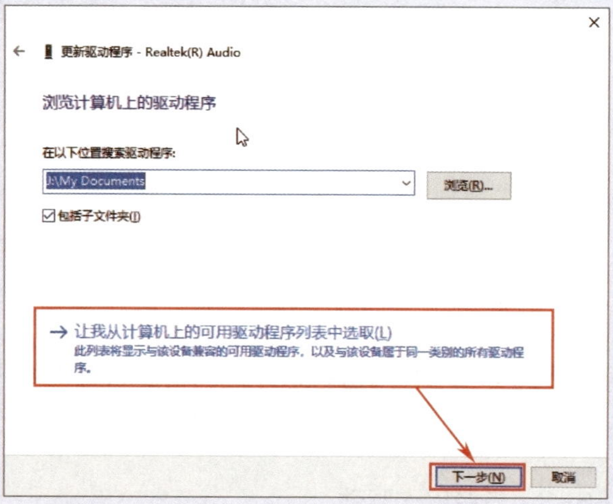	步骤 4 选择“让我从计算机上的可用驱动程序列表中选取”，并单击“下一步”按钮。
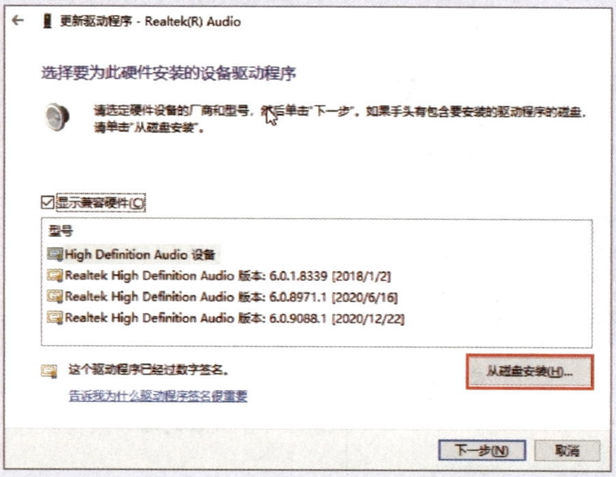	步骤 5 单击窗口右下角的“从磁盘安装”按钮。

续表

操作过程图	操作步骤说明
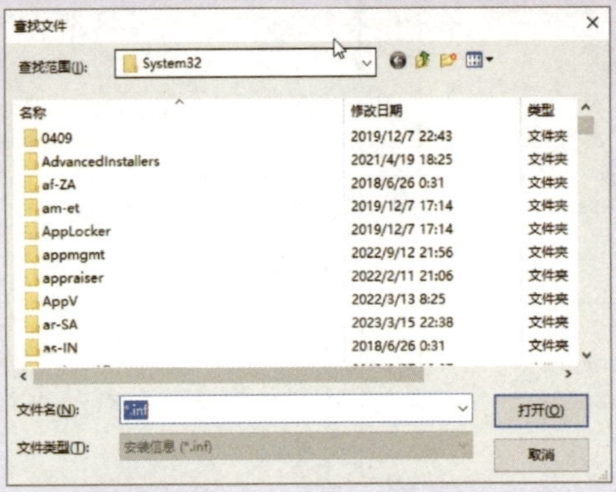	步骤 6 在“查找文件”对话框中定位到驱动程序安装文件所在位置，并选择对应的驱动程序安装文件后，单击“打开”按钮进行安装。 【思考】 “inf”是什么类型文件的扩展名？
	步骤 7 完成音频驱动程序的更新，并对其进行测试。

2. 使用第三方软件来安装网卡驱动，这里以驱动精灵软件为例，参照表 2–6–3 完成安装。

表 2–6–3　安装网卡驱动

操作过程图	操作步骤说明
	步骤 1 下载并安装驱动精灵软件，在连接互联网的状态下，运行该软件，单击“立即检测”按钮，启动扫描。 【思考】 若暂时无法接入互联网，应该使用哪个版本的驱动精灵软件？

续表

操作过程图	操作步骤说明
	步骤 2 检测完毕后，在“驱动管理”界面，查看扫描出的驱动程序异常情况，单击“一键修复”进行处理。 【思考】 如何选择驱动程序的不同版本？
	步骤 3 待驱动精灵软件自动下载相关驱动程序并完成安装后，重新启动计算机，再进行一次驱动扫描检测。 【思考】 “稳定版本”和“最新版本”的驱动程序分别有哪些优、缺点？

考核评价

按照表 2-6-4 中所列的评价项目和评价标准，以自我评价、小组评价和教师评价相结合的方式，对本任务的完成情况进行考核评价。

表 2-6-4　考核评价表

评价项目	评价标准	评价方式及权重			得分
		自我评价	小组评价	教师评价	
		20%	30%	50%	
职业素养	1. 遵守课堂纪律和机房管理制度 2. 学习主观能动性，动手能力 3. 团队协作能力				

续表

评价项目	评价标准	评价方式及权重			得分
		自我评价	小组评价	教师评价	
		20%	30%	50%	
专业能力	1. 能叙述驱动程序的作用 2. 能手动安装驱动程序 3. 能利用第三方驱动安装软件安装驱动程序				
总分（职业素养得分 ×30% ＋专业能力得分 ×70%）					
教师签字			日期		

任务 7　安装并使用杀毒软件和防火墙

学习目标

1. 能叙述杀毒软件及防火墙的功能。
2. 能下载安装杀毒软件和防火墙。
3. 能完成杀毒软件和防火墙的功能设置和升级。
4. 能使用杀毒软件完成病毒的查杀。

环境准备

计算机、杀毒软件、防火墙软件等。

问题引入

1. 写出表 2–7–1 中所列常见杀毒软件产品的名称。

表 2-7-1　常见的杀毒软件产品

AVIRA			

2. 360 安全卫士、腾讯电脑管家这类软件属于杀毒软件吗？

3. 防火墙可以防御计算机病毒入侵吗？

4. 杀毒软件可以防御黑客攻击吗？

相关知识

一、计算机病毒和杀毒软件

计算机病毒（computer virus）是编制者在计算机程序中插入的破坏计算机功能或者

数据的代码，它是能影响计算机正常使用，且能自我复制的一组计算机指令或者程序代码。

杀毒软件，也称反病毒软件或防毒软件，是用于检测、预防、清除计算机病毒、木马和恶意软件等，保护计算机安全的一类软件。

杀毒软件的任务之一是实时监控和扫描磁盘。部分杀毒软件通过添加驱动程序的方式进驻操作系统，并且随操作系统启动。大部分杀毒软件还具有防火墙功能。杀毒软件的实时监控方式因软件而异。有的杀毒软件，通过在内存里划分一部分空间，将计算机里经过内存的数据与杀毒软件自身所带的病毒库（包含病毒定义）的特征码进行比较，以判断这些数据是否为病毒。另一些杀毒软件则在所划分到的内存空间里，虚拟执行系统或用户提交的程序，根据其行为或结果做出判断。

针对扫描到的异常文件，杀毒软件通常会根据不同情况，执行以下几种操作：

清除——移除病毒代码，保留文件主体，操作完成后文件将恢复正常。若文件核心结构遭到破坏，清除操作可能会失败。

删除——直接删除被病毒感染的文件，消除其对操作系统的威胁，操作完成后文件不再保留。

禁止访问——阻止用户或应用程序打开被病毒感染的文件，限制其访问权限，但文件仍保存在原位置。

隔离——将被病毒感染的文件移至受控的隔离区，并进行适当处理以阻断其执行能力，使其无法运行或感染操作系统，用户可核实安全性后将文件恢复或删除。

二、防火墙

1. 防火墙的功能

防火墙是由软件和硬件相结合构成的安全系统，是在内部网和外部网之间（专用网与公共网之间）构造的保护屏障，保护内部网（专用网）免受外部非法用户的入侵，避免内部信息非法泄露到外部，实现网络的保护和隔离。防火墙主要由服务访问政策、验证工具、包过滤和应用网关 4 部分功能组成。通常，计算机中流入、流出的所有网络数据流都要经过防火墙，从而实现控制网络访问、阻止外部攻击、提供网络隔离的功能。一般个人计算机中不需要配备专用的防火墙硬件，安装防火墙软件即可。

2. 防火墙的类型

（1）网络层防火墙

网络层防火墙可被视为一种 IP 封包过滤器，运行在底层的 TCP/IP 协议堆栈上。用户可以以枚举的方式，只允许符合特定规则的封包通过，其余的一概禁止穿越防火墙。

（2）应用层防火墙

应用层防火墙在 TCP/IP 堆栈的“应用层”上运行，使用浏览器时所产生的数据流或是使用文件传输协议（FTP）时产生的数据流都属于这一层。应用层防火墙可以拦截进出某应用程序的所有封包，并且封锁其他封包。理论上，这一类防火墙可以完全阻绝外部的数据流进入受保护的计算机。

（3）数据库防火墙

数据库防火墙是基于数据库协议分析与控制技术建立的数据库安全防护系统。它基于主动防御机制，实现数据库的访问行为控制、危险操作阻断、可疑行为审计等功能。

3. 防火墙的基本特征

（1）内部网和外部网之间的所有网络数据流都必须经过防火墙。

（2）只有符合安全策略的数据流才能通过防火墙。

（3）防火墙自身具有非常强的抗攻击免疫力。

（4）应用层防火墙具备更细致的防护能力。

（5）数据库防火墙具备较强的针对数据库恶意攻击的阻断能力。

任务实施

任务场景 1　某笔记本电脑未安装杀毒软件和防火墙软件，常因病毒或黑客入侵导致系统崩溃。为保护信息安全和笔记本电脑的正常使用，现需安装火绒安全软件并做相关设置。

参照表 2-7-2 所列步骤安装火绒安全软件并完成其基本设置。

表 2-7-2　安装火绒安全软件并完成其基本设置

操作过程图	操作步骤说明
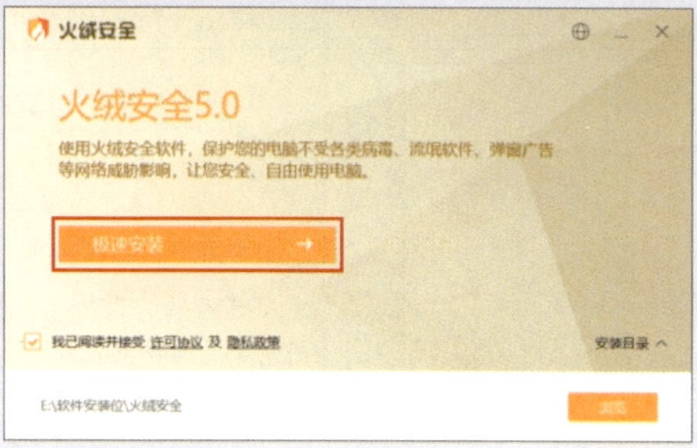	步骤 1 下载并运行火绒安全软件安装包，单击“极速安装”。 【思考】 如何变更软件安装的路径？

续表

操作过程图	操作步骤说明
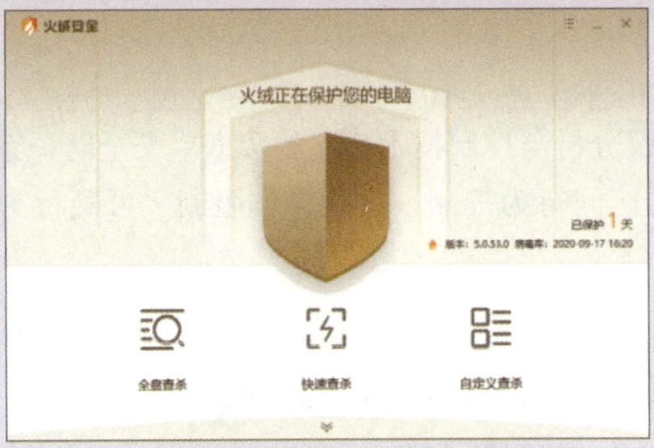	步骤 2 安装完毕后单击桌面上或“开始”菜单中对应的图标即可启动软件。 【思考】 “全盘查杀”和“快速查杀”分别适用哪些情况？
	步骤 3 对新安装的杀毒软件进行更新，确保病毒库处于最新的版本，以增加病毒的查杀能力。
	步骤 4 单击软件主界面中的“防护中心”图标，进入防护中心。
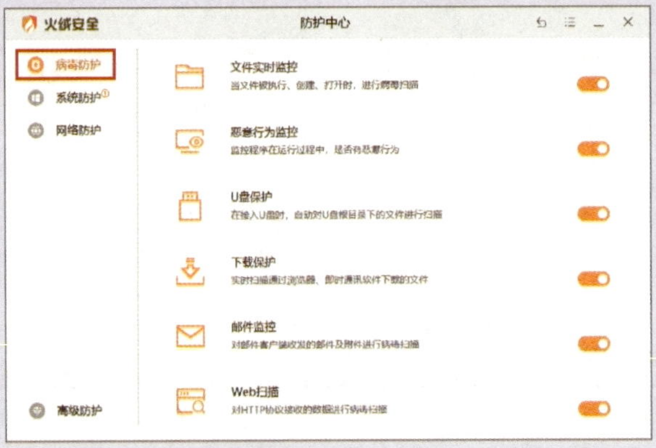	步骤 5 单击“病毒防护”，开启所有的病毒防护功能。

续表

操作过程图	操作步骤说明
	步骤 6 单击“系统防护”，根据需要开启相应的系统防护功能。
	步骤 7 单击“网络防护”，开启所有的网络防护功能，提升上网的安全性。

任务场景 2　学校计算机机房的计算机经常因用 U 盘传输资料而感染病毒，检查后发现系统中的杀毒软件版本及病毒库已经非常滞后。经讨论决定重新安装火绒安全软件，利用火绒安全软件进行相应的设置，限制用户使用行为。

1. 参照表 2-7-3 所列步骤利用火绒安全软件进行访问控制设置。

表 2-7-3　利用火绒安全软件进行访问控制设置

操作过程图	操作步骤说明
	步骤 1 火绒安全软件安装完毕后单击桌面上或“开始”菜单中对应的图标启动软件。

续表

操作过程图	操作步骤说明
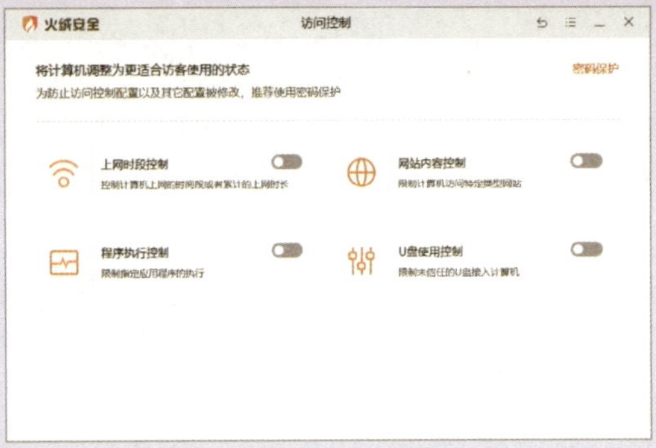	步骤 2 在软件主界面中单击“访问控制”选项，进入“访问控制”功能界面，用户可以根据实际需求对上网时段、网站内容、程序执行、U 盘使用进行控制。
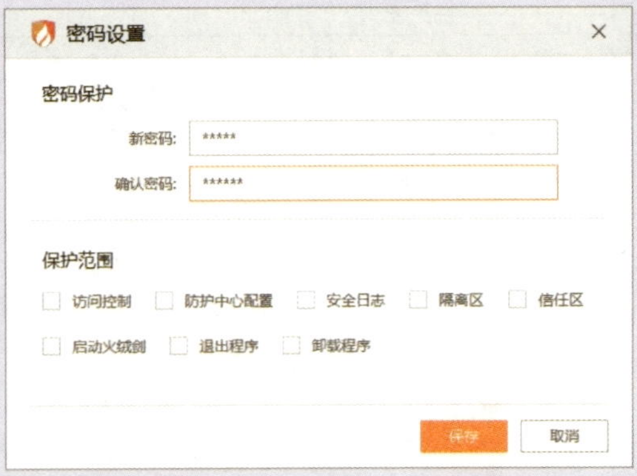	步骤 3 在“访问控制”界面中提供了用于火绒安全软件登录身份验证的“密码保护”功能，通过该功能可以设定对访问火绒安全软件特定模块的用户进行身份验证。 【思考】 密码设置应该遵循什么原则？
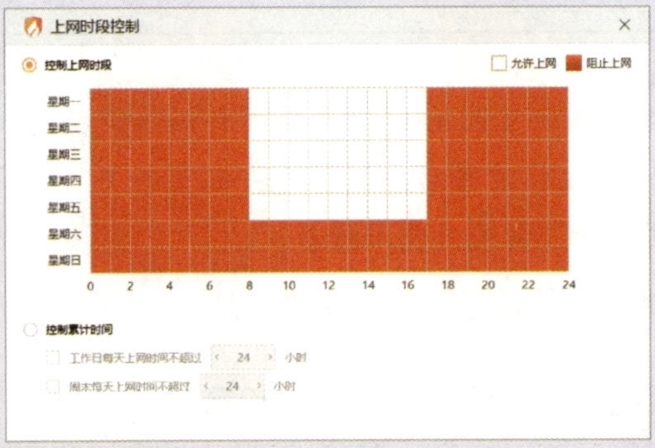	步骤 4 设置“上网时段控制”，在该界面中，可控制该设备接入网络的时段。图示界面中，横轴为具体时间，纵轴为具体星期。也可根据累计时间进行控制。 【思考】 “控制上网时段”和“控制累计时间”分别适用于哪些场景？
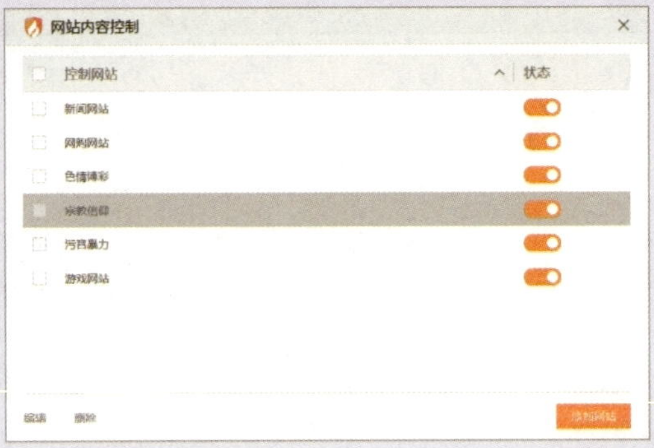	步骤 5 设置“网络内容控制”，在该界面中，可设置过滤特定类型的网站，使其不能被访问。 类似地，完成“程序执行控制”和“U 盘使用控制”的设置。 【思考】 当部分网站无法正常被屏蔽时该如何操作？

2. 参照表 2-7-4，完成火绒安全软件中安全工具的使用。

表 2-7-4　火绒安全软件中安全工具的使用

操作过程图	操作步骤说明
	步骤 1 火绒安全软件提供了一系列提升和优化操作系统及网络性能的工具。单击软件主界面上的“安全工具”选项即可进入相应功能界面，选择所需工具。
	步骤 2 在连接互联网的状态下，进入“漏洞修复”模块，单击“开始扫描”按钮，即可对系统漏洞进行查找和修复。 【思考】 需要下载安装某个操作系统补丁时应如何操作？
	步骤 3 在“系统修复”模块中单击“开始扫描”按钮，即可对系统异常进行查找和修复。 【思考】 是否所有的系统异常均能被修复？

续表

操作过程图	操作步骤说明
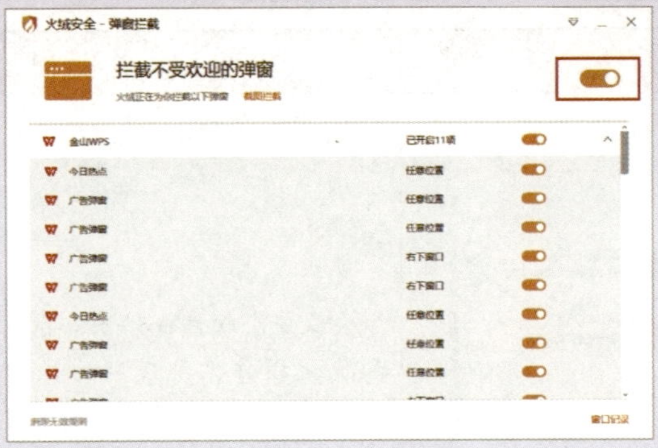	步骤 4 在“弹窗拦截”模块中单击右侧的总开关即可开启弹窗拦截功能，同时也可以在所列各选项中根据需求进行相关的拦截设置。 【思考】 无法自动识别的弹窗可以通过什么方法拦截？
	步骤 5 在“垃圾清理”模块中单击“开始扫描”按钮，即可对系统中常见的垃圾数据进行扫描和清理。 【思考】 清理系统垃圾能为操作系统带来什么好处？
	步骤 6 在“启动项管理”模块的下方列表中查看伴随操作系统启动的第三方程序，适当优化，禁止不必要的启动项等能提升操作系统的启动速度。 【思考】 “启动项”“服务项”“计划任务”三者之间有何区别？
	步骤 7 当设备网络连接正常却无法正常上网时，可以在“断网修复”模块中单击“全面检查”按钮，对可能存在的网络问题进行检查，并尝试进行修复。

考核评价

按照表 2-7-5 中所列的评价项目和评价标准，以自我评价、小组评价和教师评价相结合的方式，对本任务的完成情况进行考核评价。

表 2-7-5　考核评价表

评价项目	评价标准	评价方式及权重			得分
		自我评价	小组评价	教师评价	
		20%	30%	50%	
职业素养	1. 遵守课堂纪律和机房管理制度 2. 学习主观能动性，动手能力 3. 团队协作能力				
专业能力	1. 能叙述杀毒软件及防火墙的功能 2. 能安装杀毒软件和防火墙软件 3. 能对杀毒软件的防火墙进行设置及升级 4. 能使用火绒安全软件完成一次病毒查杀				
总分（职业素养得分 ×30% ＋专业能力得分 ×70%）					
教师签字		日期			

任务 8　压缩和加密数据文件

学习目标

1. 能叙述数据压缩和加密的作用。
2. 能利用压缩文件管理器对文件数据进行压缩和加密操作。
3. 能利用压缩文件管理器对文件数据进行解密和解压缩操作。

环境准备

计算机、WinRAR 软件。

问题引入

通过互联网检索或查阅相关资料，结合生活经验和常识，进行小组讨论，回答以下问题，初步了解文件压缩的相关知识。

1. 认识计算机的常用软件，写出表 2-8-1 中所列图标对应的软件名称。

表 2-8-1　认识常用软件

2. “zip”“rar”“7z”“tar”分别是哪些软件所生成文件的扩展名？

3. 除了源自文件和文件夹的压缩文件外，还有哪些计算机程序数据格式也使用了数据压缩技术？

相关知识

一、文件的压缩

文件压缩主要是依靠一定的算法，通过硬件和软件的协同工作对数据进行处理，缩减数据量以减少信息设备文件数据对宝贵存储空间的占用。对信息设备文件数据进行压缩，可以在减少文件占用存储空间的同时提高文件的传输效率，也增强了数据在传输过程中的安全性。文件压缩的基本原理是通过减少数据冗余来减少文件的大小。例如，把文件的二进制代码压缩，使相邻的 0、1 代码减少，可在遇到“000000”的情况时，将它变成表示 6 个 0 的简略写法，如“60”，从而减少该文件所占的空间。

除减少空间占用外，通过文件压缩还可以将零散的文件、文件夹“打包”为一个文件，以便传播。

二、常见的压缩文件管理器

常用的压缩文件管理器除了历史较久的 WinRAR、7-zip 外，还有好压、快压、360 压缩等国产软件。此类压缩文件管理器最基本的功能就是将大文件压缩成小文件，从而节约文件的存储空间，减小文件的体积，方便在网络环境下传输。此外，这些软件还可以完成更复杂的数据处理任务，如数据加密、数字签名等，进一步保护文件的安全性和完整性，提高数据传输的可靠性。

三、压缩文件管理器的使用技巧

在使用压缩文件管理器的过程中，可以通过运用以下技巧提高工作效率。

1. 选择合适的压缩格式

不同的压缩格式有不同的压缩率和解压缩速度。例如，zip、rar、7z 等格式具有较高的压缩率，但解压缩速度可能较慢；zipx 格式可提供较 zip 格式更高的压缩率；b1 格式则具有相对更快的解压缩速度等。

2. 选择合适的压缩级别

在压缩文件时，选择合适的压缩级别很重要。较高的压缩级别通常会带来更好的压缩效果，但解压缩速度可能会更慢。较低的压缩级别则相反，解压缩速度较快，但压缩效果略逊一筹。

3. 考虑加密功能

许多压缩文件管理器提供了文件加密功能，使用户能够在压缩文件时对其进行加密，确保只有知道密码的人才能访问压缩文件中的内容。

4. 为压缩文件合理命名

为压缩文件设置有意义的名称，有助于识别和分类压缩文件。可以使用共性名称、日期、序号等元素为压缩文件命名。

任务实施

任务场景　为了便于工作中小组成员间互相传递文件资料，现需使用压缩文件管理器对相关资料进行压缩和加密。

1. 参照表 2-8-2 安装 WinRAR 软件。

表 2-8-2　安装 WinRAR 软件

操作过程图	操作步骤说明
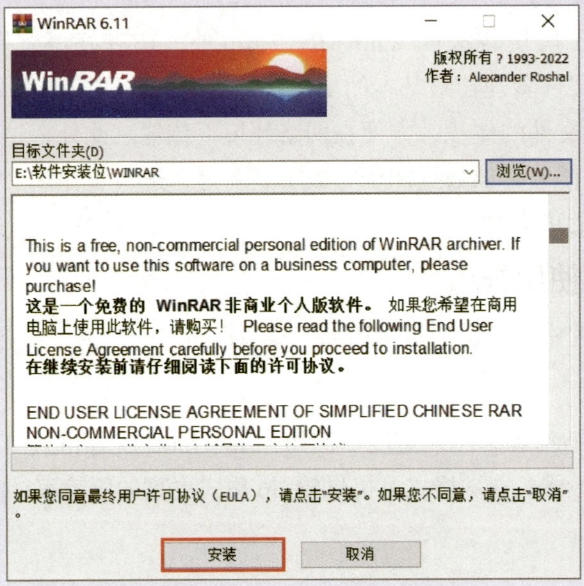	步骤 1 运行 WinRAR 软件安装包，确定安装路径后，单击“安装”按钮开始安装。

续表

操作过程图	操作步骤说明
	步骤 2 等待安装程序的数据写入硬盘。
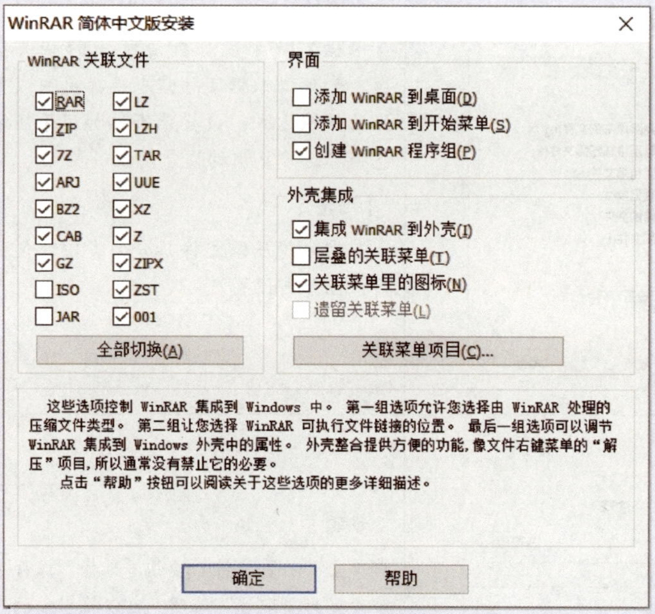	步骤 3 设定 WinRAR 的关联文件格式，并单击“确定”按钮完成安装。 【思考】 如需要在桌面上显示 WinRAR 软件的快捷方式图标，应如何设置?

2. 参照表 2-8-3，使用 WinRAR 软件完成对数据文件的压缩、加密与解压缩操作。

表 2-8-3　WinRAR 软件的使用方法

操作过程图	操作步骤说明
	步骤 1 选中所有需要压缩为一个文件的文件或文件夹，单击右键，在展开的快捷菜单中选择“添加到压缩文件”，打开“压缩文件名和参数”对话框，进行详细设置。 如均采用默认参数，可选择快捷菜单中的另一选项，直接开始压缩。生成的压缩文件保存在同一文件夹下，以原文件（文件夹）或上级文件夹的名称命名。 【思考】 还有什么途径可以打开 WinRAR 软件，对选定的文件（文件夹）进行压缩？
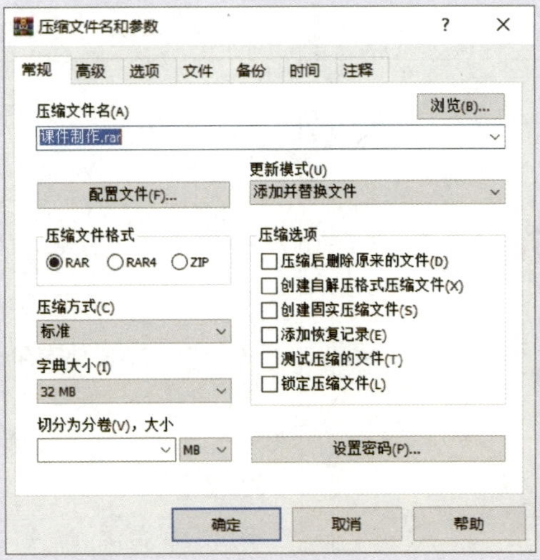	步骤 2 根据需要配置压缩过程中的相关参数，如可以根据实际需求选择更快或更好的压缩方式，设置是否添加用于压缩包损坏后修复用的恢复记录。 【思考】 若需要将压缩文件拆分为多份以便传输，应如何设置？
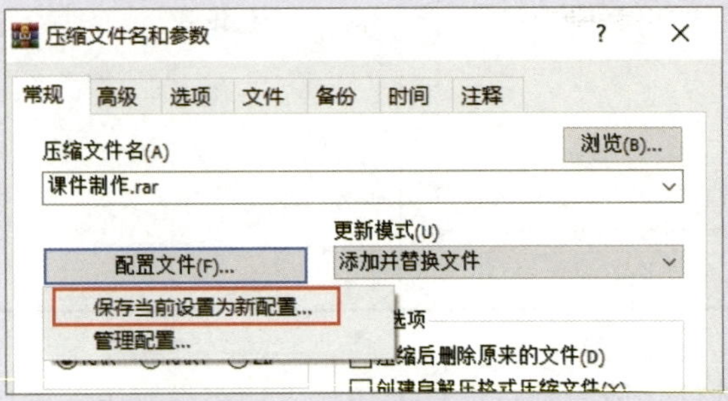	步骤 3 单击“配置文件”按钮，选择“保存当前设置为新配置”选项，可以将当前的压缩设置参数应用到后面的其他压缩文件。

续表

<table>
<tr><th>操作过程图</th><th>操作步骤说明</th></tr>
<tr><td>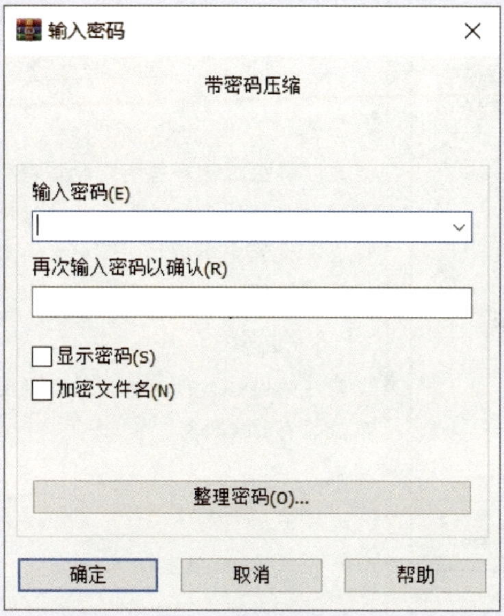
</td><td>步骤 4
单击步骤 2 图示“压缩文件名和参数”对话框右下方的“设置密码”按钮，可以对压缩文件进行加密，加密后非授权人员将无法解压缩文件。
【思考】
“加密文件名”复选框勾选与否会带来哪些不同的结果？
各项设置完成后，单击“压缩文件名和参数”对话框中的“确定”按钮即可开始压缩。</td></tr>
<tr><td>
</td><td>步骤 5
右键单击需要进行解压缩的压缩文件，在弹出的快捷菜单中选择“解压文件”，进入“解压路径和选项”对话框，设置解压缩的相关参数。
如使用默认参数即可，也可选择另外两个选项，直接开始解压缩。
【思考】
“解压文件”“解压到当前文件夹”“解压到‘××××’”三个选项有何区别？</td></tr>
</table>

续表

操作过程图	操作步骤说明
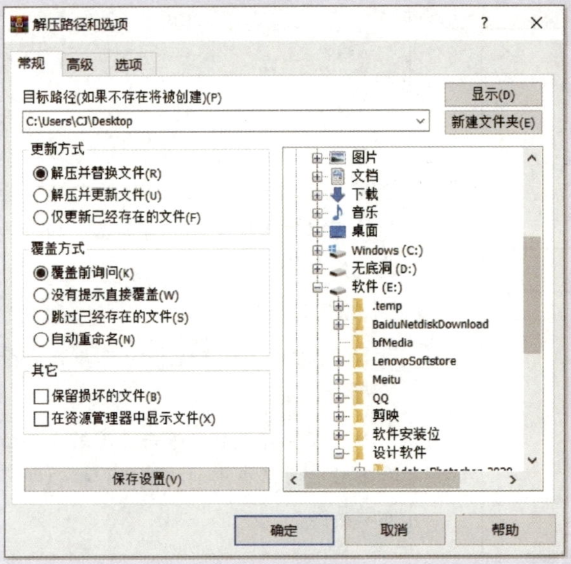	步骤 6 在“解压路径和选项”对话框中对解压缩后文件的存放位置及相关选项进行设置。设置完毕后单击“确定”按钮即可启动解压缩过程。 【思考】 解压缩时如何设置可使生成的文件不覆盖原有的文件？
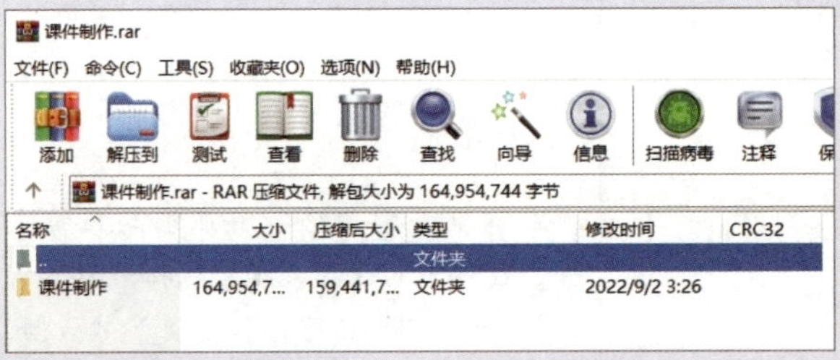	除了压缩和解压缩功能外，还可以通过 WinRAR 软件的主界面对计算机中存储的文件进行简单的管理，即除了能提升压缩文件的管理效率外，在操作系统自带的文件管理器出现故障时亦可临时充当类似的角色。

考核评价

按照表 2-8-4 中所列的评价项目和评价标准，以自我评价、小组评价和教师评价相结合的方式，对本任务的完成情况进行考核评价。

表 2-8-4　考核评价表

评价项目	评价标准	评价方式及权重			得分
		自我评价	小组评价	教师评价	
		20%	30%	50%	
职业素养	1. 遵守课堂纪律和机房管理制度 2. 学习主观能动性，动手能力 3. 团队协作能力				
专业能力	1. 能完成压缩文件管理器的安装 2. 能使用压缩文件管理器进行压缩、解压缩、加密等操作				
总分（职业素养得分 ×30% ＋专业能力得分 ×70%）					
教师签字		日期			

任务 9　检测计算机硬件

学习目标

1. 能完成常用硬件检测软件的下载及安装。
2. 能叙述硬件检测软件中的主要信息所代表的含义。
3. 能利用硬件检测软件测试整机和各硬件设备的性能和工作状态。

环境准备

计算机、硬件检测软件（鲁大师、CPU–Z、GPU–Z）等。

问题引入

通过互联网检索或查阅相关资料，结合生活经验和常识，进行小组讨论，回答以下问题，初步了解硬件检测的相关知识。

1. 认识常用的硬件检测软件，写出表 2–9–1 中所列图标对应的软件名称。

表 2–9–1　常用软件

			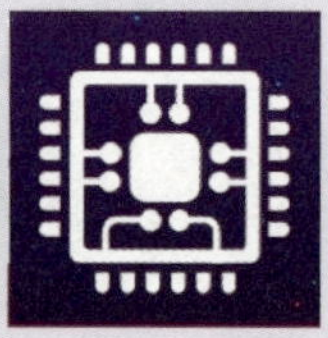		

2. 获取一台计算机终端的硬件设备配置信息的方法有哪些？

3. 获取计算机硬件设备资讯的途径有哪些？

相关知识

一、计算机硬件检测的概念

计算机硬件检测是指通过一系列专业的测试方法和工具，对计算机的各项硬件设备进行全面检查和评估的过程。其主要内容通常包括检测 CPU、内存、硬盘、显卡、主板等关键硬件的运行状况，以及测试其速度、稳定性和相互之间的协调性。通过硬件检测，用户可以确认硬件的性能、状态及兼容性，识别并解决潜在的硬件故障或问题，确保计算机稳定、可靠地运行。

二、计算机硬件检测软件

除使用 Windows 操作系统自带的“Windows 系统信息”查看硬件的基本信息外，通常还会借助专业的检测软件。市场上常见的 PCMark、鲁大师、驱动精灵、AIDA64 等计算机系统管理软件均具有硬件检测功能。利用这些软件，用户可以方便地对计算机硬件的整体性能进行检测和设置。目前市场上此类软件众多，在选择时，应注意选择较为知名的主流产品，优秀的检测软件在可检测硬件的类型、数量上覆盖会更为全面，很多软件会内置广告或各类收费服务，在使用时应仔细甄别并加以注意。此外，不同版本的硬件检测软件可能存在不兼容的情况，因此应避免混合使用不同的产品或版本，以确保检测结果的准确性和稳定性。这里以鲁大师软件为例，说明其硬件检测的相关功能。在使用前和使用中，还应注意仔细阅读并遵循软件的使用说明和警告提示。鲁大师软件主界面如图 2-9-1 所示。

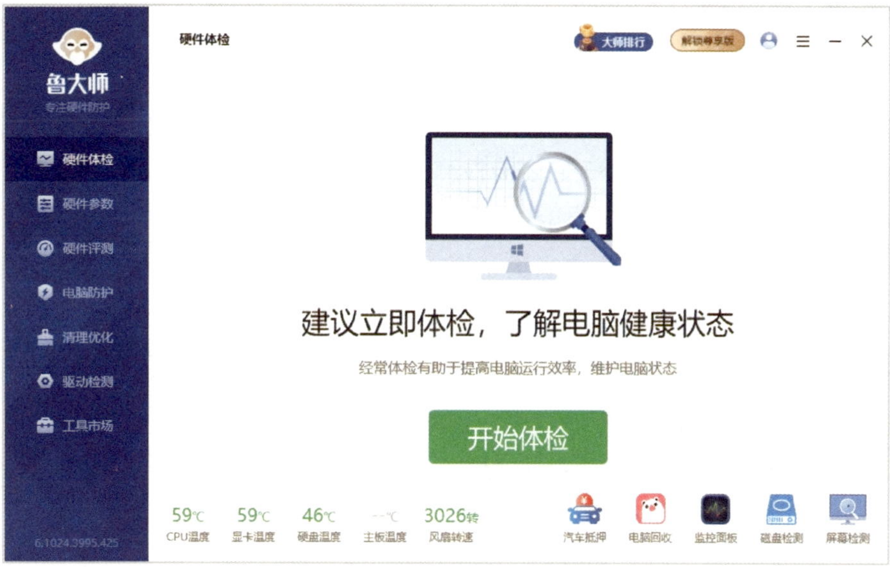

图 2-9-1　鲁大师软件主界面

1. 硬件参数的查看和检查

通过“硬件体检”页面，可对计算机内硬件的性能和安全情况进行全面检查和处理，包括更新硬件驱动程序、清理相关系统垃圾等，从而提高计算机的运行速度。通过“硬件参数”页面，可以全面查看计算机内主要硬件的品牌、型号等信息。

2. 硬件评测

通过“硬件评测”页面，可利用软件平台提供的测试方案对 CPU、显卡等与计算机运行速度关系密切的硬件的性能水平进行综合评价。用户可根据评测结果，全面了解本机的性能水平，为进一步做硬件升级或设备更换做准备。

3. 温度监控

计算机内 CPU、显卡、硬盘、风扇主要硬件的温度是反映计算机运行状态的重要指标，温度过高既会影响计算机的运行速度，也会影响到硬件本身的安全。通过“电脑防护”页面，可对计算机内主要硬件的温度变化进行实时监控，用户还可根据需要进行节能降温设置，此外，软件还可以对温度过高的情况报警提醒。

4. 驱动检测

通过“驱动检测”页面，用户可全面了解计算机内的硬件驱动状态，发现并处理异常的驱动程序。

5. 其他检测工具

除以上几种主要的检测功能外，通过鲁大师的“工具市场”，还可以使用“屏幕检测”“功耗计算器”“磁盘检测”等更为丰富的硬件检测功能，全面了解计算机的状态。软件还提供了更新功能，应注意定期更新软件，以保持其准确性和及时性。

三、中央处理器检测软件

CPU-Z 是一款常用的 CPU 检测软件，它支持的 CPU 种类相当全面，软件的启动速度及检测速度都很快。另外，它还能检测主板和内存的相关信息，其中包括常用的内存多通道检测功能。

利用 CPU-Z 软件可以查看 CPU 的名称、型号、核心与线程数、主频与时钟速度等参数，并实时监控核心频率、电压与功耗、温度等基本信息。

CPU-Z 软件的基本功能如下：

1. 显示 CPU 的类型及名称。
2. 检测 CPU 的核心频率及倍频系数。
3. 检测 CPU 的核心电压。
4. 检测 CPU 是否超频运行及判断 CPU 的超频可能性。
5. 检测 CPU 所支持的指令集。
6. 检测 CPU 一、二级缓存信息，包括缓存位置、大小、速度等。
7. 检测部分主板信息，包括 BIOS 种类、芯片组类型、内存容量和各类接口信息等。

四、显卡检测软件

GPU-Z 是一款专业的显卡检测软件，界面直观，运行后即可显示 GPU 核心数，以及运行频率、带宽和传感器等信息等。

GPU-Z 软件的基本功能如下：

1. 检测显卡的 GPU 型号、步进、制造工艺、核心面积、晶体管数量、渲染器数量及生产厂商等信息，其中一般用户主要应关注的是 GPU 的型号。

2. 检测光栅和着色器处理单元数量及 DirectX 支持版本。

3. 检测 GPU 核心数、着色器、显存运行频率、显存类型（生产厂商）、显存的大小及带宽，其中一般用户主要应关注的是显存大小。

4. 检测像素填充率和材质填充率。

5. 实时检测 GPU 温度、GPU/ 视频引擎使用率、显存使用率及风扇转速等相关信息。

6. 检查显卡插槽类型、显卡所支持的附加功能、显卡驱动信息及版本。

7. 显示显卡功率及 GPU 温度等系统信息。

8. 通过高级界面可查看详细的显卡信息，以及支持的编程接口（DirectX、Vulkan、OpenGL 等）特性。

任务实施

任务场景 1　学院新购入了一批笔记本电脑，根据入库流程，需要确认本次购入的笔记本电脑的相关配置。

1. 参照表 2-9-2 所列步骤对计算机进行硬件检测。

表 2-9-2　硬件检测

操作过程图	操作步骤说明
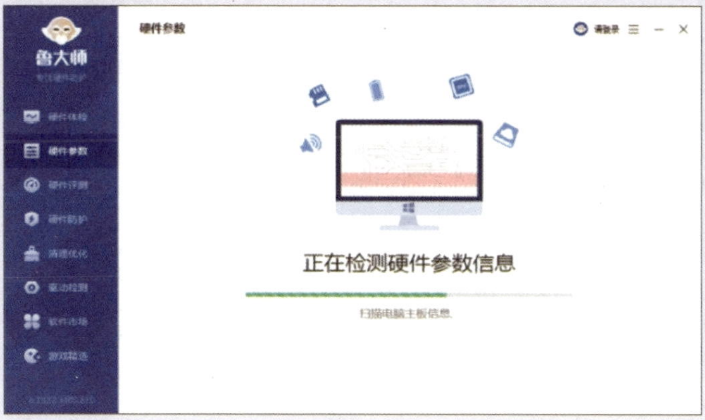	步骤 1 安装并运行鲁大师软件，在主界面单击“硬件参数”选项，启动终端硬件参数检测功能。

续表

操作过程图	操作步骤说明
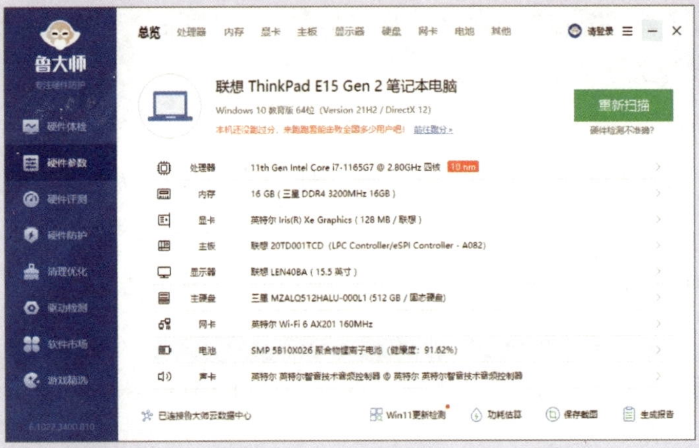	步骤 2 扫描完毕后即可显示终端设备的相关参数。 【思考】 如需要将配置信息分享给其他人，应该如何操作?
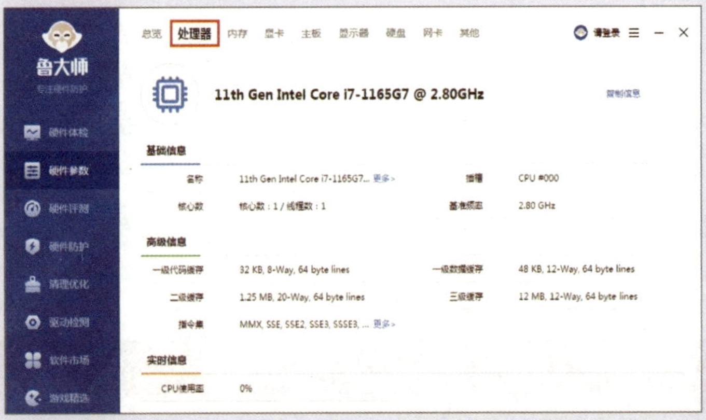	步骤 3 在顶部菜单栏中，单击“处理器”选项卡，查看中央处理器的详细参数，将相关数据记录下来。 CPU 厂商： 型　　号： 核心频率： 一级缓存：
	步骤 4 在顶部菜单栏中，单击“主板”选项卡，查看主板的详细参数。 【思考】 主板芯片组的作用是什么?

续表

<table>
<tr><th>操作过程图</th><th>操作步骤说明</th></tr>
<tr><td>
</td>
<td>步骤 5
在顶部菜单栏中，单击“内存”选项卡，查看内存的详细参数。
【思考】
如需要给此计算机额外加装一条内存，规格上有什么要求?</td></tr>
<tr><td>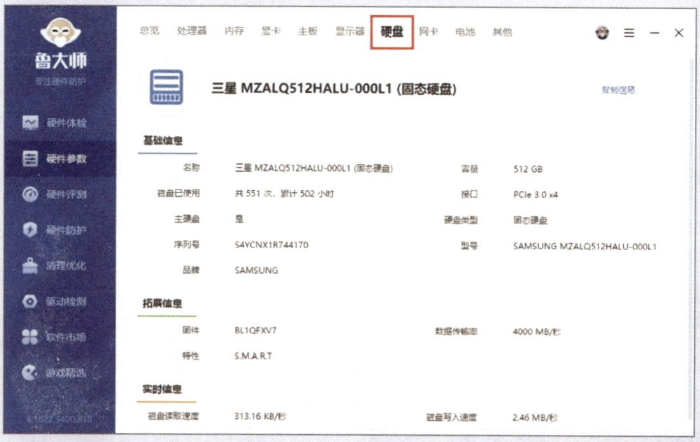
</td>
<td>步骤 6
在顶部菜单栏中，单击“硬盘”选项卡，查看硬盘的详细参数。
【思考】
固态硬盘和机械硬盘各自的优、缺点是什么?</td></tr>
<tr><td>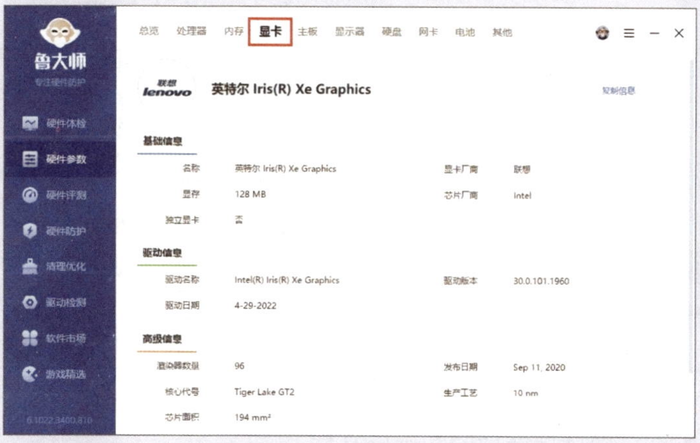
</td>
<td>步骤 7
在顶部菜单栏中，单击“显卡”选项卡，查看显卡的详细参数。
【思考】
显卡中显存的作用是什么?</td></tr>
</table>

续表

操作过程图	操作步骤说明
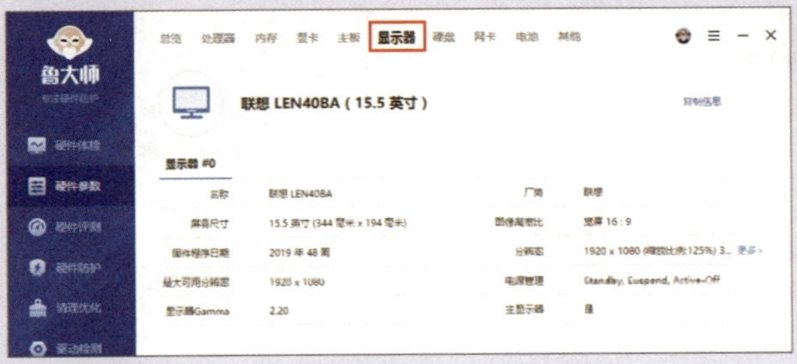	步骤 8 在顶部菜单栏中，单击“显示器”选项卡，查看显示器的详细参数。 【思考】 显示器的常见分辨率有 4K、2K、1080P 等，它们的具体含义是什么？
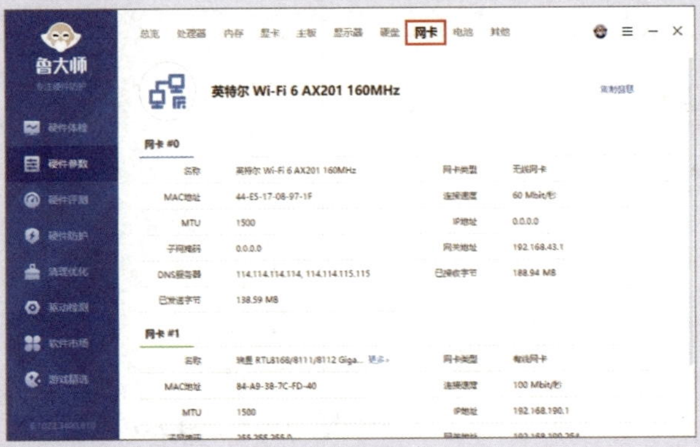	步骤 9 在顶部菜单栏中，单击“网卡”选项卡，查看网卡的详细参数。 【思考】 网卡的 MAC 地址有什么作用？
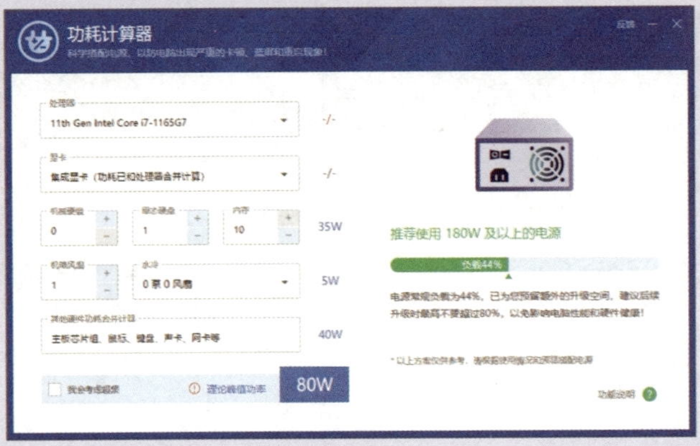	步骤 10 单击步骤 2 图示检测界面下方的“功耗估算”选项，可以启动“功耗计算器”工具，根据检测结果填入对应参数后，可以计算出该终端设备的功耗。 【思考】 通过计算功耗可以对终端设备哪方面的性能优化提供参考？

2. 参照表 2-9-3 对计算机进行硬件性能评测和温度管理。

表 2-9-3　计算机硬件性能评测和温度管理

操作过程图	操作步骤说明
	步骤 1 单击鲁大师软件主界面左侧菜单栏中的“硬件评测”选项，即可开始对计算机各硬件的性能进行评测。 【思考】 在进行性能评测的过程中应该避免进行哪些操作?
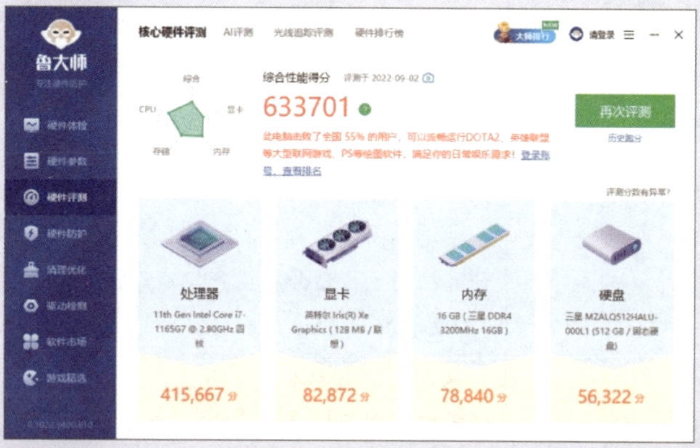	步骤 2 完成评测后，查看得出的性能评分及性能的多维雷达图。 【思考】 该计算机的哪些性能比较突出?
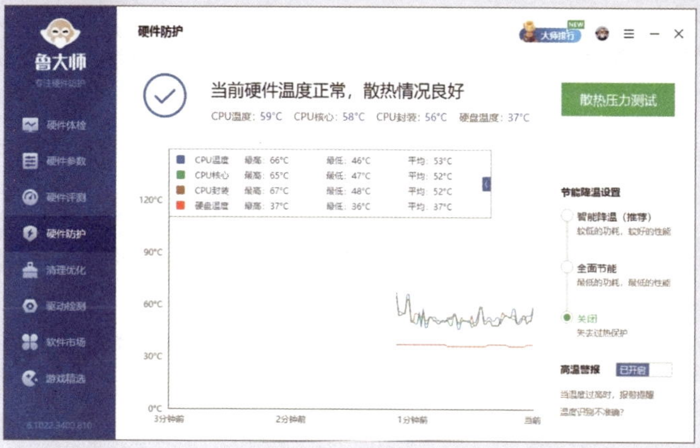	步骤 3 单击左侧菜单栏中的“电脑防护”选项，在右侧窗口中实时显示硬件的温度情况，并可以根据实际情况对节能降温策略进行调整。 【思考】 如需要对终端设备的散热能力进行测试，应该如何设置?

任务场景 2　学校因艺术设计专业实训室建设需要采购一批计算机，现需对厂商提供的计算机中 CPU、显卡等硬件进行检测。

1. 参照表 2-9-4 所列步骤，使用 CPU-Z 软件进行 CPU 检测。

表 2-9-4　使用 CPU-Z 软件检测 CPU

<table>
<tr><th>操作过程图</th><th>操作步骤说明</th></tr>
<tr><td>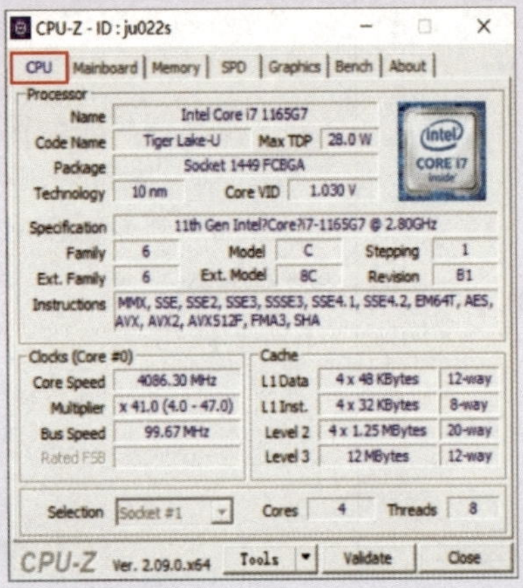
</td>
<td>步骤 1
下载、安装并运行 CPU-Z 软件，单击顶部“CPU”选项卡，查看 CPU 的详细信息。
【思考】
图中所示 CPU 使用了什么生产工艺？</td></tr>
<tr><td>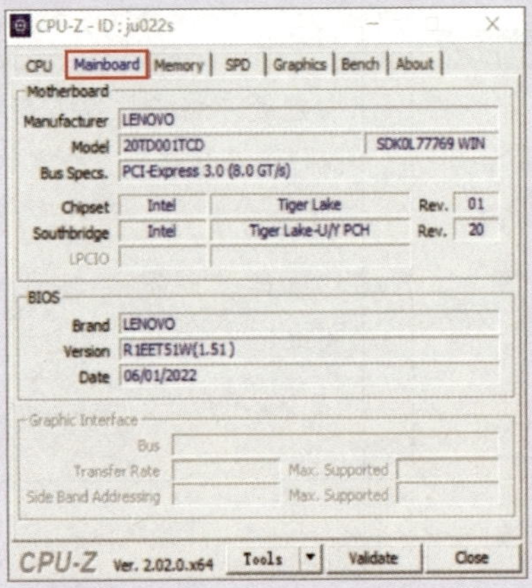
</td>
<td>步骤 2
单击顶部的“Mainboard”选项卡，查看该计算机的主板型号、生产厂商等详细信息。
【思考】
该主板是由哪个制造商生产的？主板 BIOS 的发布日期是何时？</td></tr>
<tr><td>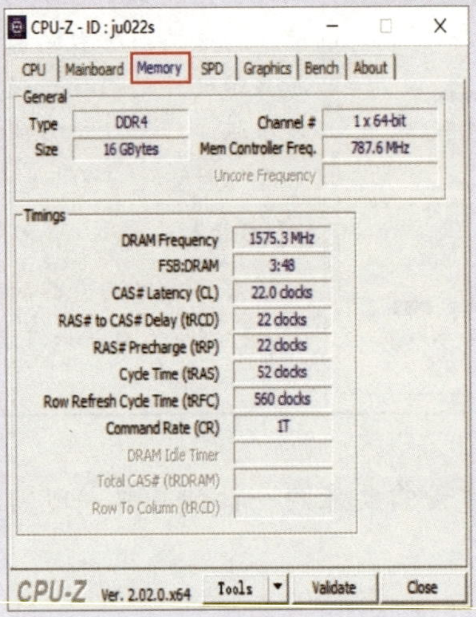
</td>
<td>步骤 3
单击顶部的“Memory”选项卡，查看计算机运行内存的类型、频率、通道数、时延等详细信息。
【思考】
该运行内存的实际运行频率是多少？</td></tr>
</table>

续表

操作过程图	操作步骤说明
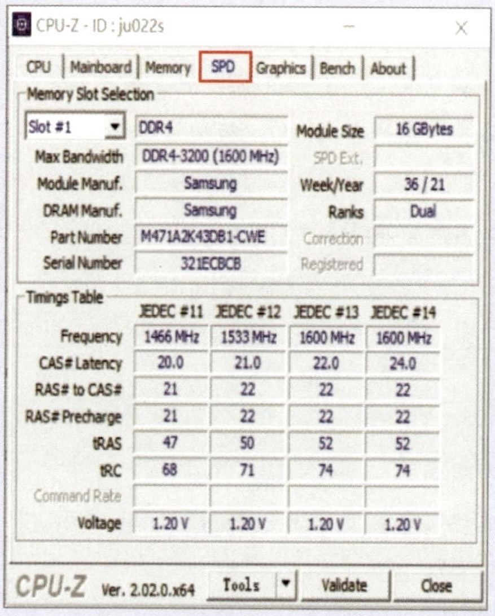	步骤 4 单击顶部的“SPD”选项卡，查看该终端设备中运行内存所使用存储芯片的生产商、容量、生产日期、序列号等详细信息。 【思考】 该内存支持在哪些频率下运行？
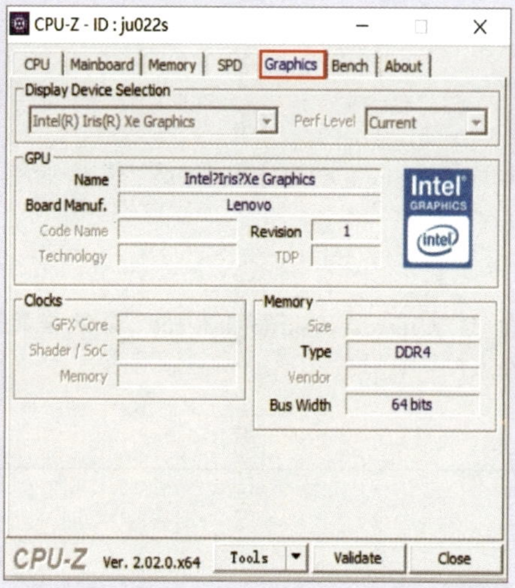	步骤 5 单击顶部的“Graphics”选项卡，查看该终端设备中安装的显卡品牌、型号、内存类型等详细信息。 【思考】 独立显卡一定比核心显卡性能要好，这个说法正确吗？

2. 参照表 2-9-5 安装 GPU-Z 显卡识别工具。

表 2-9-5　安装 GPU-Z 显卡识别工具

操作过程图	操作步骤说明
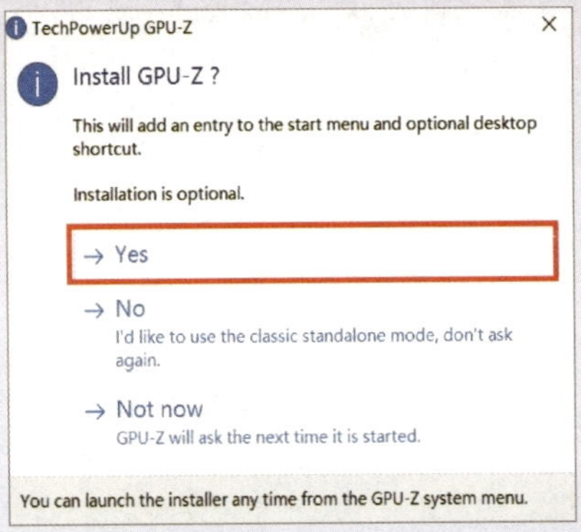	步骤 1 下载 GPU-Z 显卡识别工具安装文件，运行后在选择界面单击“Yes”，启动安装程序。 【思考】 如只需要临时运行 GPU-Z 程序应该如何操作？
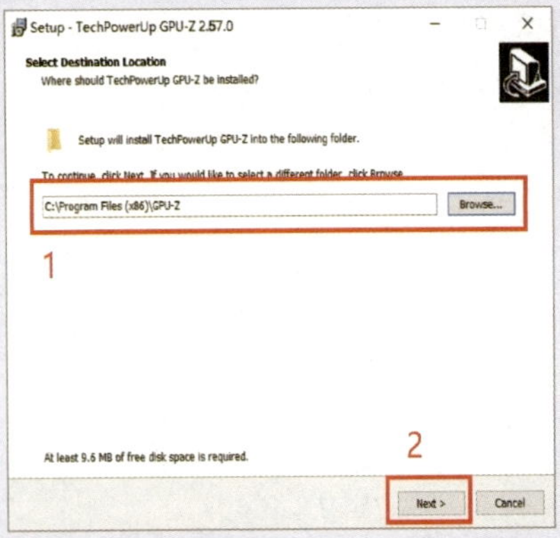	步骤 2 选择并确认软件安装位置，单击“Next”按钮继续安装。 【思考】 安装位置的选择有哪些注意事项？
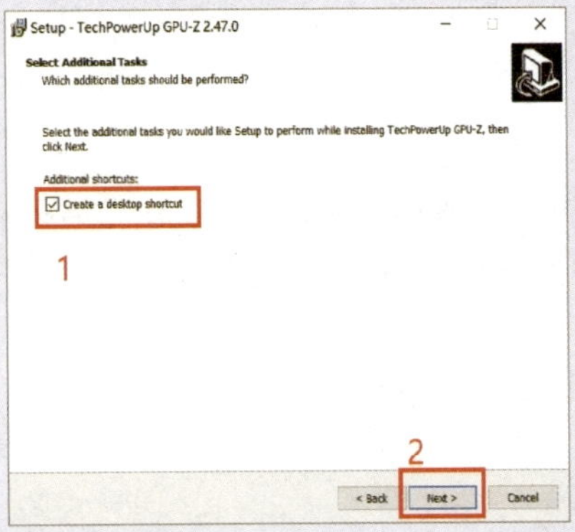	步骤 3 勾选“Create a desktop shortcut”复选框，单击“Next”按钮。 【思考】 勾选“Create a desktop shortcut”复选框的作用是什么？
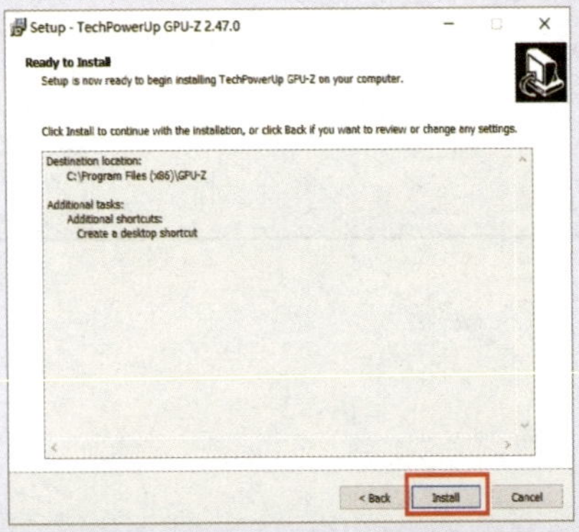	步骤 4 在确认安装目录和程序快捷方式设置无误后，即可单击“Install”按钮开始安装。 【思考】 如需要返回上一步选项应该如何操作？

3. 参照表 2-9-6，使用 GPU-Z 显卡识别工具进行显卡性能检测。

表 2-9-6　使用 GPU-Z 显卡识别工具检测显卡性能

操作过程图	操作步骤说明
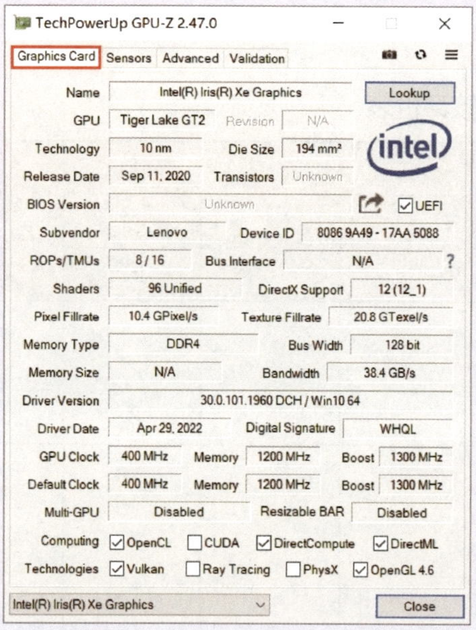	步骤 1 在 GPU-Z 主界面顶部单击“Graphics Card”选项卡，查看该终端设备中显卡的详细信息。 【思考】 “Bandwidth”及“Bus Width”两个参数代表的含义是什么？
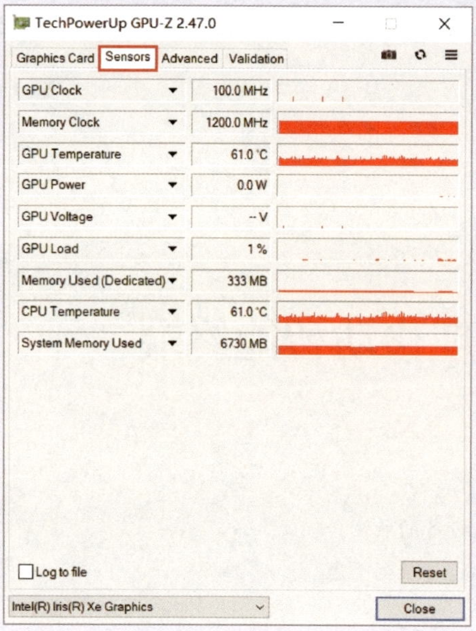	步骤 2 单击顶部的“Sensors”选项卡，实时查看终端设备中显卡的运行性能负载及温度情况。 【思考】 如终端设备中存在多个显卡，应如何切换以查看相关参数？

考核评价

按照表 2-9-7 中所列的评价项目和评价标准，以自我评价、小组评价和教师评价相结合的方式，对本任务的完成情况进行考核评价。

表 2-9-7 考核评价表

评价项目	评价标准	评价方式及权重			得分
		自我评价	小组评价	教师评价	
		20%	30%	50%	
职业素养	1. 遵守课堂纪律和机房管理制度 2. 学习主观能动性，动手能力 3. 团队协作能力				
专业能力	1. 能下载安装硬件检测软件 2. 能叙述硬件检测软件中主要信息所代表的含义 3. 能使用硬件检测软件测试硬件设备的性能和工作状态				
总分（职业素养得分 ×30% + 专业能力得分 ×70%）					
教师签字		日期			

任务 10 连接和管理移动智能终端

学习目标

1. 能完成移动智能终端与计算机设备的数据传输。
2. 能使用计算机对移动智能终端进行数据管理。

环境准备

计算机、移动智能终端、移动智能终端管理软件等。

问题引入

通过互联网检索或查阅相关资料，结合生活经验和常识，进行小组讨论，回答以下问题，初步了解移动智能终端的相关知识。

1. 移动智能终端包括哪些类型的设备？能实现哪些功能？主流的品牌有哪些？

2. 移动智能终端中的信息、数据和 App 管理一般有哪些方式？

3. 移动智能终端与计算机连接的数据线有哪些常见的接口类型？

相关知识

一、移动智能终端

生活中常用到的智能手机、平板电脑，以及可穿戴设备等（见图 2-10-1），都可以称为移动智能终端。顾名思义，其主要特征就体现在“移动”和“智能”两个词上。“移动”强调的是设备的便携性，与传统的计算机相比，移动智能终端更为小巧、轻便，便于随时随地使用。“智能”则是指这类设备一般都像传统的计算机一样，装有操作系统，可以实现各种复杂的信息处理功能。移动智能终端采用的操作系统主要有 Android、iOS 和 HarmonyOS 等。

a）　　　　b）　　　　c）

图 2-10-1　常见移动智能终端

a）智能手机　b）平板电脑　c）可穿戴设备（智能手表）

二、移动智能终端管理软件

移动智能终端管理软件是用于对移动智能终端的信息、数据、App 等进行管理，以及与计算机进行数据传输、同步的工具，其客户端通常既有安装在计算机上的，又有安装在移动智能终端上的，其名称往往带有“助手”“管家”之类的字样。

用数据线将移动智能终端与计算机连接后，利用安装在计算机上的管理软件，用户可十分便捷地对智能手机、平板电脑等移动智能终端进行全方位的管理，包括 App 的查找、安装和卸载，消息和通讯录的管理，照片、视频、文件等资料的传递，终端全部或部分数据的备份与恢复等。

安装在移动智能终端上的管理软件（App）既可用于实现与计算机的信息交互，也可以直接对终端进行管理，包括 App 的查找、安装和卸载，文件资料的整理，恶意软件的监控和防护，系统垃圾的清理，系统性能的优化等。

常用的移动智能终端管理软件一般有设备厂商提供的和第三方厂商提供的两类。前者如华为手机助手、小米手机助手、iTunes 等，后者如腾讯手机管家、360 手机助手、爱思助手等，如图 2-10-2 所示。

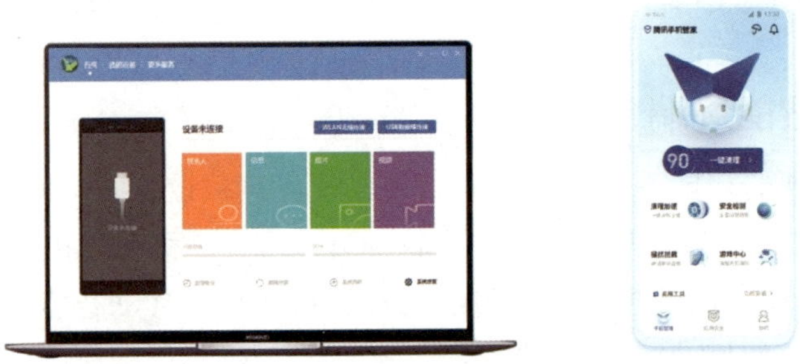

a）　　　　b）

图 2-10-2　常见的移动智能终端管理软件

a）华为手机管家（计算机端）　b）腾讯手机管家（手机端）

任务实施

任务场景 1　智能手机、平板电脑等移动智能终端在学习、工作、生活中起着越来越重要的作用，往往有大量重要的图片、视频、文件等资料存放在其中，一旦设备出现软件故障、硬件损坏或设备遗失等情况，会造成较大的损失。因此，有必要定期利用移动智能终端管理软件对其中的资料进行备份。现有一部华为智能手机和一部 iOS 系统的智能手机要进行大版本的系统升级，为防止升级过程中出现意外情况造成数据丢失，需要使用华为手机助手和爱思助手将其资料备份至计算机中。

确保智能手机电量充足，并准备好数据线和华为手机助手安装程序，参照表 2-10-1 所列步骤，连接智能手机与计算机，对数据进行备份。

表 2-10-1　使用华为手机助手备份数据

操作过程图	操作步骤说明
	步骤 1 下载并安装计算机端的华为手机助手软件。 【思考】 智能手机中应同时安装哪个 App?
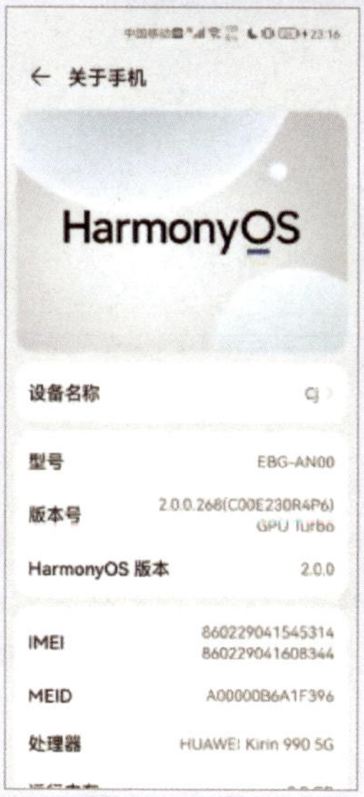 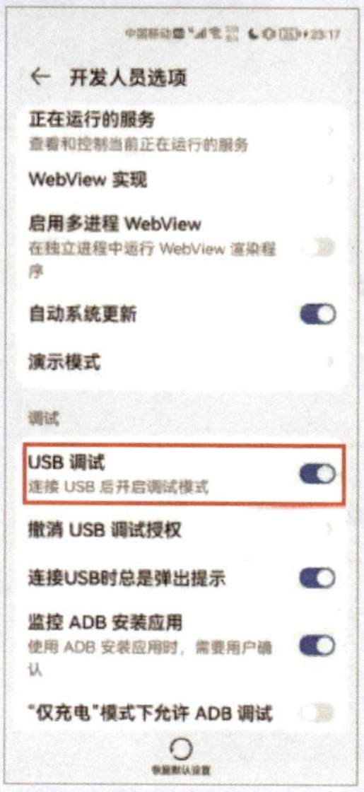	步骤 2 在智能手机“设置”中，依次选择“设置”→“关于手机”，连续点击七次版本号，进入开发者模式，然后依次选择“系统和更新”→“开发人员选项”，启用 USB 调试模式。 【思考】 在完成智能手机与计算机的数据传输后，是否需要关闭 USB 调试模式?

续表

<table>
<tr><th>操作过程图</th><th>操作步骤说明</th></tr>
<tr><td>
</td><td>步骤 3
智能手机通过数据线连接计算机后，弹出“USB 连接方式”窗口，其设置默认为“仅充电”模式，需手动选择“传输文件”模式。
【思考】
“传输照片”与“传输文件”在实际使用上有哪些区别？</td></tr>
<tr><td>
</td><td>步骤 4
在弹出的“是否允许 USB 调试”窗口中勾选“始终允许使用这台计算机进行调试”，并单击“确定”按钮。
【思考】
RSA 密钥指纹的作用是什么？</td></tr>
<tr><td>
</td><td>步骤 5
运行智能手机中的“华为手机助手”App，记录下验证码。
【思考】
该验证码多长时间会失效？</td></tr>
<tr><td>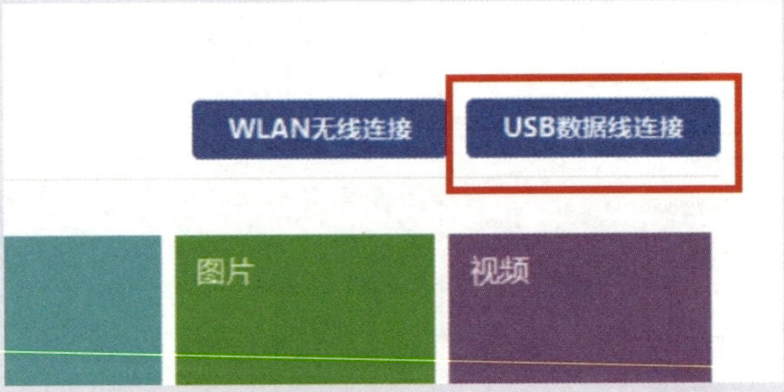
</td><td>步骤 6
返回计算机终端中的华为手机助手软件，并单击主界面中右上角的“USB 数据线连接”按钮。</td></tr>
</table>

续表

操作过程图	操作步骤说明
	步骤 7 在弹出的“连接设备”窗口中输入在步骤 5 中智能手机上所显示的验证码，并单击“立即连接”按钮。
	步骤 8 智能手机与计算机成功建立数据连接后，单击计算机端的华为手机助手软件主界面左下方的“数据备份”按钮。 【思考】 数据备份的作用是什么?
	步骤 9 在屏幕上弹出的提示中选择“允许”，允许华为手机助手管理设备数据。
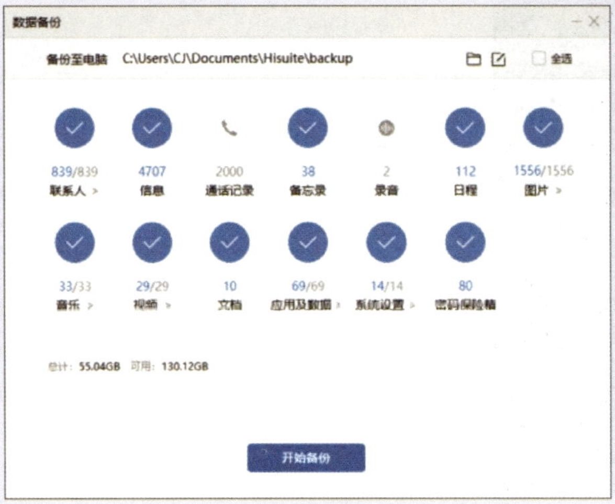	步骤 10 确定备份路径和所需备份的内容后，单击“开始备份”按钮，开启数据的备份。 【思考】 手机中哪些数据是必须备份的?

续表

操作过程图	操作步骤说明
	【小技巧】 为避免备份数据被非法访问者获取，可以利用华为手机助手软件对所备份的数据进行加密。后期启动数据恢复前需要输入所设置的密码进行验证。 【思考】 密码的设置应该遵守哪些原则？密码提示词的设定有何技巧？

任务场景 2 利用移动智能终端管理软件，可以在移动智能终端和计算机之间方便地传递资料，并且可以实现一些个性化的功能，丰富移动智能终端的使用体验。现有一部 iOS 系统的智能手机，需要使用爱思助手的“虚拟 U 盘”功能将计算机中的文件传入其中并进行管理，再将一段自己喜欢的音乐制作成手机铃声。

确保智能手机电量充足，并准备好数据线和爱思助手安装程序，连接智能手机与计算机，参照表 2-10-2 所列步骤完成操作。

表 2-10-2 使用“虚拟 U 盘”功能存储文件及制作铃声

操作过程图	操作步骤说明
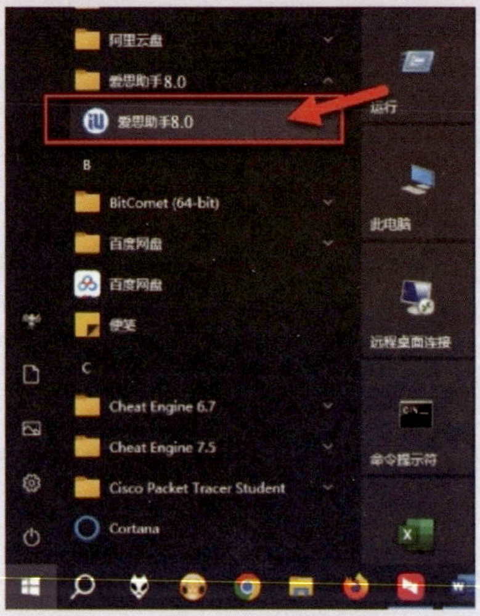	步骤 1 在计算机中下载、安装爱思助手软件后，启动运行。

续表

操作过程图	操作步骤说明
	步骤 2 在爱思助手软件的主界面中查看手机的详细硬件信息，该界面中还提供了个性化设置及管理功能。
	步骤 3 单击左侧菜单栏中的“虚拟U盘”选项。在“虚拟U盘”窗口中可以使用顶部工具栏新建文件夹或从计算机中导入需要存储的数据文件。
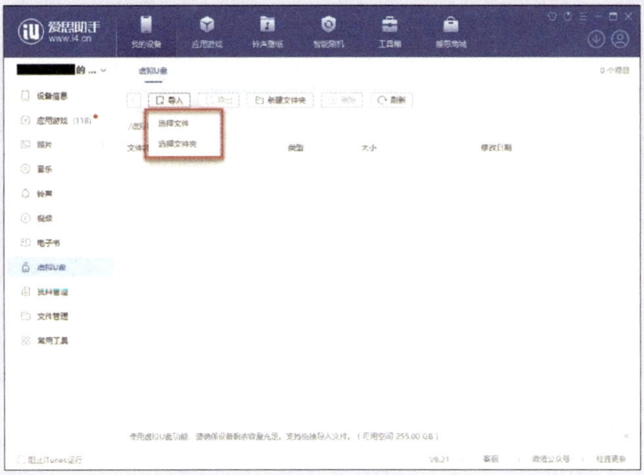	步骤 4 单击“导入”按钮，根据个人需要选择导入文件或导入文件夹。 【思考】 还有什么快捷操作能快速导入数据文件？

续表

操作过程图	操作步骤说明
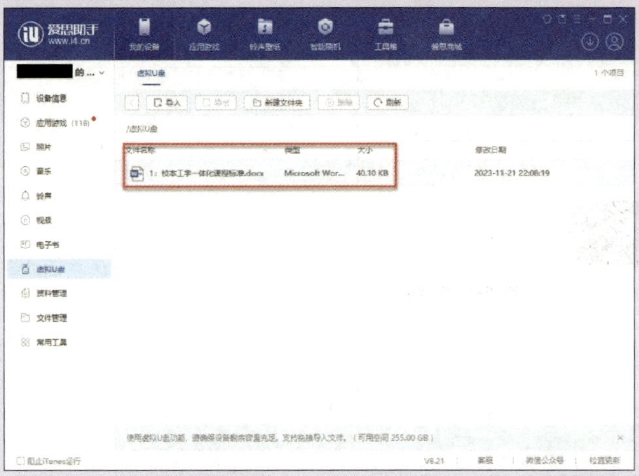	步骤 5 导入文件后，即可在“虚拟 U 盘”中对所导入的数据文件及文件夹进行简单的管理，使手机实现移动数据存储器的功能。 【思考】 还有什么途径或方法可以使手机实现相似的功能？
	步骤 6 在爱思助手软件主界面中单击下方的“制作铃声”按钮。 【思考】 如何在主界面中添加所需的其他功能模块？
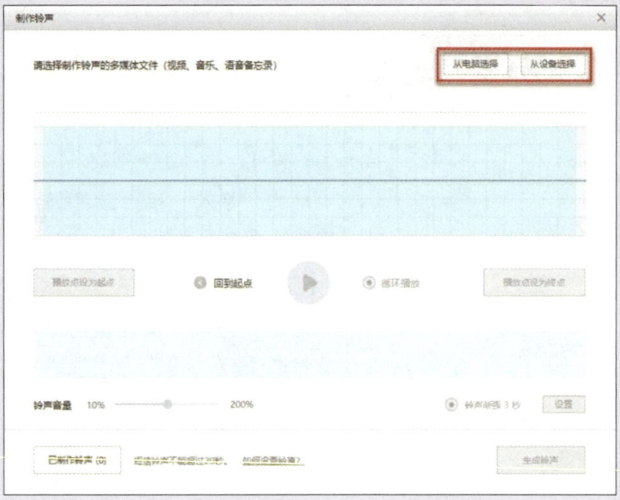	步骤 7 在“制作铃声”界面中，根据铃声音频的来源选择单击“从电脑选择”或“从设备选择”，加载需要制作为铃声的音频文件。

续表

操作过程图	操作步骤说明
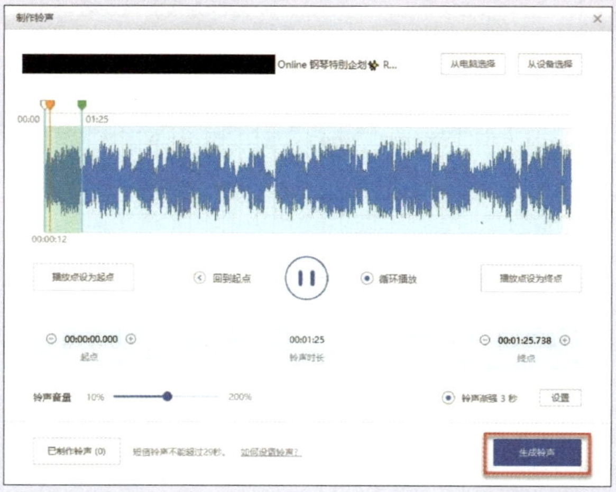	步骤 8 根据需要截取所需的音频片段，并对其音量及播放效果进行调整。确认无误后，单击下方的“生成铃声”按钮。 【思考】 制作铃声时有哪些技巧?
	步骤 9 铃声制作成功后，为该铃声命名，并单击“导入到手机”按钮，随后在移动智能终端中声音的相关选项中，即可将新添加的铃声设置为新的默认铃声。 用户除自行制作铃声外，还可单击爱思助手软件上方菜单栏中的“铃声壁纸”选项卡，通过单击对应铃声作品右侧操作栏的下载按钮，即可直接将其他用户所制作和共享的铃声作品下载到本机中，并将其设置为默认铃声。

考核评价

按照表 2-10-3 中所列的评价项目和评价标准，以自我评价、小组评价和教师评价相结合的方式，对本任务的完成情况进行考核评价。

表 2-10-3　考核评价表

评价项目	评价标准	评价方式及权重			得分
		自我评价	小组评价	教师评价	
		20%	30%	50%	
职业素养	1. 遵守课堂纪律和机房管理制度 2. 学习主观能动性，动手能力 3. 团队协作能力				
专业能力	1. 能完成移动智能终端与计算机设备的数据传输 2. 能使用计算机对移动智能终端进行备份、文件存取等数据管理操作				
总分（职业素养得分 ×30% ＋专业能力得分 ×70%）					
教师签字			日期		

任务 11　安装和检测打印机

学习目标

1. 能叙述打印机的品牌、基本类型和接口类型。
2. 能安装和使用打印机。
3. 能对打印机驱动故障进行检测和排除。

环境准备

计算机、打印机、打印机驱动程序等。

问题引入

通过互联网检索或查阅相关资料，结合生活经验和常识，进行小组讨论，回答以下问题，初步了解打印机等常用办公设备的相关知识。

1. 打印机、扫描仪、复印机和多功能一体机的功能分别有哪些？它们之间有什么区别和联系？

2. 列出当前国内外主流的打印机品牌。

3. 打印机常用的耗材种类有哪些？

相关知识

一、打印机的分类

目前常用的打印机主要有针式打印机、喷墨打印机和激光打印机三类。

1. 针式打印机

针式打印机是一种通过打印针撞击色带来打印字符的打印设备，其外观如图 2-11-1 所示。它目前主要用于打印多联发票、快递单等纸质文件。针式打印机的工作原理是通过打印针对色带进行撞击，在打印介质上产生小点，最终由小点组成所需打印的对象。打印针数指的是打印头上的打印针数量，常见的有 24 针、9 针等。针式打印机具有较高的打印速度和较低的错票率，适用于各种商业和办公场景。

2. 喷墨打印机

喷墨打印机是一种数码打印设备，它采用喷墨技术将墨水喷射到打印介质上，形成图像或文字，其外观如图 2–11–2 所示。喷墨打印机常用于家庭、办公室或工业生产等场合，打印照片、文档、图纸等各种资料。

喷墨打印机的类型主要包括墨盒式喷墨打印机、连续喷墨打印机、激光喷墨打印机等。墨盒式喷墨打印机是最常见的一种，其墨盒是一次性使用的，用完后需要更换。连续喷墨打印机则采用连续喷墨技术，不需要墨盒，可以持续喷射墨水，适用于高负荷打印任务。激光喷墨打印机则是采用激光技术，将墨水喷射到打印介质上，具有速度快、清晰度高等优点。

喷墨打印机广泛应用于各种领域，如摄影、设计、办公、教育、广告等，为人们提供了便捷的打印方式。同时，喷墨打印机也存在一些缺点，如墨水成本较高、打印速度相对较慢、喷头易堵塞等。

3. 激光打印机

激光打印机是一种采用激光扫描技术和电子照相技术的打印输出设备，其外观如图 2–11–3 所示。它先将计算机传来的二进制数据信息，通过视频控制器转换成视频信号，再由视频接口 / 控制系统把视频信号转换为激光驱动信号；然后，激光扫描系统产生载有字符信息的激光束，最后由电子照相系统使激光束成像并转印到纸上。

激光打印机具有打印速度快、成像质量高等优点，相较于其他打印设备，其性能更优越。但是，激光打印机的使用成本相对较高。激光打印机广泛应用于家庭、办公室和企事业单位等场所，满足各类打印需求。在选购激光打印机时，需考虑预算、功能需求、彩色打印需求、打印量和使用频率等因素，以确保选购到满足使用需求的打印机。

图 2–11–1　针式打印机

图 2–11–2　喷墨打印机

图 2–11–3　激光打印机

二、打印机的接口类型

接口类型指的是打印机与计算机的连接方式。打印机使用的接口类型主要有 USB 接口、并口（IEEE 1284 接口）、串口（RS–232 接口）和网络接口。

1. USB接口

USB接口的数据线如图2-11-4所示。USB接口是计算机中广泛使用的接口类型，也是目前打印机使用较多的接口类型。USB接口具有传输速度快、使用方便、支持热插拔等特点，用户只需将打印机数据线插头插入计算机的USB接口即可自动识别。

2. 并口

并口，即并行接口（英文缩写为LPT），其数据线如图2-11-5所示。打印机使用的并口采用的是25针D形接口。所谓并行是指8位数据同时通过数据线进行传送，这样数据的传送速率会大大提高，但并行传送的线路长度有一定限制，因为长度增加，干扰就会增加，数据也就容易出错。并口曾是打印机的主流接口，现已逐渐被USB接口所取代。

3. 串口

串口，即串行接口（英文缩写为COM），其数据线如图2-11-6所示。串口与并口的不同之处在于它的数据和控制信息是一位接一位地传送出去的。虽然这样速度会慢一些，但可传送距离较并口更长，因此若要进行较长距离的通信时，应使用串口。打印机使用的一般是9针D形连接器，又称RS-232接口。目前，串口只用在一些专业用途的打印机（如商户使用的小票打印机）中。

图2-11-4　USB接口数据线

图2-11-5　并口数据线

图2-11-6　串口数据线

4. 网络接口

随着网络技术的快速发展，网络打印机现已日益普及。网络打印机通过无线或有线的方式接入互联网，实现多人共享、远程使用。其中，无线连接方式一般使用Wi-Fi；有线连接方式一般使用RJ45接口，即普通网线接口。

任务实施

任务场景1　为了方便教师打印教学资料，学校为教师办公室购置了一批惠普打印机，现需将其连接到公用计算机上，并安装驱动程序，使其能正常使用。

参照表 2–11–1 所列步骤安装打印机驱动并打印测试页。

表 2–11–1　安装打印机驱动并打印测试页

操作过程图	操作步骤说明
	步骤 1 登录惠普打印机官方网站，搜索对应打印机的型号，并根据文字向导提示下载对应的驱动程序。 【思考】 除了在官方网站上查询驱动程序外，还有哪些获取驱动的途径？
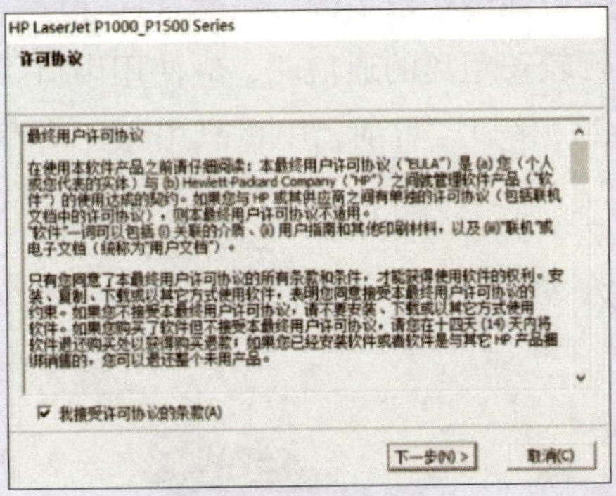	步骤 2 用数据线连接打印机和计算机，运行下载的打印机驱动程序，根据向导指引完成驱动程序的安装。 【思考】 驱动程序的作用是什么？
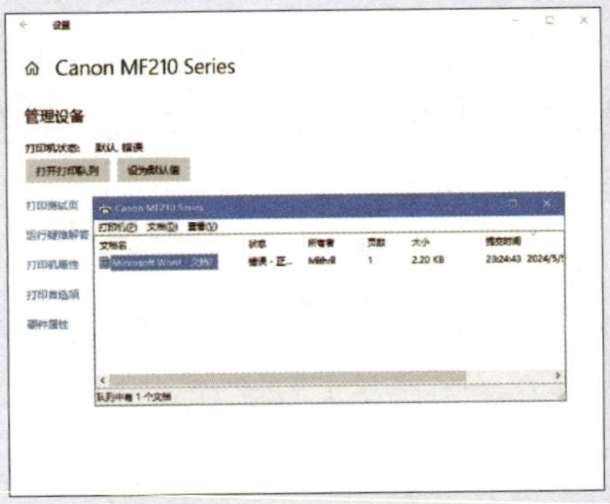	步骤 3 依次单击“开始”菜单→“设置”→“设备”→“打印机和扫描仪”，查看已成功安装驱动程序的打印机设备，确认安装成功。 单击已安装驱动程序的打印机，依次单击“管理”→“打开打印队列”，即可查看打印机中正在执行的打印任务队列，并可以对队列中的打印任务进行暂停、开始、删除等操作。

续表

操作过程图	操作步骤说明
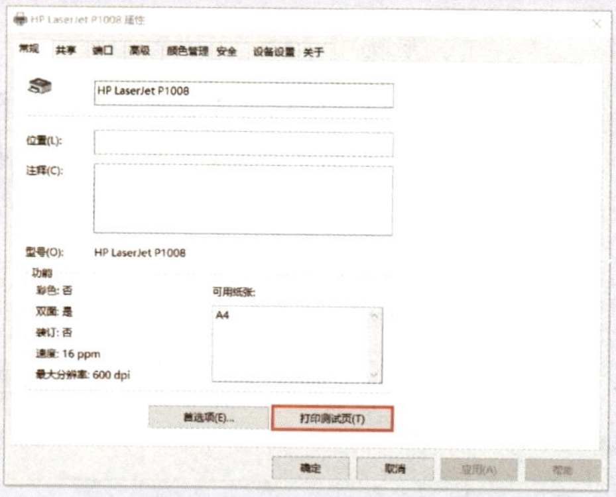	步骤 4 在打印机的“管理”界面中单击“打印机属性”，在弹出的对话框中可以对打印机的各项参数进行设置。单击对话框“常规”选项卡中的“打印测试页”按钮，即可通过打印一张测试页测试打印机驱动是否已正常安装。 【思考】 如何设置打印机的使用时间？

任务场景 2　学院的教师办公室有一台惠普打印机，因为打印机驱动无法被识别而无法正常使用。

参照表 2–11–2 所列步骤，解决该打印机的驱动故障，使打印机恢复正常。

表 2–11–2　打印机驱动修复

操作过程图	操作步骤说明
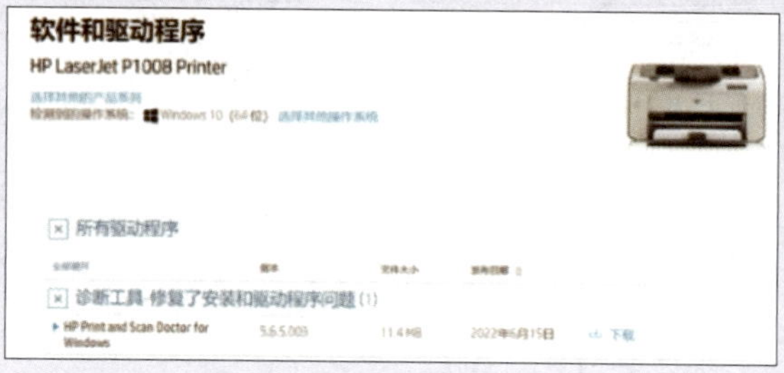	步骤 1 登录惠普打印机官方网站，搜索该打印机的型号，下载对应的诊断工具“HP Print and Scan Doctor for Windows”。
	步骤 2 安装并启动所下载的打印机驱动故障检测程序。在主界面中单击“开始”按钮，开始进行检测。

续表

操作过程图	操作步骤说明
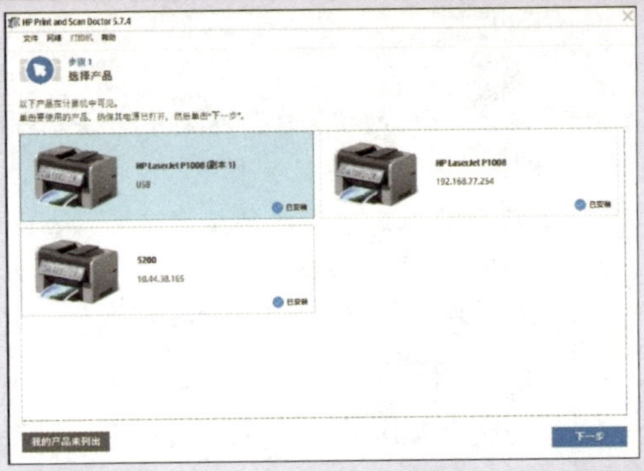	步骤 3 确保打印机电源已经打开，计算机已联网，在“选择产品”界面中选择产品，并单击“下一步”按钮继续。 【思考】 若系统提示未发现打印机应如何解决？
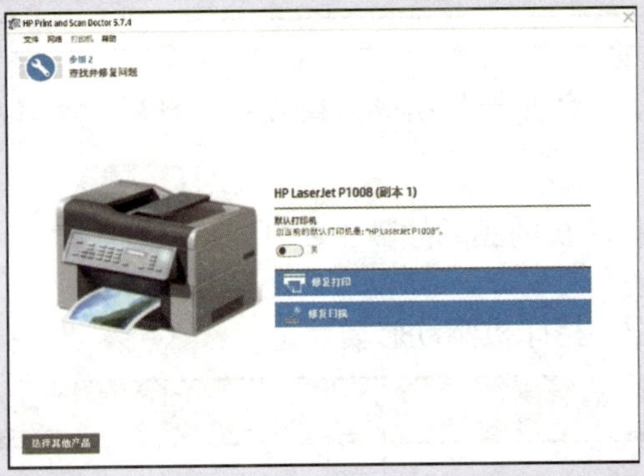	步骤 4 在“查找并修复问题”页面中，将会根据打印机型号的不同，提供不同种类的修复。根据故障表现，单击“修复打印”按钮。 【思考】 “修复扫描”功能针对打印机的哪个故障？
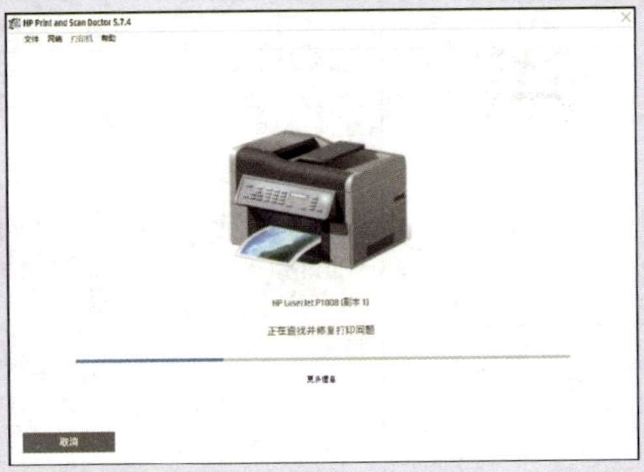	步骤 5 等待修复程序查找并修复打印机。 【思考】 在修复过程中如何查看详细的修复信息？
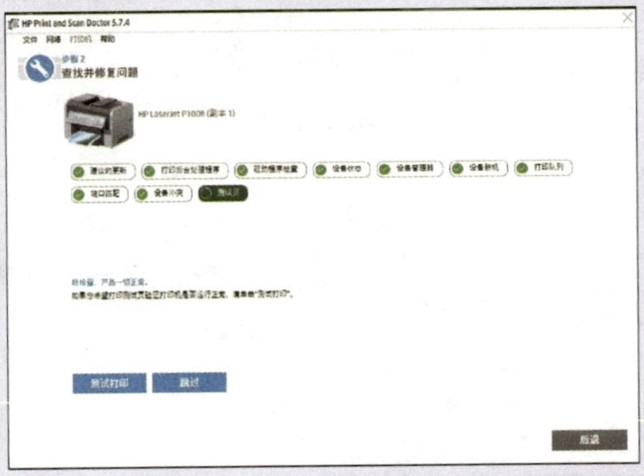	步骤 6 修复程序完成一次检测与修复流程后，会在主页面上显示检测和修复结果。单击“测试打印”按钮即可打印测试页，也可单击“跳过”按钮不打印测试页。

续表

操作过程图	操作步骤说明
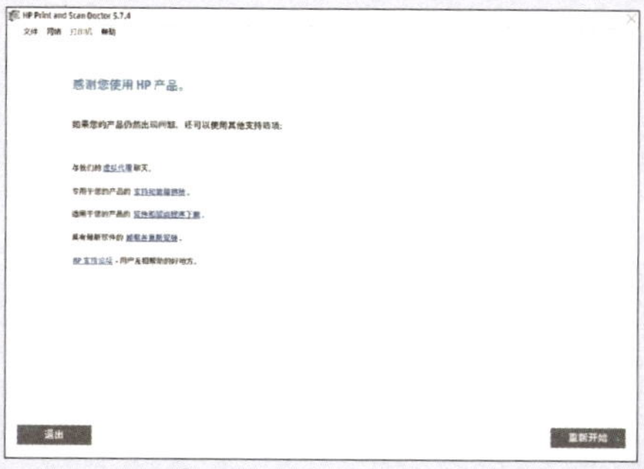	步骤 7 修复完成后，程序还会针对常见的情景提供对应的链接以供用户参考。单击“退出”按钮即可结束修复程序，单击“重新开始”按钮则重新启动程序，重复上述各个检查步骤。

考核评价

按照表 2-11-3 中所列的评价项目和评价标准，以自我评价、小组评价和教师评价相结合的方式，对本任务的完成情况进行考核评价。

表 2-11-3 考核评价表

评价项目	评价标准	评价方式及权重			得分
		自我评价	小组评价	教师评价	
		20%	30%	50%	
职业素养	1. 遵守课堂纪律和机房管理制度 2. 学习主观能动性，动手能力 3. 团队协作能力				
专业能力	1. 能叙述打印机的品牌、基本类型和接口类型 2. 能正确完成打印机与计算机、打印机与网络的连接 3. 能正确安装驱动程序并使用打印机 4. 能对打印机驱动故障进行检测和排除				
总分（职业素养得分 ×30% ＋专业能力得分 ×70%）					
教师签字		日期			

项目三
维护计算机

任务 1　优化操作系统

学习目标

1. 能叙述虚拟内存、操作系统优化的作用。
2. 能设定操作系统的相关配置。
3. 能完成操作系统数据碎片整理及冗余数据清理。
4. 能使用系统优化软件对操作系统进行优化。

环境准备

已接入互联网的计算机、教学软件、操作系统优化软件等。

问题引入

在使用计算机的过程中，是否遇到过表 3–1–1 所列的系统异常问题？通过互联网检索或查阅相关资料，进行小组讨论，写出产生这些问题的可能原因。

表 3-1-1　常见系统异常问题

问题现象	产生原因
 系统启动慢	
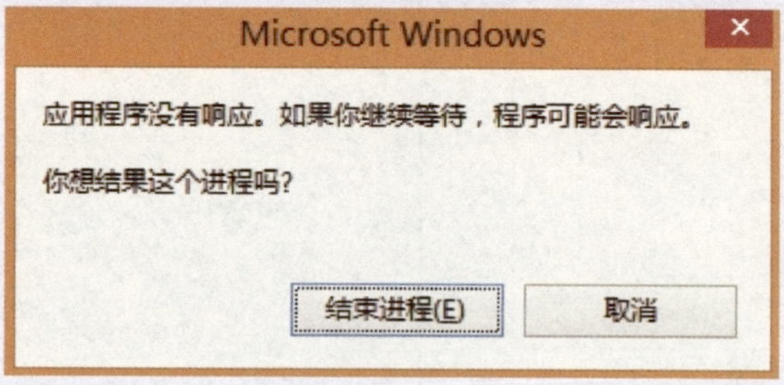 程序反应缓慢甚至卡死	
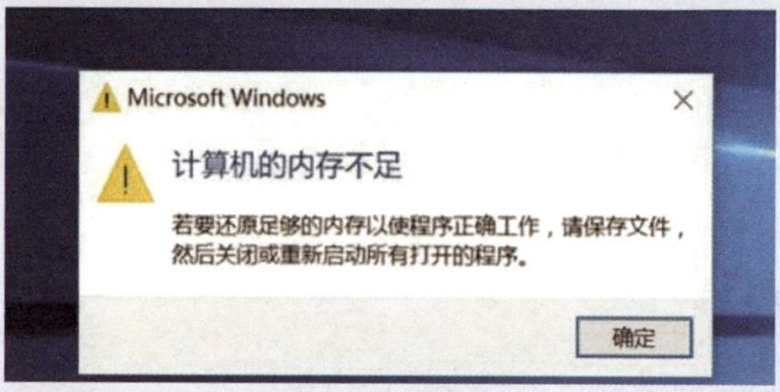 虚拟内存不足	
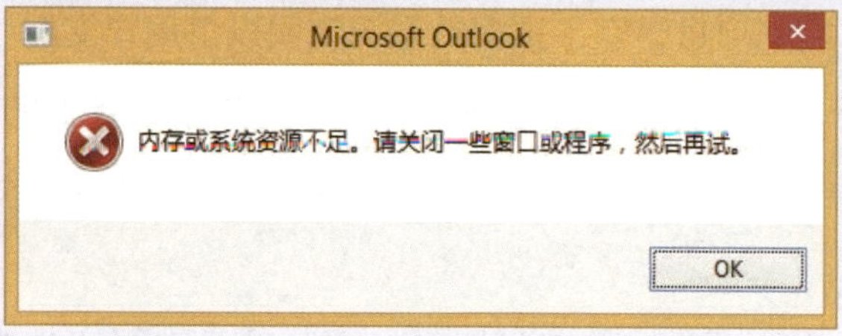 内存不足	

续表

问题现象	产生原因
 关机速度慢	
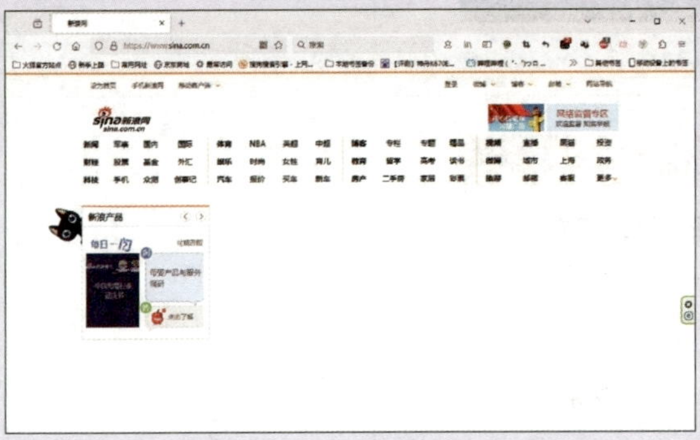 浏览器打开网页缓慢甚至出现显示错乱	

相关知识

一、优化操作系统的目的

1. 减少操作系统日常运行中不必要的进程，以减少资源占用。

2. 优化文件配置和文件位置参数，使文件数据读写效率更优。

3. 减少不必要的系统加载及自启动项目，空出更多的系统空间以供用户支配。

其中，操作系统中的进程（process）是计算机中的程序关于某数据集合上的一次运行实例，是系统进行资源分配和调度的基本单位，是操作系统结构的基础之一。

二、虚拟内存

通俗地说，虚拟内存（virtual memory）就是专门划出一部分硬盘空间充当内存，作为物理内存的补充，从而提高计算机的运行速度。

一般情况下，计算机的内存容量为 8 GB 时，可以将虚拟内存值设为 4 096 ~ 8 192 MB；内存容量为 16 GB 时，可以将虚拟内存的值设置为 2 048 ~ 4 096 MB；内存容量为 32 GB 及以上时，可以选择禁用虚拟内存。Windows 10 操作系统和 Windows 7 操作系统中的虚拟内存设置界面分别如图 3-1-1 和图 3-1-2 所示。

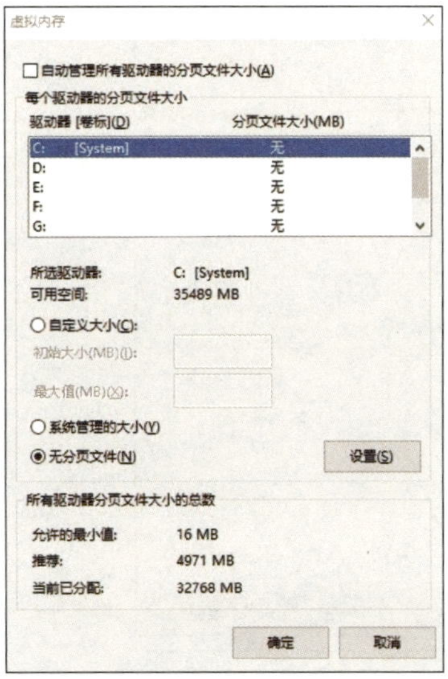

图 3-1-1　Windows 10 操作系统虚拟内存设置界面

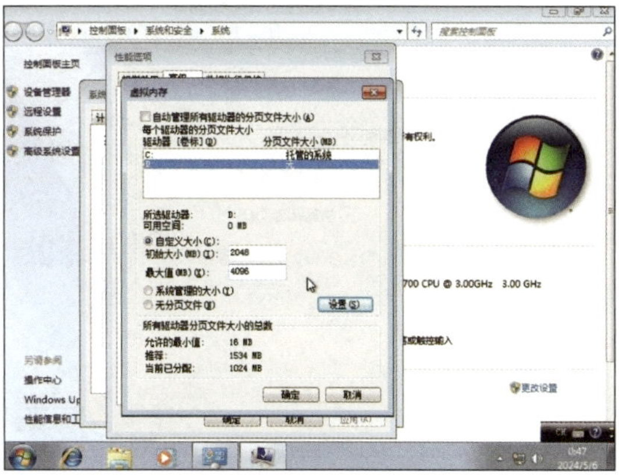

图 3-1-2　Windows 7 操作系统虚拟内存设置界面

三、系统配置程序

系统配置程序是 Windows 操作系统自带的一个系统管理工具，可以对操作系统的一些基本功能进行配置。在进行系统优化或系统故障排查时，用户可以通过这一程序禁用常用服务和启动程序，然后再逐一启用，通过排除法找到系统异常的原因。

以 Windows 10 操作系统为例，右键单击“开始”菜单，单击其中的“运行”，如图 3-1-3 所示，或按“Win+R”组合键，弹出“运行”对话框，输入“msconfig”，如图 3-1-4 所示，按“Enter”键或单击“确定”按钮，即可启动系统配置程序。系统配置程序中包括五个选项卡，默认进入“常规”选项卡。

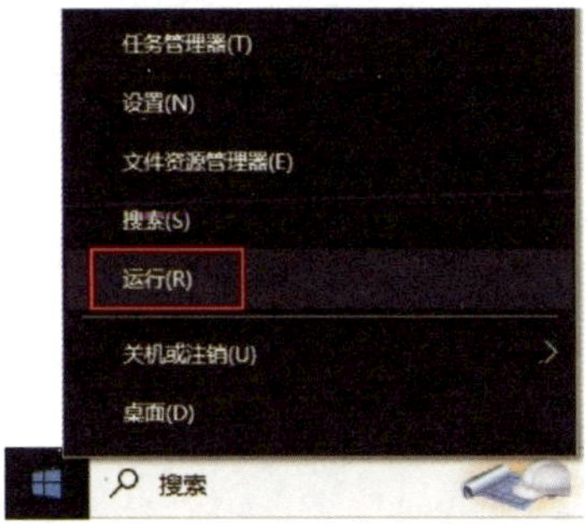

图 3-1-3　开启“运行”窗口

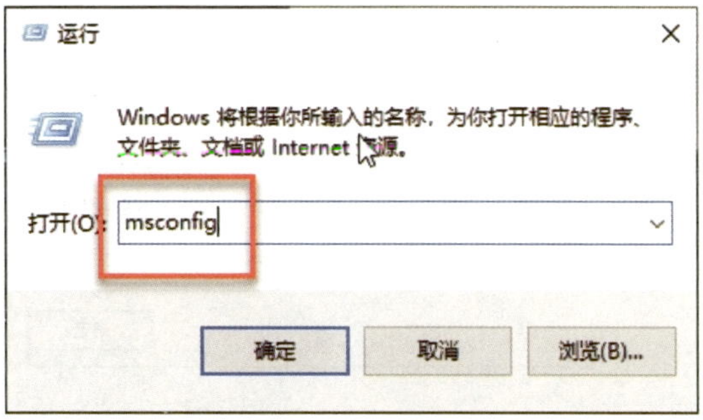

图 3-1-4　启动系统配置程序

1.“常规”选项卡

“常规”选项卡（见图 3–1–5）用于设置启动方式，可以根据优化或故障排查的需要，选择启动时要加载的设备、服务等。

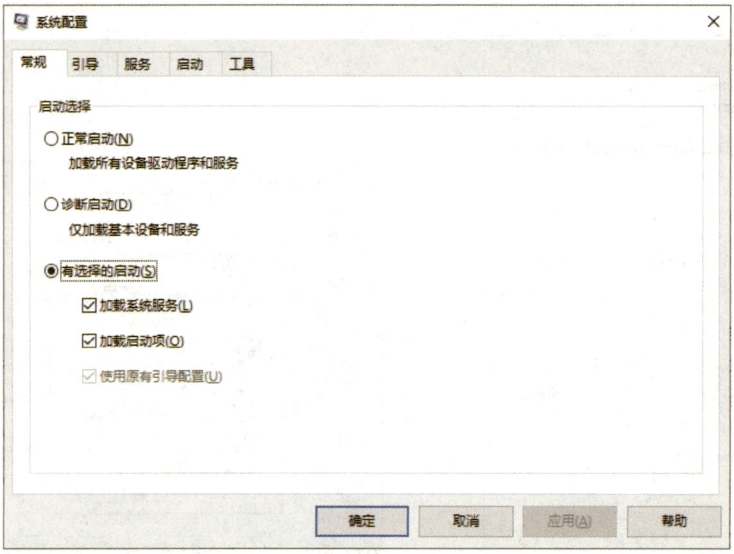

图 3–1–5 “常规”选项卡

2.“引导”选项卡

“引导”选项卡（见图 3–1–6）用于设置系统启动时的引导方式，相关参数的功能见表 3–1–2。

图 3–1–6 “引导”选项卡

表 3-1-2 “引导”选项卡相关参数的功能

启动选项		功能
安全引导	最小	计算机启动时，在仅运行关键系统服务的安全模式下打开 Windows 图形用户界面（Windows Explorer）。网络已禁用
	其他外壳	计算机启动时，在仅运行关键系统服务的安全模式下打开 Windows 命令提示符，禁用网络和 Windows 图形用户界面
	Active Directory	计算机启动时，在运行关键系统服务和 Active Directory（活动目录）的安全模式下打开 Windows 图形用户界面
	网络	计算机启动时，在仅运行关键系统服务的安全模式下打开 Windows 图形用户界面，禁用网络
无 GUI 引导		计算机启动时不显示 Windows 欢迎屏幕
引导日志		将启动进程中的所有信息都存储在操作系统安装目录下的 ntbtlog.txt 文件中
基本视频		启动时，在最小 VGA 模式下打开 Windows 图形用户界面，此时将加载标准的 VGA 驱动程序，而不加载视频硬件专用的高级驱动程序
OS 引导信息		在显示启动过程中加载的驱动程序的名称
使所有引导设置成为永久设置		将当前所做设置保存为永久设置，使这些设置在重启计算机或系统配置程序时仍然生效，直至下一次更改

3. “服务”选项卡

Windows 操作系统中的服务，实际上也是一些程序，但和一般的应用程序不同，服务的功能通常是系统自动完成的，不需要和用户进行交互。在“服务”选项卡（见图 3-1-7）中，用户可以查看系统中现有的服务及其运行状态，并通过勾选来确认启用或关闭某个服务。

图 3-1-7 “服务”选项卡

4. “启动”选项卡

这一选项卡用于查看和设置哪些程序在系统启动时同步自动运行。在系统优化时，可以关闭不必要的启动项以加快系统启动速度，在故障排查时，也可以通过选择或取消某个程序的开机启动来判断故障原因。在 Windows 10 操作系统中，相关功能整合到了任务管理器中，但在系统配置的“启动”选项卡中仍保留了跳转链接，如图 3-1-8 所示。

图 3-1-8 “启动”选项卡

5. “工具”选项卡

“工具”选项卡（见图 3-1-9）提供可以运行的诊断工具和其他高级工具的列表。在这个选项卡中，用户可以方便地根据需要启动 Windows 操作系统自带的各种管理工具，如“计算机管理”“系统信息”“远程协助”“注册表编辑器”“性能监视器”等。

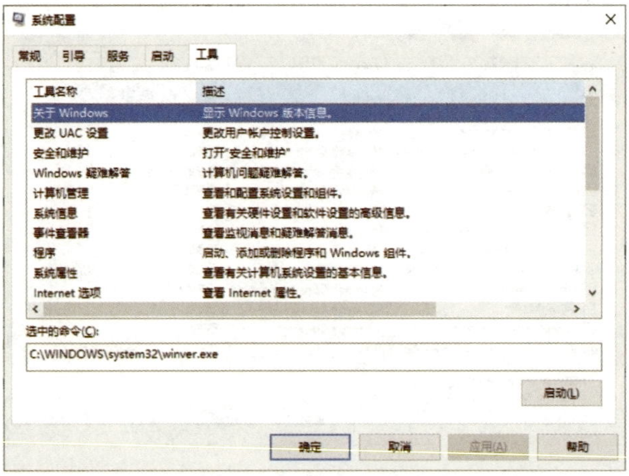

图 3-1-9 “工具”选项卡

四、操作系统垃圾及其清理

操作系统垃圾是指在操作系统运行过程中，由于各种原因（如程序错误、系统缓存、临时文件未删除等）出现的冗余文件或资源占用，过多的操作系统垃圾将导致一定程度的资源浪费和性能下降甚至可能带来安全隐患。

1. 操作系统垃圾的主要类型

操作系统垃圾主要包括以下几种类型。

（1）临时文件。临时文件是在操作系统与应用程序运行过程中生成的，通常在程序关闭后不再需要。

（2）缓存文件。缓存文件是为了提升程序加载速度而存储的数据，一般删除后不会影响程序的正常运行。

（3）日志文件。日志文件用于记录系统和应用程序运行情况，虽有助于错误排查，但保存过多也会占用存储空间。

（4）浏览器缓存文件。浏览器缓存文件包括网页缓存和 Cookie 文件等，其作用是加快网页加载速度和向用户提供个性化服务。

（5）软件卸载残留。卸载软件时，常常无法将该软件的相关文件或信息清除干净，会残留部分文件或在注册表中残留信息。

2. 操作系统垃圾的清理方法

定期清理操作系统垃圾，可以提升计算机的运行效率，释放存储空间，并改善系统安全性。

操作系统垃圾可通过 Windows 操作系统自带的磁盘清理程序进行清理，也可以使用专用的第三方软件进行清理。

其中，通过 Windows 操作系统自带的磁盘清理程序进行清理的基本方法如下：

在资源管理器的相应盘符上单击右键，在展开的快捷菜单中选择“属性”，再在弹出的对话框中选择“磁盘清理”，即可打开 Windows 操作系统自带的磁盘清理程序，如图 3-1-10 所示。

磁盘清理程序中列出了已下载的程序文件、Internet 临时文件和回收站中的文件等，以及各种系统临时文件和其他不再需要的项目，可根据需要选择删除。需要注意的是，通过磁盘清理程序删除的文件不会进入“回收站”，而是直接彻底删除。

五、操作系统优化软件

操作系统优化软件是一类用于提高计算机系统性能和稳定性的软件。它们通过清理不必要的文件、优化系统设置、调整内存管理、加速启动和关闭过程等方式，对操作系统进行调整和优化。这类软件的目标是让计算机在运行速度、响应速度和资源利

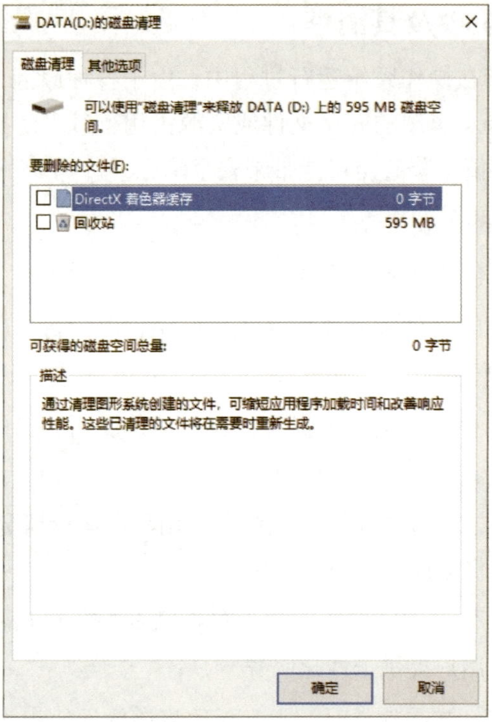

图 3-1-10　Windows 操作系统自带的磁盘清理程序

用方面达到最佳状态。国内常用的操作系统优化软件有微软电脑管家、优化大师、鲁大师、Dism++、CCleaner 等。

微软电脑管家是由微软公司开发的一款操作系统优化软件，它为用户提供一键体检、专业病毒查杀、系统加速、系统升级等服务。需要注意的是，微软电脑管家兼容 Windows 11 64 位、Windows Server 2019 及以上、Windows 10 1809 及以上版本的操作系统，不支持更低的操作系统版本及 ARM 架构的 64 位或 32 位处理器。

微软电脑管家为了照顾对计算机认识程度不同的用户，对它所有的功能进行了分类归项，表 3-1-3 中列举了微软电脑管家中常用的几大模块。

表 3-1-3　微软电脑管家常用模块

模块名称	功能名称	功能作用
保护	Microsoft Defender	对计算机操作系统进行病毒查杀
	Windows 更新	搜索并更新 Windows 操作系统的漏洞补丁
	浏览器保护	保护浏览器的默认设置不被非法篡改
	任务栏修复	将被修改的任务栏外观还原为默认设置

续表

模块名称	功能名称	功能作用
保护	重置默认应用	重置用户打开文件时调用的默认应用程序
	弹窗管理	管理软件的弹窗应用，减少应用弹窗打扰
存储	深度清理	快速安全扫描、分析和清理系统的无用及冗余文件
	大文件管理	根据定义的数据体积，查找操作系统所在驱动器中的大文件
	存储感知	自动释放空间、删除临时文件
应用	应用进程管理	对操作系统中正在运行的应用程序进行管理
	开机启动项管理	对操作系统启动后自动运行的应用程序进行管理
	应用管理	卸载不常用的应用程序，释放空间
工具箱	Windows	提供常用的 Windows 工具的快速访问功能
	网页工具	提供常见的浏览网页辅助工具
	自定义链接	提供用户自定义网页或应用程序的快速连接入口

任务实施

任务场景 1　某台计算机运行缓慢，经检查是内存较小且虚拟内存设置不当造成的，现需重新设置虚拟内存，使之实现最合适当前操作系统的性能。

参照 3-1-4 所列步骤完成虚拟内存设置。

表 3-1-4　虚拟内存设置

操作过程图	操作步骤说明
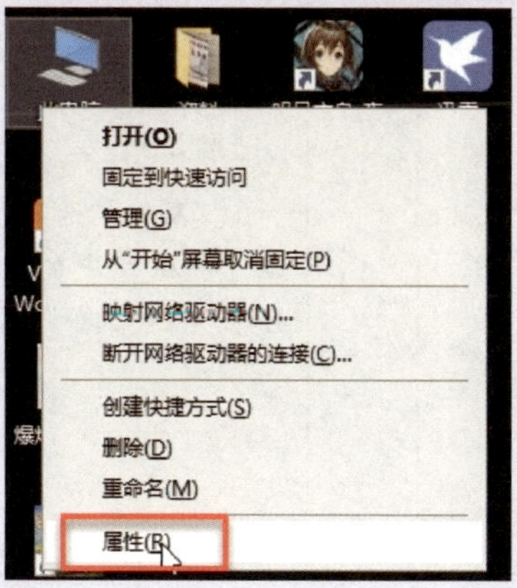	步骤 1 右键单击“此电脑”，选择“属性”选项，打开“关于”设置页面。

续表

操作过程图	操作步骤说明
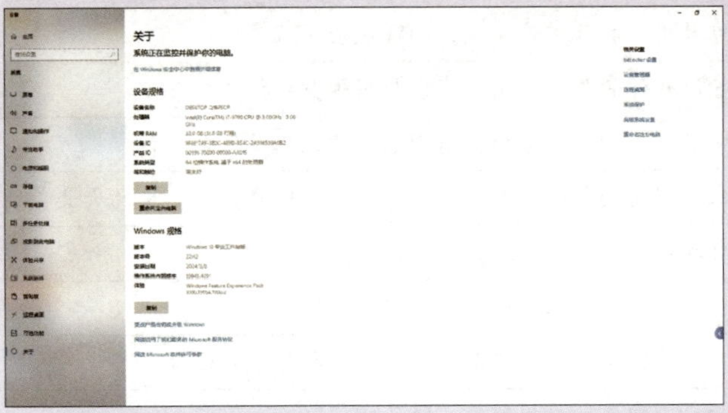	步骤 2 单击“关于”页面右侧的“高级系统设置”选项。 【思考】 如要对此台计算机重新命名，应如何设置？
 	步骤 3 在弹出的“系统属性”页面中单击顶部的“高级”选项卡。
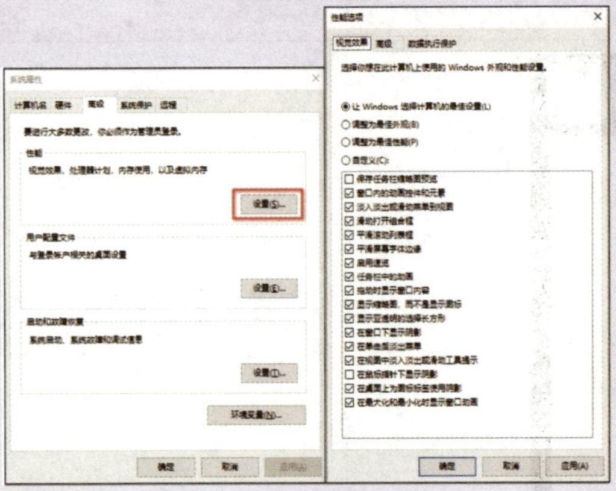	步骤 4 在“高级”选项卡中单击“性能”子栏目中的“设置”按钮，打开“性能选项”对话框。

续表

操作过程图	操作步骤说明
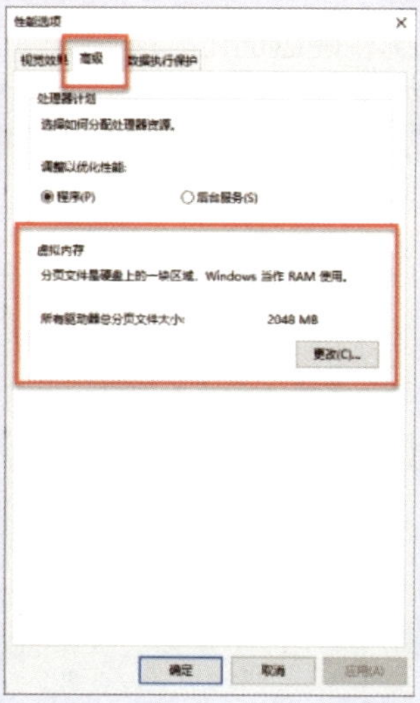	步骤 5 在“性能选项”对话框中单击顶部的“高级”选项卡，在“虚拟内存”子栏目中单击“更改”按钮。 【思考】 该对话框中的“处理器计划”子栏目的功能是什么?
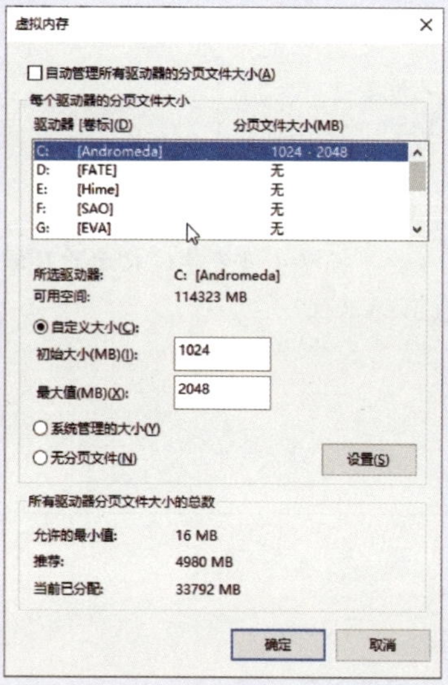	步骤 6 在“虚拟内存”对话框的“驱动器”子栏目中选择虚拟内存文件的存放位置后，单击“自定义大小”单选按钮，设置对应的容量大小。需要注意的是，设置完毕后，必须单击“设置”按钮方能生效。 【思考】 什么情况下可以设置为“无分页文件”?

任务场景 2　设置好虚拟内存后，还需要对操作系统和硬盘进行以下优化，以进一步优化和提升相关性能，具体要求如下：

1. 删除 C 盘中的垃圾文件；

2. 设置在每个星期日晚上六点自动整理 C 盘中的碎片；

3. 设置 64 位的 Windows 操作系统为默认启动操作系统，并设置系统选择等待时间为 30 s；

4. 禁止非必要的程序随系统自启动。

参照表 3–1–5 所列步骤完成操作系统和硬盘优化。

表 3–1–5　操作系统和硬盘优化

操作过程图	操作步骤说明
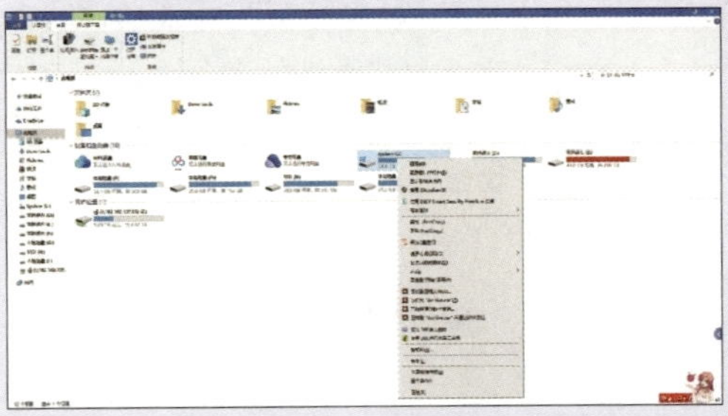	步骤 1 在资源管理器中右键单击系统盘符，在弹出的快捷菜单中选择“属性”选项。 【思考】 在该快捷菜单中，还能实现哪些操作？
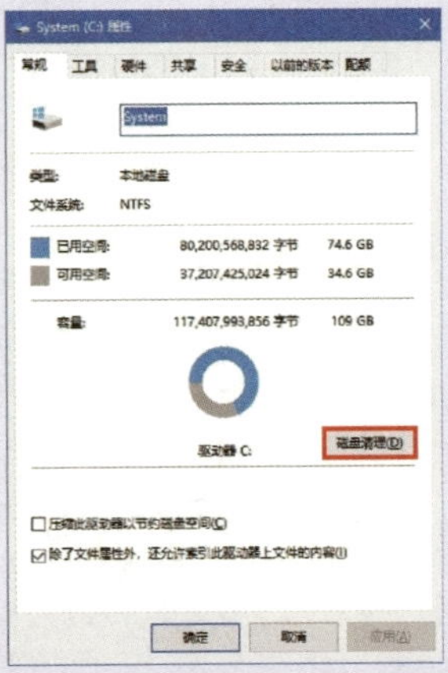	步骤 2 在“常规”选项卡中单击“磁盘清理”按钮。 【思考】 如何将以字节为单位表示的存储容量换算为以 GB 为单位？
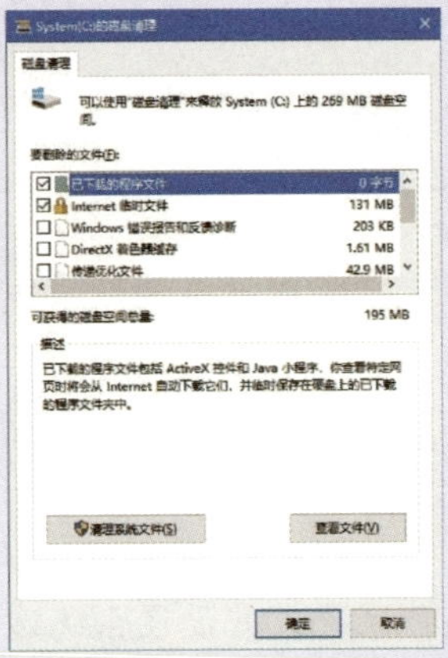	步骤 3 在“磁盘清理”选项卡中选择需要进行清理的垃圾文件类型，并单击“确认”按钮。 【思考】 如需要深入清理操作系统文件，应该如何操作？

续表

操作过程图	操作步骤说明
	步骤 4 返回步骤 2 中的属性设置对话框，并单击顶部的“工具”选项卡，在“对驱动器进行优化和碎片整理”子栏目中单击“优化”按钮。
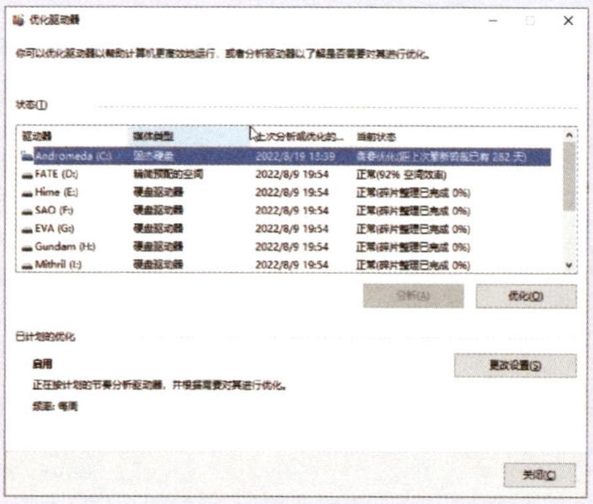	步骤 5 在“优化驱动器”对话框中，可选择单个或多个驱动器，单击“分析”按钮，可对所选的驱动器进行碎片情况分析，然后单击“优化”按钮，即可启动对应驱动器的文件碎片整理。
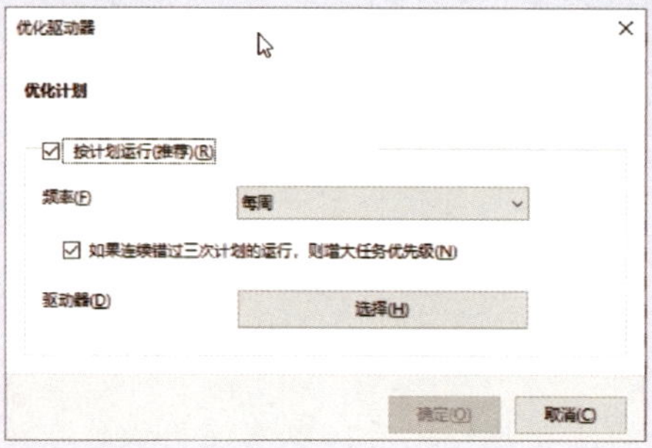	步骤 6 在步骤 5 的对话框中启用“已计划的优化”，并根据要求对自动运行“碎片整理”功能的频率进行调整，设置在每个星期日晚上六点自动整理 C 盘中的碎片。

续表

操作过程图	操作步骤说明
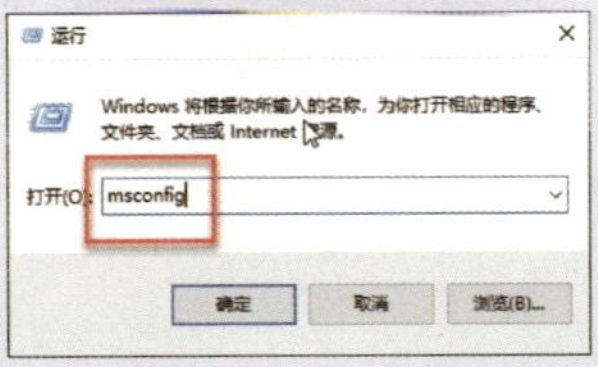	步骤 7 依次单击“开始”菜单→“Windows 系统”→“运行”，打开“运行”程序，并输入命令“msconfig”，单击“确定”按钮。 【思考】 通过什么快捷键可以启动“运行”程序？
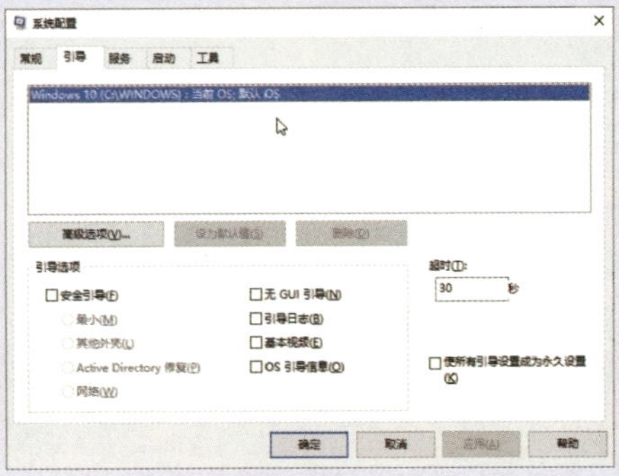	步骤 8 在“系统配置”对话框中单击“引导”选项卡，将“超时”时间设为本任务要求的 30 s。 【思考】 如要直接进入系统，应该将“超时”时间设置为多少秒？
	步骤 9 在“系统配置”对话框中单击“服务”选项卡，找到本任务需要优化的服务并取消勾选，即可禁止对应的服务随操作系统启动而启动。 【思考】 还有什么途径可以修改服务运行状态？

任务场景 3　完成对硬盘文件和操作系统的清理与优化后，现需使用操作系统优化软件对以下几处细节作进一步优化：

1. 设置默认浏览器为 Microsoft Edge，并防止恶意软件篡改；
2. 对操作系统进行更进一步的深度冗余数据清理，以提升硬盘空间利用率；
3. 查找整个硬盘中大于 100 MB 的数据文件；
4. 自动拦截各类软件的广告弹窗，减少广告的骚扰；
5. 查看更为详细的开机启动项程序列表，对启动项进行进一步管理。

利用相关工具和软件参照表 3-1-6 所列步骤优化 Windows 操作系统。

表 3-1-6　优化 Windows 操作系统

操作过程图	操作步骤说明
	步骤 1 下载、安装并运行微软电脑管家软件，在其主界面中单击左侧菜单栏的“保护”选项卡，切换到“系统保护”页面，然后单击“浏览器保护”。
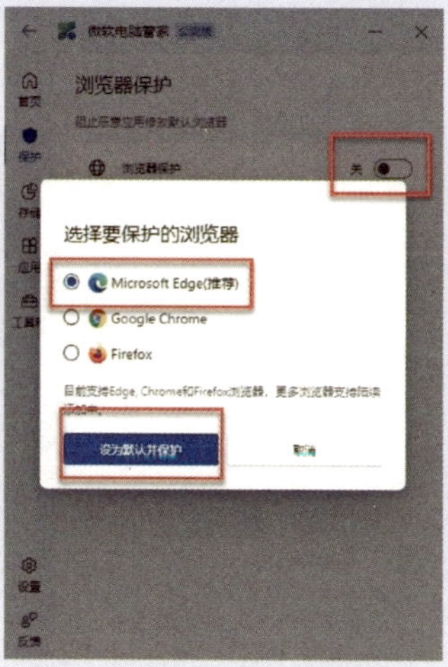	步骤 2 在“浏览器保护”页面单击右侧的开关启动浏览器保护功能。在弹出的对话框中选择所要保护的浏览器，单击“设为默认并保护”按钮完成操作。 【思考】 保护默认浏览器不被篡改有什么作用？

续表

操作过程图	操作步骤说明
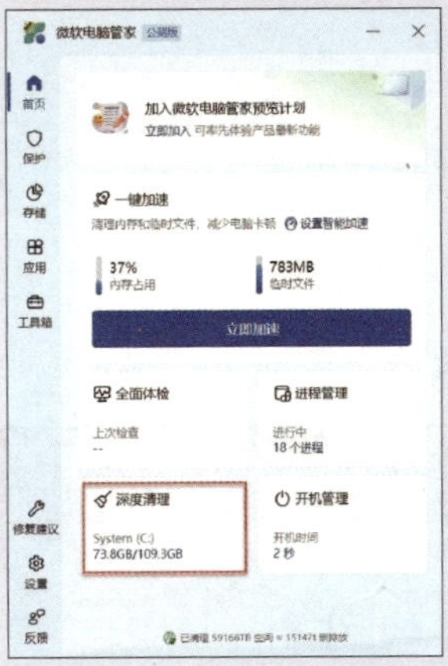 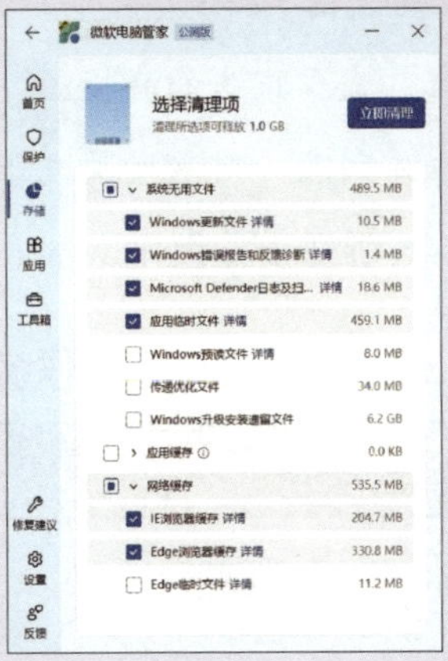	步骤 3 在微软电脑管家软件主界面或左侧“存储”选项卡中选择“深度清理”功能，在“选择清理项”页面下方勾选需要清理的项目，单击“立即清理”按钮，即可完成更进一步的冗余数据清理。 【思考】 缓存数据的作用是什么？
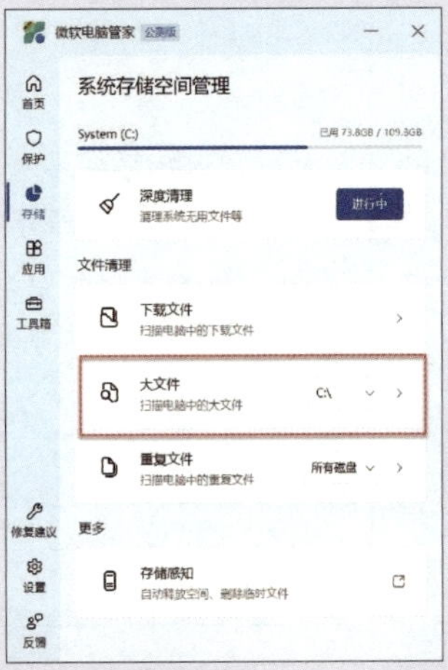	步骤 4 单击微软电脑管家软件左侧的“存储”选项卡，进入“系统存储空间管理”页面，单击“大文件”。 【思考】 如需要使微软电脑管家软件自动清理临时文件，应设置哪个选项？
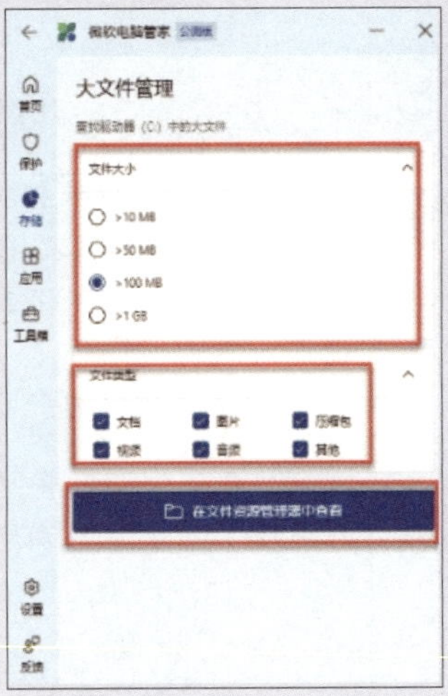	步骤 5 在“大文件管理”页面中依次设置需查找的“文件大小”和“文件类型”，如本任务场景中要求的大于 100 MB 的文件，然后单击“在文件资源管理器中查看”按钮。 【思考】 设置数据文件大小的作用是什么？

续表

操作过程图	操作步骤说明
	步骤 6 软件界面中将会列出符合步骤 5 中所设置条件的相关文件。用户可以根据需要对所列出的数据进行排查和管理。 【思考】 如何利用操作系统资源管理器的搜索功能达成一样的效果？
	步骤 7 单击微软电脑管家软件左侧的“保护”选项卡，在出现的页面中单击“弹窗管理”。 【思考】 若已安装 Microsoft Office 套件，但出现无法打开的情况，应如何修复？
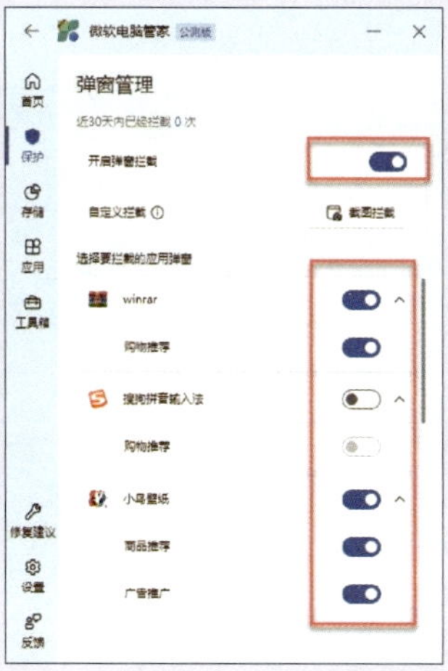	步骤 8 在“弹窗管理”页面中单击右侧的开关开启弹窗拦截功能。在该页面的下方选择需要拦截的软件，并可根据实际需求对需要拦截的内容进行选择。 【思考】 在什么情况下需要使用截图拦截功能来拦截弹窗？

续表

操作过程图	操作步骤说明
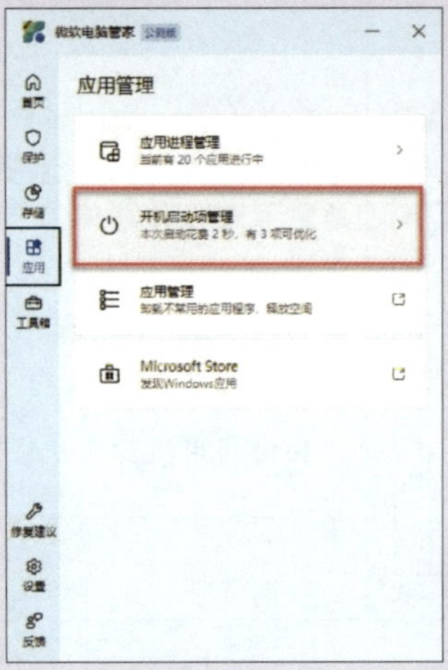	步骤 9 单击微软电脑管家软件左侧的“应用”选项卡，在出现的页面中单击“开机启动项管理”。 【思考】 该页面的“应用管理”中能进行哪些设置？
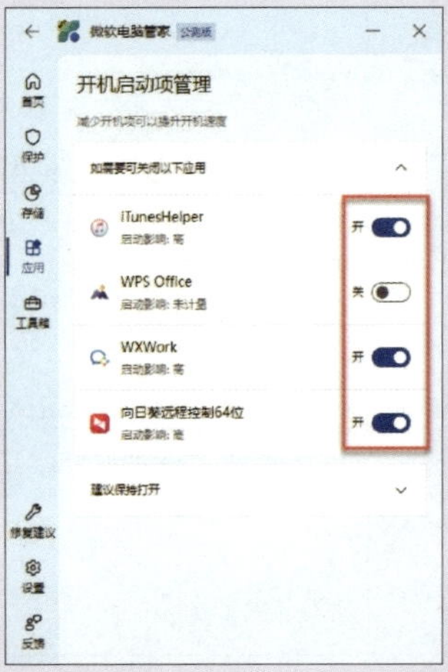	步骤 10 在“开机启动项管理”页面中会以直观的形式显示随操作系统启动的应用软件，单击对应的应用右侧的开关即可关闭或启动该软件的开机启动状态。 【思考】 开机启动程序数量的多少对操作系统有何影响？
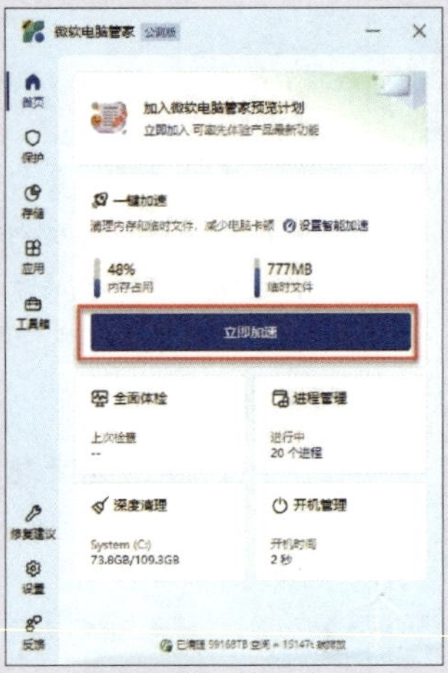	【小技巧】 单击微软电脑管家软件左侧的“首页”选项卡，再单击“立即加速”功能可自动对操作系统进行优化，提升工作效率。 【思考】 该页面中的“全面体检”功能主要整合了哪些项目的优化操作？

考核评价

按照表 3-1-7 中所列的评价项目和评价标准，以自我评价、小组评价和教师评价相结合的方式，对本任务的完成情况进行考核评价。

表 3-1-7 考核评价表

评价项目	评价标准	评价方式及权重			得分
		自我评价	小组评价	教师评价	
		20%	30%	50%	
职业素养	1. 遵守课堂纪律和机房管理制度 2. 学习主观能动性，动手能力 3. 团队协作能力				
专业能力	1. 能叙述操作系统优化的作用和方法 2. 能利用操作系统自带的工具进行操作系统的配置 3. 能利用第三方软件对操作系统进行进一步优化和性能提升				
总分（职业素养得分 ×30%＋专业能力得分 ×70%）					
教师签字		日期			

任务 2 配置网络基本参数

学习目标

1. 能叙述计算机对等网络的基本原理。
2. 能配置对等网络。
3. 能配置网络文件共享功能。
4. 能在对等网络中完成网络文件共享传输。

环境准备

计算机、对等网络环境等。

问题引入

通过互联网检索或查阅相关资料，结合生活经验和常识，小组讨论，回答以下问题，初步了解计算机网络的相关知识。

1. 家中或实训室中的计算机是如何连接到互联网的？

2. 使用浏览器访问互联网时，通常会使用诸如“www.class.com.cn”这样文字形式的地址，有时也会使用诸如“192.168.1.1”这样数字形式的地址，它们分别是什么？起什么作用？

3. 你使用过哪些方式从互联网获取资源，或者与他人分享资源？

相关知识

一、计算机对等网络的基本知识

1. 对等网络

在 Windows 操作系统中，“对等网络”也被称为“工作组网络”。在对等网络中，各台计算机都有相同的功能，无主从之分。从广义上说，对等网络的含义直接体现在网络上任意节点上的计算机既可以作为网络服务器为其他计算机提供资源，也可以作为工作站分享其他服务器的资源，任意一台计算机都可同时兼作服务器和工作站，也可只作其中之一。家庭或办公室中的小型局域网通常都是对等网络。

2. IP 地址

IP 地址是 internet protocol address（互联网协议地址）的缩写，也称为网际协议地址。它是用于标识网络上的设备（如计算机、路由器等）的数字标识符，用于在网络中进行数据传输和通信。

IP 地址由 32 位二进制数字组成，通常以点分十进制表示法表示，如 192.168.0.1。每个 8 位二进制数字可以转换为一个十进制数字，范围从 0 到 255。IP 地址分为 IPv4 和 IPv6 两种版本，其中 IPv4 是目前广泛使用的版本，而 IPv6 是下一代互联网协议，被设计来解决 IPv4 地址耗尽的问题。

IP 地址可以分为公网 IP 地址和私网 IP 地址两种类型。公网 IP 地址是由互联网数字分配机构（IANA）分配给组织或机构的全球唯一的 IP 地址，用于在互联网上进行通信。私网 IP 地址是在局域网内部使用的 IP 地址，用于在本地网络中进行通信，不能被公网访问。

3. 子网掩码

子网掩码是一个 32 位的地址，用来指明某个 IP 地址中的哪些位标识的是主机所在的子网，哪些位标识的是主机本身。它的作用是将某个 IP 地址划分成网络地址和主机地址两部分，从而合理地利用 IP 地址资源，以及有效地管理 IP 地址资源，避免地址冲突和提高网络效率。

4. 默认网关

默认网关（default gateway）是用于将数据包从一个网络转发到另一个网络的设备。当一个设备在本地网络上发送数据包时，如果目标地址不在本地网络中，则该数据包将被发送到默认网关。默认网关接收该数据包并将其转发到目标网络中的适当目的地。如果没有配置默认网关，则数据包将无法到达其他网络。

5. DNS

DNS（domain name system，域名系统）是互联网中实现将域名解析为 IP 地址等功能的系统。它通过将域名映射到 IP 地址，使得用户可以使用易于记忆的域名来访问网站，而不必记住复杂的 IP 地址。例如，域名“www.baidu.com”对应的 IP 地址为“183.240.98.161”。

6. DHCP

DHCP（dynamic host configuration protocol，动态主机配置协议）是一种网络协议，用于将 IP 地址和其他网络配置信息自动分配给连接到网络的设备。它允许计算机或其他设备在启动时自动获取所需的网络配置信息，而无须手动配置。DHCP 使网络管理员可以更容易地管理网络配置信息，并确保每个设备都有唯一的 IP 地址。

7. 组建对等网络的基本流程

首先，将网卡、交换机（路由器）等网络设备与若干计算机采用双绞线、光纤等传输介质，按照图 3-2-1 所示网络拓扑结构连接起来，也可将两台计算机直接通过线缆或无线网卡进行连接。然后在操作系统中配置网卡的 IP 地址、设置计算机标识并测试连通性。

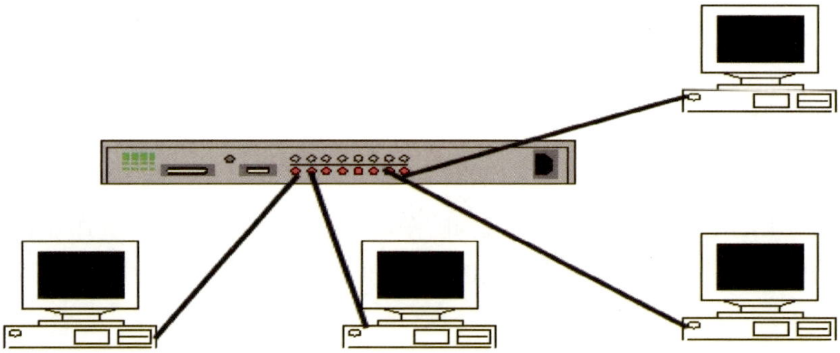

图 3-2-1　对等网络的网络拓扑图

二、对等网络中的网络共享

1. 操作系统的用户账户和用户组

Windows 用户账户用于识别和授权用户使用 Windows 操作系统的个人身份信息，它控制着用户对系统资源的管理和访问权限。每个用户账户都有一个唯一的用户名和密码用于登录操作系统。用户组是一种组织和管理计算机系统中用户的方式。

Windows 用户组是一个集合，其中包含具有相同权限和设置的一组用户。将用户划分到不同的用户组，可以简化权限管理，提高网络安全和数据保护能力。其中“Everyone”组属于特殊用户组，该用户组可指代任何账户。

2. 网络共享权限

网络共享权限是指在计算机网络中，对访问和操作共享资源（如文件、文件夹、驱动器等）的权限进行控制，一般分为完全控制、读取、更改三类权限，见表 3-2-1。

表 3-2-1　网络共享权限的分类与功能

权限分类	功能作用
完全控制	允许访问共享资源的用户对共享的数据进行添加、删除、更改操作
读取	允许访问共享资源的用户对共享的数据进行浏览和运行操作
更改	允许访问共享资源的用户对共享的数据进行修改操作

3. Windows 操作系统的本地安全权限

Windows 操作系统中针对文件夹与文件均设有单独的访问控制机制，用于保护系统资源免受未经授权的访问和操作。这些权限通常包括完全控制、修改、读取和执行、读取、写入、列出文件夹内容（文件夹独有权限）。具体的权限功能与表 3-2-1 所述的功能作用相似。需要注意的是，Windows 操作系统本地安全权限优先级优于网络共享权限。例如，某个用户或用户组在目标文件的本地安全权限上被禁止拥有写入权限，而在网络共享权限中却拥有完全控制权限，实际操作所体现的权限将以本地安全权限为准。

任务实施

任务场景　某宿舍同学合作完成作业时，一人从网上下载了一些相关的文档资料和音视频文件，需要和其他宿舍同学分享使用。因文件容量较大，直接使用 U 盘在几台计算机间复制、传递较为烦琐，费时费力。宿舍内已布有网络，由一台交换机提供局域网络接入点，现需利用 Windows 操作系统提供的网络文件共享功能，将这些资料通过局域网共享。

1. 在 Windows 操作系统中参照表 3-2-2 所列步骤完成对等网络的配置工作。

表 3-2-2　Windows 操作系统中的对等网络配置

操作过程图	操作步骤说明
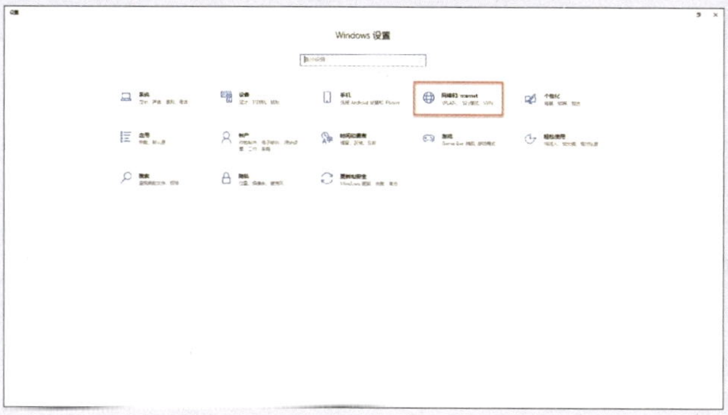	步骤 1 确保两台计算机已经通过无线或有线方式连接到局域网，在两台计算机的操作系统中依次单击“开始”菜单→“设置”，在出现的“Windows 设置”页面中单击“网络和 Internet”。 【思考】 还有什么途径能进入“Windows 设置”页面？

续表

<table>
<tr><th>操作过程图</th><th>操作步骤说明</th></tr>
<tr><td>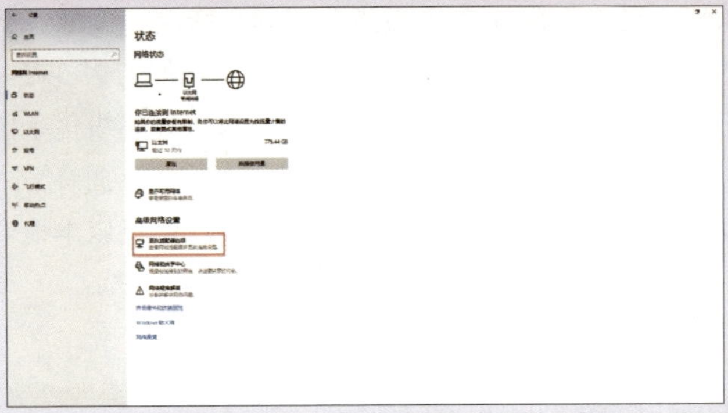</td><td>步骤 2
在“网络和 Internet”页面中依次单击“状态”→“更改适配器选项”。
【思考】
“移动热点”的作用是什么？</td></tr>
<tr><td></td><td>步骤 3
在“网络连接”页面中右键单击已接入对等网络的网络适配器（网卡），在弹出的右键菜单中单击“属性”。
【思考】
当有多个网卡时，如何判断哪个网卡接入了网络？</td></tr>
<tr><td>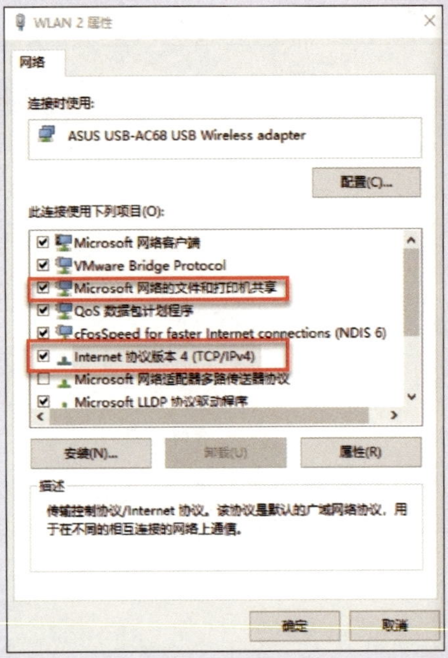
</td><td>步骤 4
在网卡的属性设置对话框中勾选列表中的“Microsoft 网络的文件和打印机共享”复选框，勾选“Internet 协议版本 4（TCP / IPv4）”复选框并双击该项目。</td></tr>
</table>

续表

操作过程图	操作步骤说明
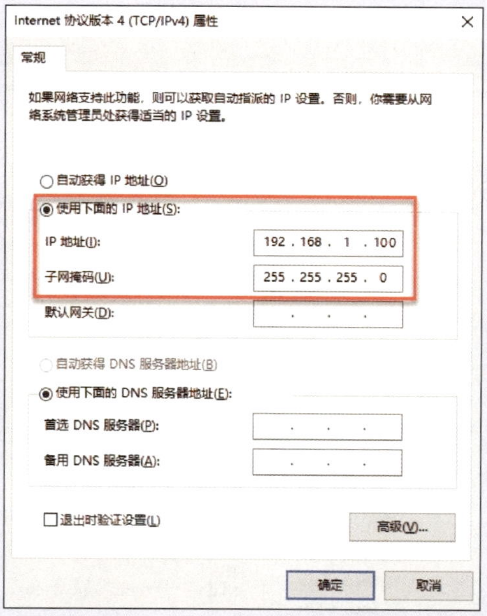	步骤 5 在“Internet 协议版本 4（TCP/IPv4）属性”窗口中输入合适的 IP 地址与子网掩码，并单击“确认”按钮。例如，在本机输入“192.168.1.100”和“255.255.255.0”，在第二台计算机上输入“192.168.1.101”和“255.255.255.0”。具体 IP 地址的设定可根据实际情况进行调整，只要确保相关设备处于同一网段内且 IP 地址不冲突即可。 【思考】 什么时候需要设置默认网关及 DNS?

2. 在 Windows 操作系统中参照表 3-2-3 实施网络共享文件夹的配置。

表 3-2-3　Windows 操作系统中网络共享文件夹的配置

操作过程图	操作步骤说明
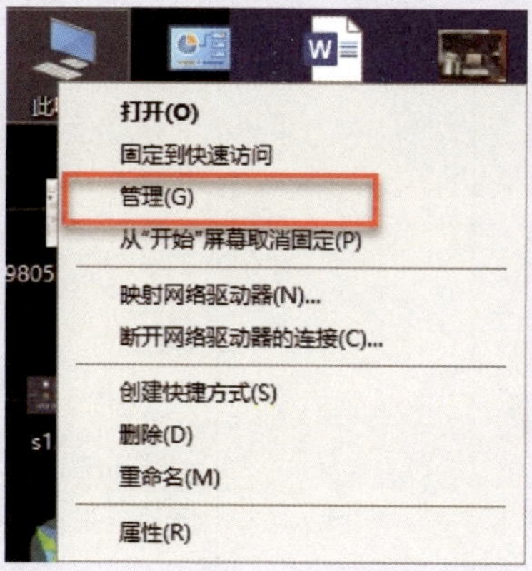	步骤 1 右键单击“此电脑”，在弹出的右键菜单中选择“管理”选项。

续表

<table>
<tr><th>操作过程图</th><th>操作步骤说明</th></tr>
<tr><td>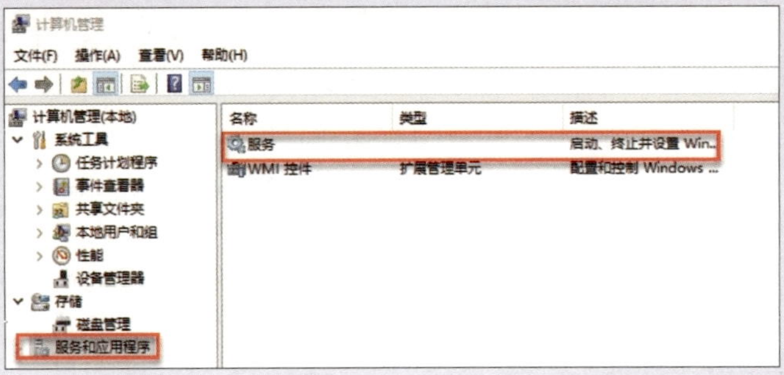
</td><td>步骤 2
在“计算机管理”窗口中依次单击“服务和应用程序”→“服务”。
【思考】
在“计算机管理”窗口中还能实现哪些管理功能？</td></tr>
<tr><td>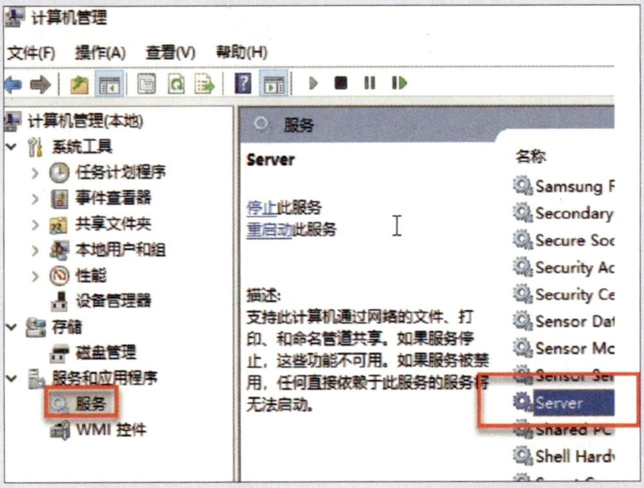
</td><td>步骤 3
在“服务”列表找到并双击“Server”服务项目。
【思考】
如何快速定位到需要配置的服务项目？</td></tr>
<tr><td>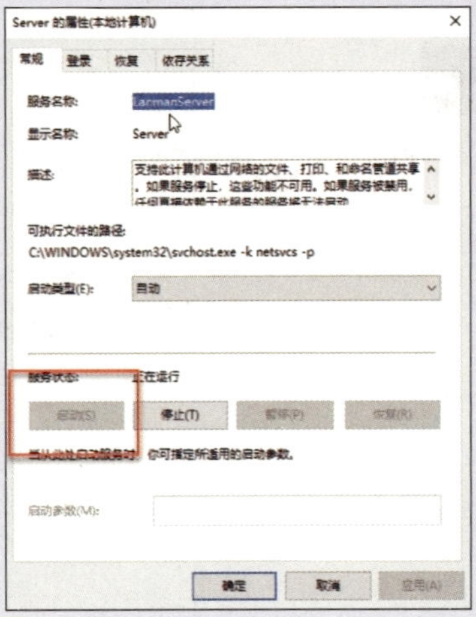
</td><td>步骤 4
在“Server 的属性（本地计算机）”对话框中，检查该服务是否处于正在运行的状态，如未运行，可单击“启动”按钮。
【思考】
“LanmanServer”服务所起到的作用是什么？</td></tr>
</table>

续表

<table>
<tr><th>操作过程图</th><th>操作步骤说明</th></tr>
<tr><td>
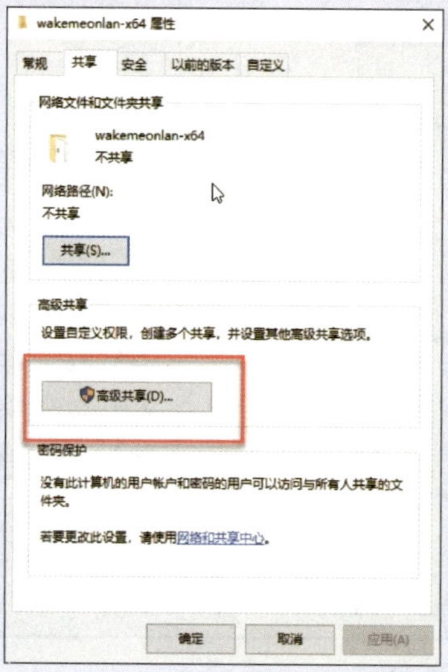

</td><td>

步骤 5

右键单击需要被共享的文件夹，并在弹出的右键菜单中选择“属性”，在文件夹的属性设置对话框的“共享”选项卡下单击“高级共享”按钮。

</td></tr>
<tr><td>
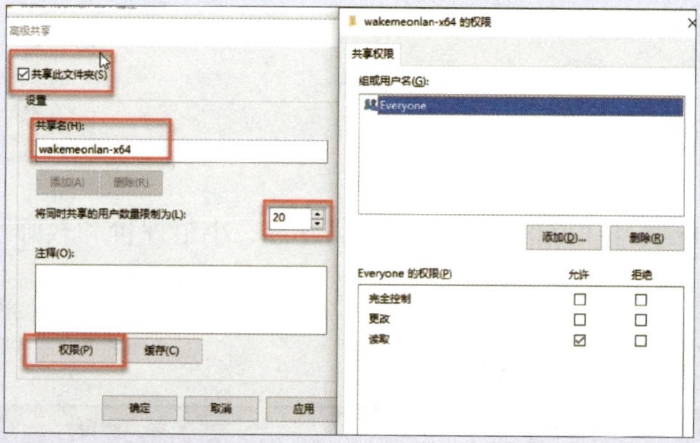

</td><td>

步骤 6

在“高级共享”对话框中勾选“共享此文件夹”复选框，依次设置共享名和共享访问人数限制，单击“权限”按钮添加可以访问该共享文件夹的用户账户。

</td></tr>
<tr><td>
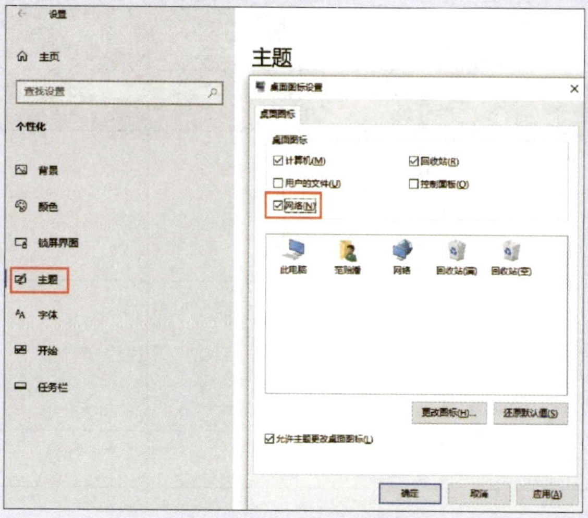

</td><td>

步骤 7

依次单击“开始”菜单→“设置”→“个性化”→“主题”，单击“桌面图标设置”，在打开的窗口中勾选“网络”选项，并单击“确定”按钮。

</td></tr>
</table>

续表

操作过程图	操作步骤说明
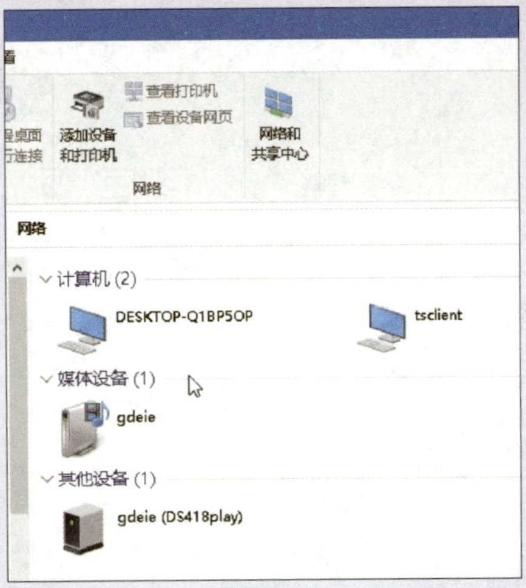	步骤 8 在操作系统桌面上双击“网络”快捷方式，在弹出的窗口中将列出处在同一个对等网络中的设备，双击对应的计算机名称图标，即可访问对应计算机的网络共享文件资源。

考核评价

按照表 3-2-4 中所列的评价项目和评价标准，以自我评价、小组评价和教师评价相结合的方式，对本任务的完成情况进行考核评价。

表 3-2-4　考核评价表

评价项目	评价标准	评价方式及权重			得分
		自我评价	小组评价	教师评价	
		20%	30%	50%	
职业素养	1. 遵守课堂纪律和机房管理制度 2. 学习主观能动性，动手能力 3. 团队协作能力				
专业能力	1. 能叙述对等网络的基本原理和作用 2. 能实现对等网络的配置 3. 能实现对等网络中网络共享文件的配置				
总分（职业素养得分 ×30% ＋专业能力得分 ×70%）					
教师签字		日期			

任务 3　利用 Windows 命令管理计算机

学习目标

1. 能叙述 Windows 命令的作用。
2. 能使用 Windows 命令测试计算机网络的连通性。
3. 能使用 Windows 命令管理 Windows 组件的服务状态。
4. 能使用 Windows 命令简单管理操作系统的用户账户信息。

环境准备

已接入互联网的计算机等。

问题引入

通过互联网检索或查阅相关资料，结合生活经验和常识，小组讨论，回答以下问题，初步了解 Windows 命令的相关知识。

1. 在使用计算机的过程中，除通常的图形界面外，你是否使用过或遇到过图 3–3–1 所示的窗口界面？它们的功能是什么？

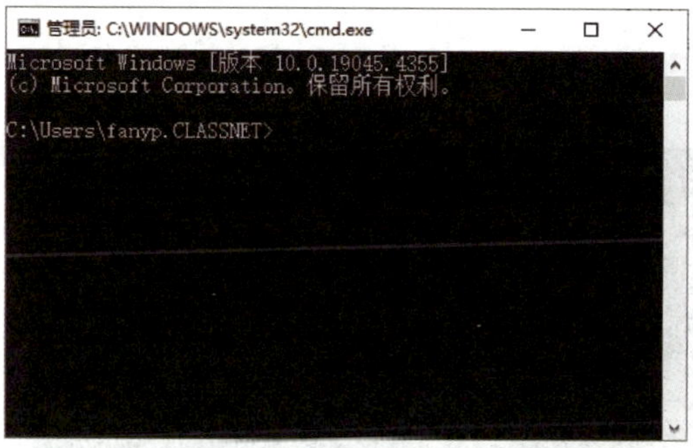

a）

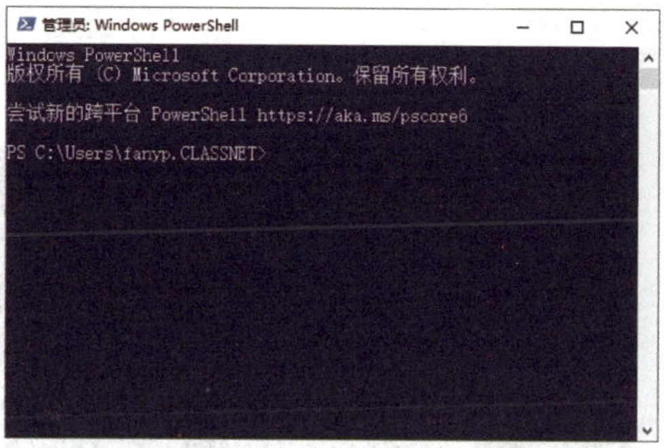

b）

图 3–3–1　Windows 命令窗口
a）cmd 窗口　b）PowerShell 窗口

2. cmd 命令和 PowerShell 命令的功能有什么相同点和不同点？

相关知识

一、Windows 命令的概念

Windows 命令是指在 Windows 操作系统中通过命令提示符（command prompt）或 PowerShell 等工具执行的指令或命令行程序。这些命令通常用于管理计算机系统、文件和文件夹，以及执行各种任务和操作。例如，使用 dir 命令列出当前目录中的文件和文件夹、使用 copy 命令复制文件或文件夹、使用 cd 命令更改当前目录、使用 ipconfig 命令查看网络配置信息等。

二、常用的 Windows 命令

1. ping

ping 命令是专用于 TCP/IP 协议的探测工具，它对测试网络连接状况，以及数据包发送和接收状况非常有用，这是 TCP/IP 协议中最有用的命令之一。它的主要作用是由本地主机发送数据包请求到目标主机，并等待目标主机响应。通过分析数据包发送情况和目标主机的响应时间，ping 命令可以帮助用户判断目标主机在线状态、当前网络的稳定性及延迟情况，如图 3-3-2 所示。

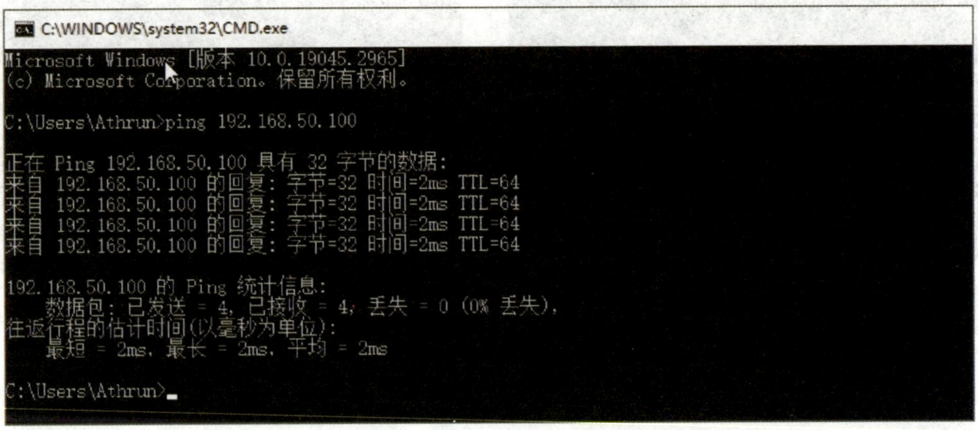

图 3-3-2　ping 命令

2. nbtstat

nbtstat 命令用于显示所有使用基于 NetBIOS 网络协议的网络连接的数据信息，可以得到远程主机的 NetBIOS 信息，如用户名、所属的工作组、网卡的 MAC 地址等，如图 3-3-3 所示。

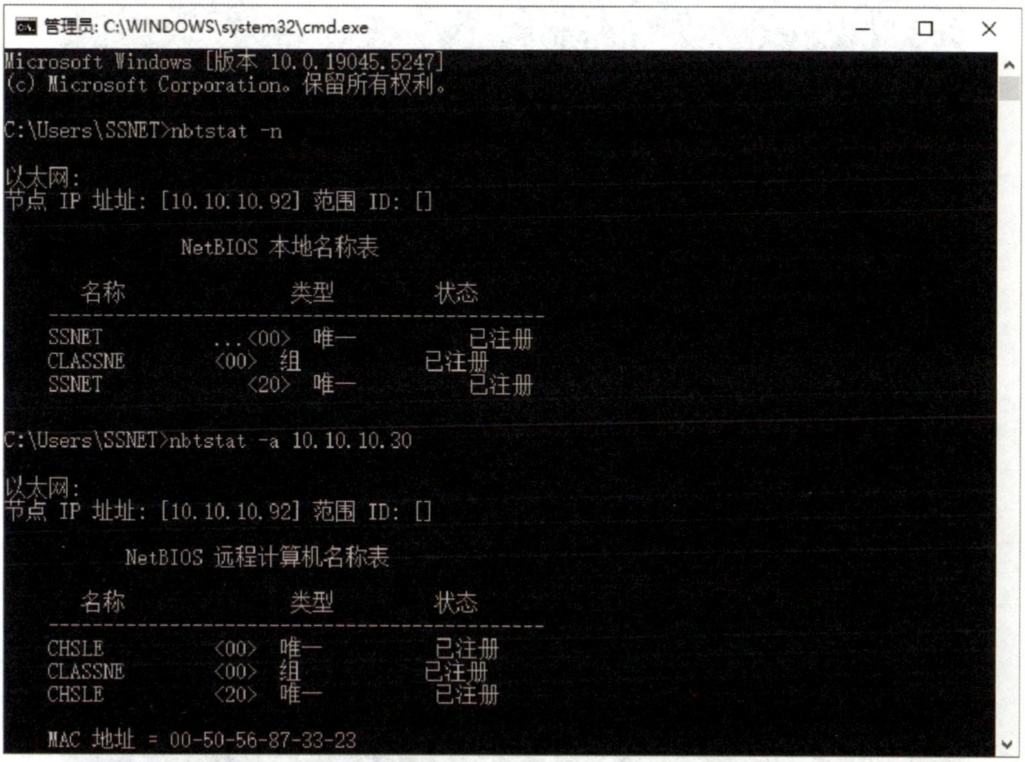

图 3-3-3　nbtstat 命令

nbtstat 命令中，主要参数含义如下：

-a 参数用于通过远程主机的机器名称获取它的 NetBIOS 信息。

-A 参数用于远程主机的 NetBIOS 信息，但需要 IP 地址。

-n 参数用于列出本地计算机的 NetBIOS 信息。

3. netstat

netstat 命令是一个用来查看网络状态的命令，操作简便、功能强大，如图 3-3-4 所示。其参数中，-a 参数用于查看本地计算机的所有开放端口，可以有效地发现和预防木马病毒，以及了解已开放的服务等信息，从执行结果中可以判断该操作系统是否开放了诸如 FTP 服务、Telnet 服务、邮件服务、WEB 服务等功能进程端口。使用 -r 参数可列出当前的路由信息，包括本地机器的网关、子网掩码等信息。

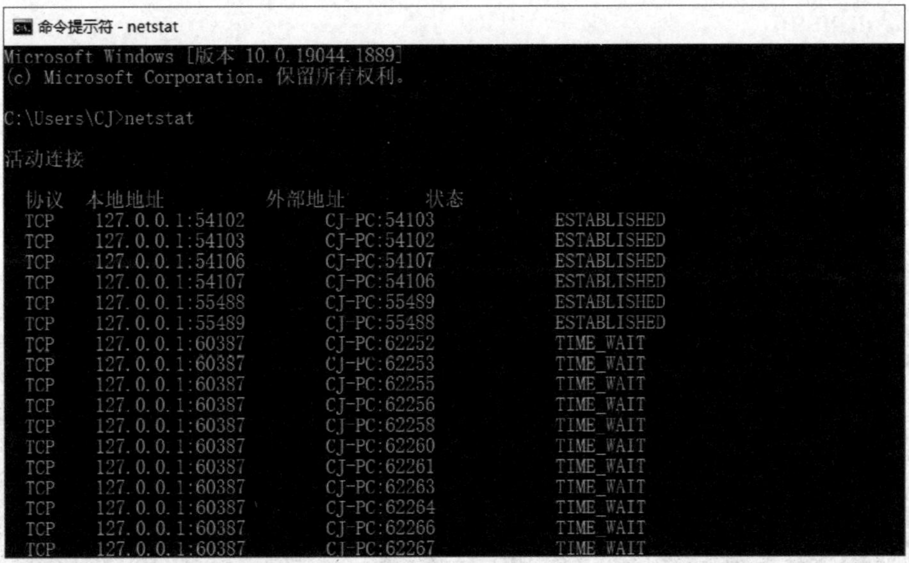

```
命令提示符 - netstat
Microsoft Windows [版本 10.0.19044.1889]
(c) Microsoft Corporation。保留所有权利。

C:\Users\CJ>netstat

活动连接

  协议  本地地址          外部地址        状态
  TCP    127.0.0.1:54102        CJ-PC:54103            ESTABLISHED
  TCP    127.0.0.1:54103        CJ-PC:54102            ESTABLISHED
  TCP    127.0.0.1:54106        CJ-PC:54107            ESTABLISHED
  TCP    127.0.0.1:54107        CJ-PC:54106            ESTABLISHED
  TCP    127.0.0.1:55488        CJ-PC:55489            ESTABLISHED
  TCP    127.0.0.1:55489        CJ-PC:55488            ESTABLISHED
  TCP    127.0.0.1:60387        CJ-PC:62252            TIME_WAIT
  TCP    127.0.0.1:60387        CJ-PC:62253            TIME_WAIT
  TCP    127.0.0.1:60387        CJ-PC:62255            TIME_WAIT
  TCP    127.0.0.1:60387        CJ-PC:62256            TIME_WAIT
  TCP    127.0.0.1:60387        CJ-PC:62258            TIME_WAIT
  TCP    127.0.0.1:60387        CJ-PC:62260            TIME_WAIT
  TCP    127.0.0.1:60387        CJ-PC:62261            TIME_WAIT
  TCP    127.0.0.1:60387        CJ-PC:62263            TIME_WAIT
  TCP    127.0.0.1:60387        CJ-PC:62264            TIME_WAIT
  TCP    127.0.0.1:60387        CJ-PC:62266            TIME_WAIT
  TCP    127.0.0.1:60387        CJ-PC:62267            TIME_WAIT
```

图 3-3-4　netstat 命令

4. net

net 命令是 Windows 网络命令中最重要的一个，包括多个常用的子命令，如图 3-3-5 所示。

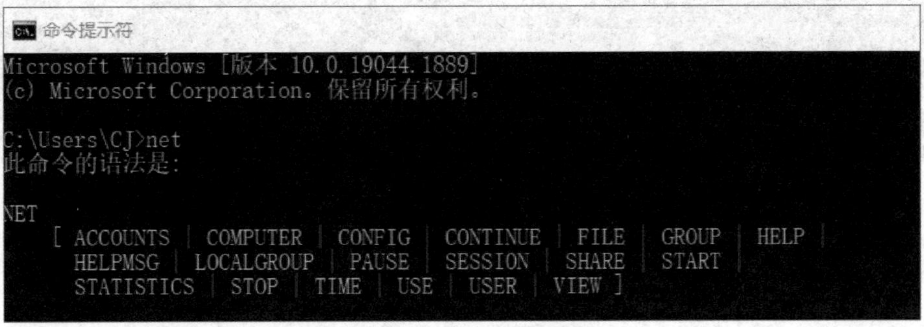

```
命令提示符
Microsoft Windows [版本 10.0.19044.1889]
(c) Microsoft Corporation。保留所有权利。

C:\Users\CJ>net
此命令的语法是:

NET
    [ ACCOUNTS | COMPUTER | CONFIG | CONTINUE | FILE | GROUP | HELP |
      HELPMSG | LOCALGROUP | PAUSE | SESSION | SHARE | START |
      STATISTICS | STOP | TIME | USE | USER | VIEW ]
```

图 3-3-5　net 命令

（1）net view

使用 net view 命令可以查看远程主机的所有共享资源。命令格式为 net view \\IP，其中 IP 为远程主机的 IP 地址。

（2）net use

使用 net use 命令可以把远程主机的某个共享资源映射为本地磁盘盘符，使用户能利用操作系统图形用户界面更为便捷地访问该资源。命令格式为 net use x:\\IP\

sharename，其中 x 为映射到的本地磁盘盘符，可任意设置，但应注意不要与系统中已有盘符冲突，\\IP\sharename 为共享资源的实际路径。

（3）net start

使用 net start 命令可以启动远程主机上的服务。命令格式为 net start "server name"，其中 server name 为具体的服务名。

（4）net stop

当远程主机的某个服务需要被关停时，可使用该命令，命令格式为 net stop "server name"，其中 server name 为具体的服务名。

（5）net user

net user 命令用于查看和管理本地用户账户，包括新建账户、删除账户、查看特定账户、激活账户、禁用账户等。输入不带参数的 net user 命令可以查看所有账户，包括已经禁用的。

带参数的 net user 命令的格式和功能如下：

1）net user abcd 1234 /add：新建一个用户名为 abcd、密码为 1234 的账户，默认为 user 组成员。

2）net user abcd /del：将用户名为 abcd 的账户删除。

3）net user abcd /active:no：将用户名为 abcd 的账户禁用。

4）net user abcd /active:yes：激活用户名为 abcd 的账户。

5）net user abcd：查看用户名为 abcd 的账户的相关信息。

（6）net time

net time 命令用于查看远程主机当前的时间，命令格式为 net time \\IP，其中 IP 为远程主机的 IP 地址。

任务实施

任务场景 1　学院的信息中心对校园网络 DHCP 服务器进行调整，导致实训室所属网段发生变更，从原来的 192.168.1.0 网段变更为 192.168.50.0 网段。现需要对实训室中未能获取新地址的计算机设备重新设置 IP 地址，并测试联网情况。

参照表 3-3-1 所列步骤，使用 Windows 命令快速检测和配置计算机的 IP 地址。

表 3-3-1　使用 Windows 命令快速检测和配置计算机的 IP 地址

<table>
<tr><th>操作过程图</th><th>操作步骤说明</th></tr>
<tr><td>
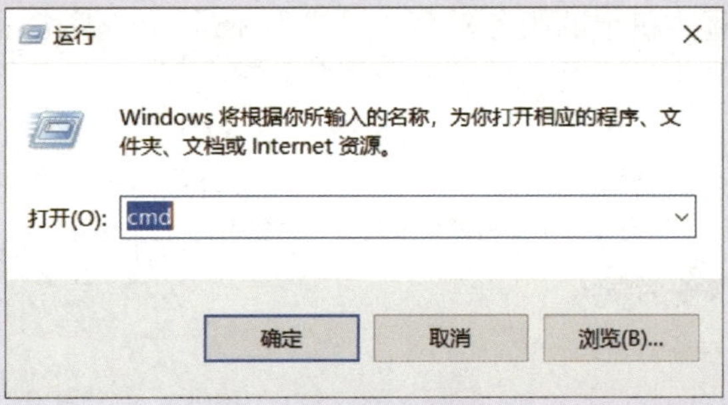

</td><td>步骤 1
启动“运行”程序，在“运行”程序的“打开”一栏中输入 Windows 管理组件名称“cmd”，并单击“确定”按钮。</td></tr>
<tr><td>
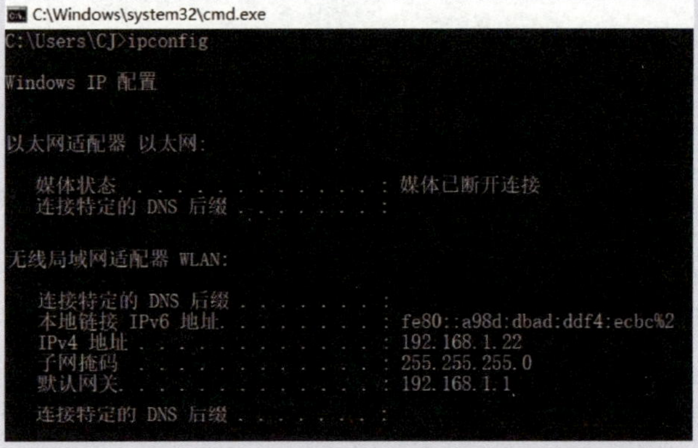

</td><td>步骤 2
输入命令“ipconfig”并按“Enter”键确认，查看本机已配置的 IP 地址信息。可以发现，图示示例中，本机的网络配置并未更新，仍为 192.168.1.0 网段。</td></tr>
<tr><td>
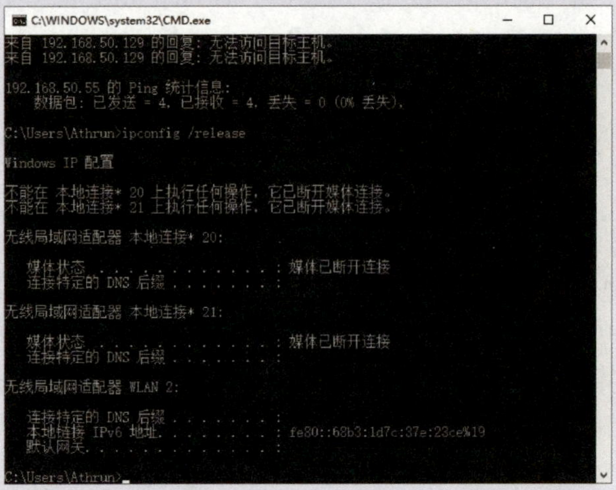

</td><td>步骤 3
使用命令“ipconfig/release”清除现有的网络适配器 IP 地址配置信息。
【思考】
除了使用命令外，还有哪些操作方法能清除现有的网络适配器 IP 地址配置信息？</td></tr>
</table>

续表

<table>
<tr><th>操作过程图</th><th>操作步骤说明</th></tr>
<tr><td>
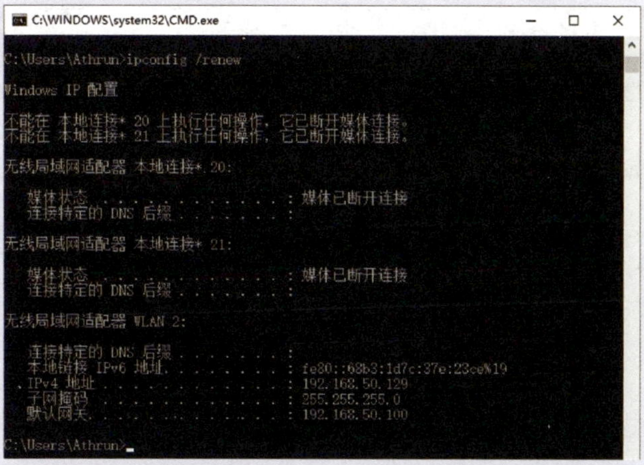

</td><td>
步骤 4

使用命令“ipconfig/renew”从 DHCP 服务器获取最新的 IP 地址配置信息，并写入网络适配器。

【思考】

如何确认已成功获取网络适配器的 IP 地址配置信息？
</td></tr>
<tr><td>
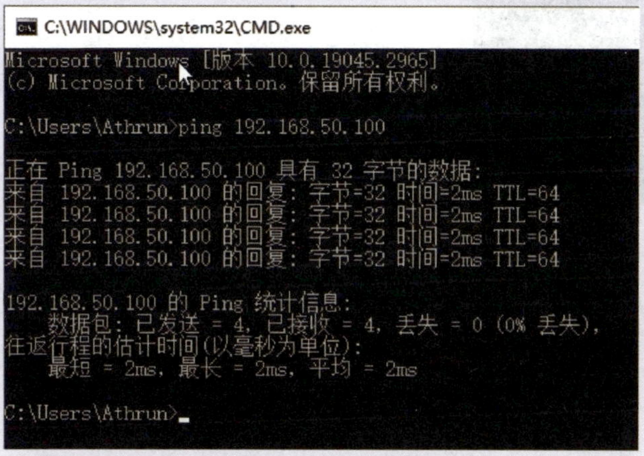

</td><td>
步骤 5

使用命令“ping [目标地址 / 目标域名]”，通过向目标 IP 地址所属设备发送数据包，测试计算机到默认网关的网络通信是否正常。

【思考】

若需连续不断循环发送数据包，应使用什么参数？
</td></tr>
<tr><td>
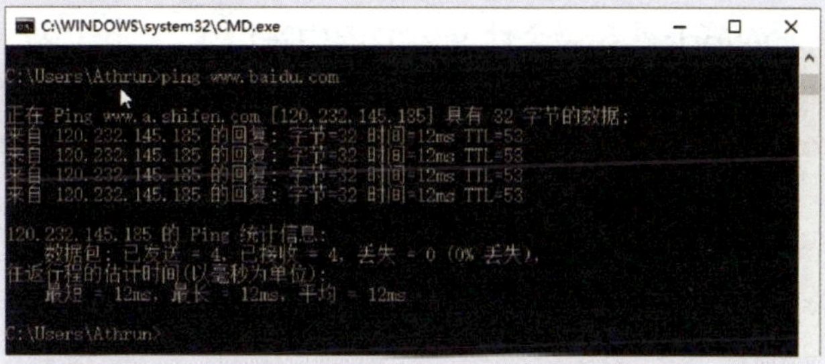

</td><td>
步骤 6

通过命令“ping”发送数据包到百度网站服务器，并根据服务器的反馈信息测试计算机与互联网的数据通信是否正常。
</td></tr>
</table>

任务场景 2　学院新购置了若干办公计算机，在将计算机与打印机进行匹配时，发现由于操作系统中的打印后台处理服务未启动，导致计算机无法正常与打印机进行通信。

参照表 3-3-2 所列步骤，使用 Windows 命令快速开启打印后台处理服务。

表 3-3-2　使用 Windows 命令快速开启打印后台处理服务

操作过程图	操作步骤说明
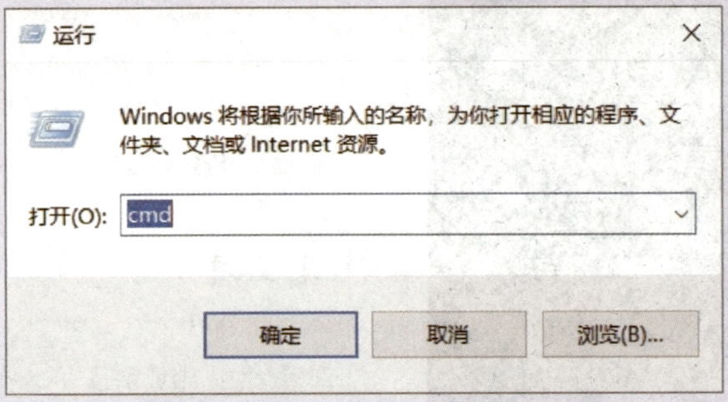	步骤 1 启动“运行”程序，在“运行”程序的“打开”一栏中输入 Windows 管理组件名称“cmd”，并单击“确定”按钮。
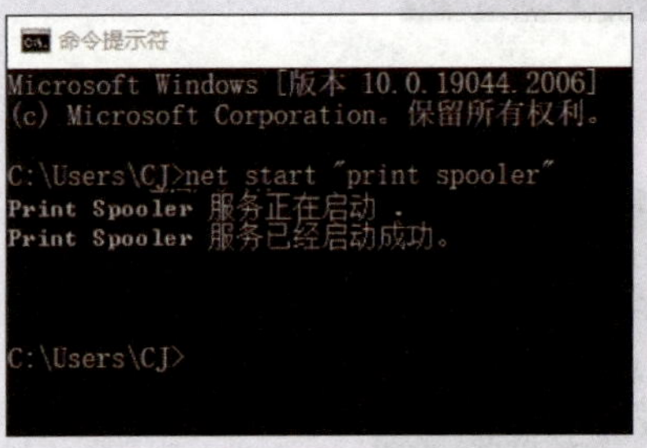	步骤 2 Windows 打印后台处理服务的名称为“print spooler”，使用命令“net start "print spooler"”启动打印后台处理服务。 【思考】 如何禁用“自动更新”服务?

任务场景 3　在完成这批办公计算机打印后台处理服务的启动后，学校要求每台计算机都必须添加一个账户（用户名为 BG，密码为 123456），用于教师日常办公使用。

参照表 3-3-3 所列步骤，使用 Windows 命令快速添加用户账户。

表 3-3-3　使用 Windows 命令快速添加用户账户

操作过程图	操作步骤说明
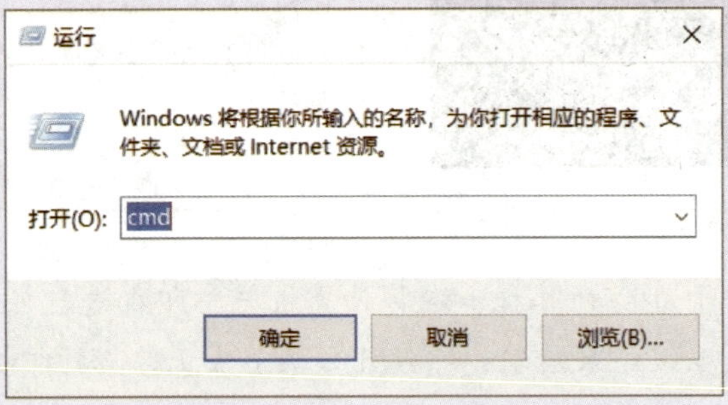	步骤 1 启动“运行”程序，在“运行”程序的“打开”一栏中输入组件名称“cmd”，并单击“确定”按钮。

续表

操作过程图	操作步骤说明
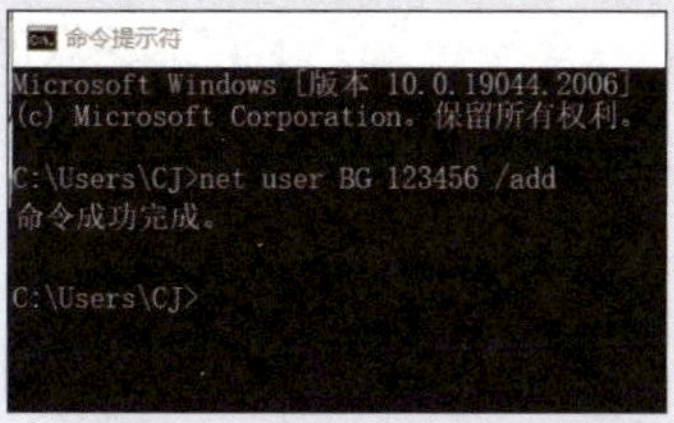	步骤 2 在命令提示符中输入命令“net user BG 123456 /add ”，添加所需的用户名和密码。 【思考】 如何使用 Windows 命令添加一个名为 BG 的用户组？
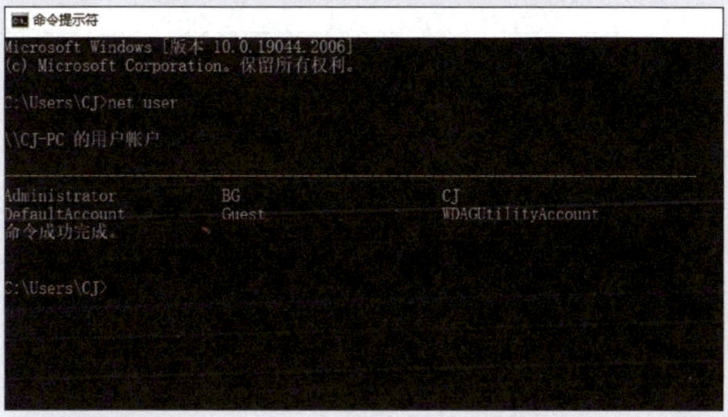	步骤 3 在命令提示符中输入命令“net user”，查看操作系统的用户账户信息，确认新账户已添加成功。 【思考】 如何在 Windows 操作系统图形用户界面中查询用户账户信息？

考核评价

按照表 3-3-4 中所列的评价项目和评价标准，以自我评价、小组评价和教师评价相结合的方式，对本任务的完成情况进行考核评价。

表 3-3-4　考核评价表

评价项目	评价标准	评价方式及权重			得分
		自我评价	小组评价	教师评价	
		20%	30%	50%	
职业素养	1. 遵守课堂纪律和机房管理制度 2. 学习主观能动性，动手能力 3. 团队协作能力				

续表

<table>
<tr><th rowspan="3">评价项目</th><th rowspan="3">评价标准</th><th colspan="3">评价方式及权重</th><th rowspan="3">得分</th></tr>
<tr><th>自我评价</th><th>小组评价</th><th>教师评价</th></tr>
<tr><th>20%</th><th>30%</th><th>50%</th></tr>
<tr><td>专业能力</td><td>1. 能使用 Windows 命令测试计算机网络的连通性
2. 能使用 Windows 命令管理 Windows 组件的服务状态
3. 能使用 Windows 命令简单管理操作系统的用户账户信息</td><td></td><td></td><td></td><td></td></tr>
<tr><td colspan="2">总分（职业素养得分 ×30% +专业能力得分 ×70%）</td><td></td><td></td><td></td><td></td></tr>
<tr><td>教师签字</td><td></td><td colspan="2">日期</td><td colspan="2"></td></tr>
</table>

任务 4　清洁计算机硬件

学习目标

1. 能正确使用各种清洁工具。
2. 能规范清洁和保养计算机的各种常用硬件。
3. 能完成计算机的保养工作。

环境准备

一字旋具、海绵块、清洁剂、油画笔、橡皮擦、纸巾、防静电柔软抹布、洗耳球、吹风机、洗耳球和待清洁的计算机等。

问题引入

通过互联网检索或查阅相关资料，结合生活经验和常识，小组讨论，回答以下问题，初步了解计算机清洁的相关知识。

1. 灰尘、污物等可能会对计算机的正常使用造成哪些影响？

2. 清洁计算机时，能否使用湿毛巾直接擦拭计算机硬件？为什么？

3. 计算机硬件中哪些位置最容易累积灰尘？

相关知识

一、计算机进灰的原因

计算机容易进灰主要有以下两个原因。

1. 冷却风扇运行过程中积累灰尘。计算机运行过程中，冷却风扇会不断地从外界吸入气体，形成循环以降低热量。这样空气中的灰尘微粒、毛发等都被吸了进来，在机箱内部循环后堆积在机箱中的不同位置。

2. 静电吸附灰尘。风扇吸进来的灰尘会被机箱内部的电子设备产生的静电所吸附，因此可以看见电路元件及风扇周围都吸附了大量的灰尘。

二、灰尘对计算机的危害

随着使用，灰尘不断进入计算机内部，日积月累后，在大气水分的作用下，会阻塞散热孔，覆盖散热器，造成主机内部温度过高，元器件寿命会大大缩短，更严重的会产生线路板的绝缘性下降、漏电的情况，进而导致计算机经常死机、计算机越用越慢、CPU 烧毁甚至电容爆浆等故障。

能正常使用的计算机重新启动后却无法正常开机，其可能的原因就是灰尘过多引发的静电让硬件损伤或接触不良。除此之外，灰尘还有可能导致诸如内存或显卡无法识别、网卡无法正常运行、风扇转速变慢甚至无法转动从而使 CPU 温度居高不下等情况。可以说，若灰尘在计算机中积累过多，轻则功耗增加，重则可能造成计算机硬件出现故障，可能成为计算机硬件最大的“隐形杀手”。

任务实施

任务场景 学院计算机实训室中的计算机设备因较长时间未进行清洁，陆续出现各类灰尘累积过多导致的硬件故障，现需要对相关计算机设备进行清洁工作。

1. 拆开实训用计算机，并在表 3-4-1 中记录各硬件的积灰情况。

表 3-4-1 计算机各硬件的积灰情况

硬件名称	设备图示	灰尘量较多	灰尘量一般	干净
鼠标				
键盘				
显示器				
主板				
CPU 风扇				

续表

硬件名称	设备图示	灰尘量较多	灰尘量一般	干净
CPU				
显卡				
内存				
电源				
硬盘				

2. 根据图 3-4-1 识别计算机所需的清洁工具，并完成表 3-4-2 中的内容。

图 3-4-1　清洁工具

表 3-4-2　清洁工具的名称及作用

工具名称	序号	作用
清洁剂		
洗耳球		
吹风机		
油画笔		
毛巾		
防静电柔软抹布		
橡皮擦		
棉签		

3. 根据表 3-4-3 中的内容，完成计算机的清洁。

表 3-4-3　计算机的清洁

操作过程图	操作步骤说明
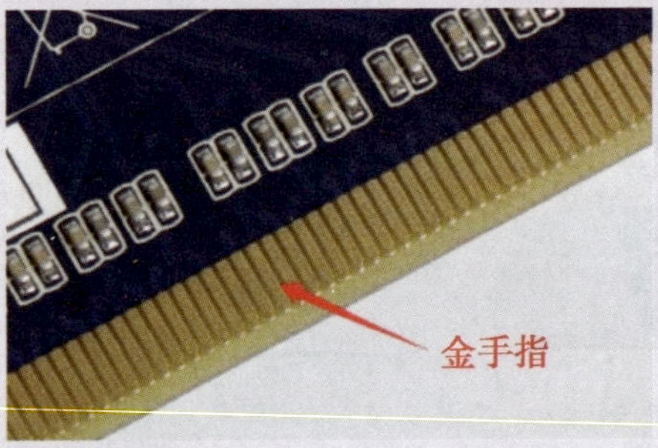	步骤 1　清理扩展卡 若计算机主板安装有显卡、声卡、网卡等扩展卡，需先将这些扩展卡取出，然后使用油画笔清扫扩展卡上的灰尘。使用吹风机清除扩展卡上的卫生死角的灰尘，如引脚附近，然后再用油画笔清扫一遍。

续表

操作过程图	操作步骤说明
	步骤 2　清理内存 清理内存与清理扩展卡方法相同，使用橡皮擦擦拭内存上的金属触点，去除上面的氧化层。 【思考】 擦拭金属触点时，应选用什么类型的橡皮擦?
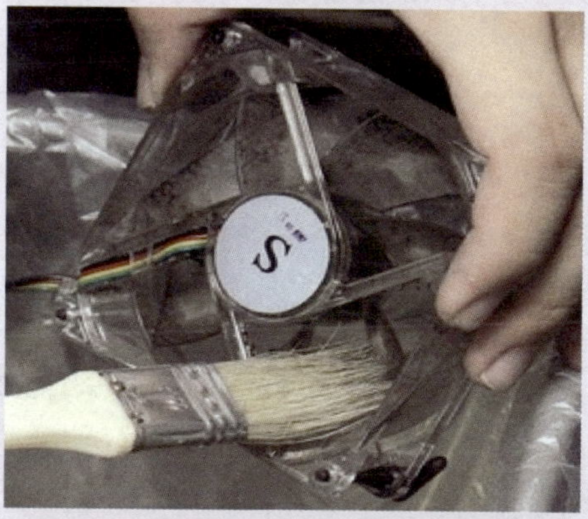	步骤 3　清理 CPU 风扇 把 CPU 风扇拆下，将小风扇和散热片分开进行清理。在清洁小风扇时先用油画笔用力清扫，然后再用吹风机吹，对于擦不掉的污迹可以尝试使用毛巾蘸水进行擦拭。
	【小技巧】 若风扇在通电启动后发出很大的噪声，其原因通常是风扇使用太久导致轴承润滑机油流失。此时可以掀开风扇轴承上的保护膜（保护塞），往里面添加润滑油，然后转动扇叶让润滑油渗透到轴承中，用量只需刚好填满轴承凹槽即可。
	步骤 4　清理 CPU 散热器 将 CPU 散热器从主板底座中拆卸下来，然后用油画笔和洗耳球清扫各个散热片，对于较深且较密集导致较难清洁的散热片，可用纸巾包在牙签或类似辅助工具上，再将其推进散热片间的槽中进行来回擦拭，最后再用吹风机吹净。

续表

操作过程图	操作步骤说明
	步骤5　清理电源 不拆开电源清理时，需要对电源散热孔进行清理，这个位置也是灰尘大量聚积的地方。先用油画笔刷去扇叶和其他通风口处的灰尘，然后用吹风机对着与风扇相对的通风口吹。吹风机较难吹到的角落，可使用吸耳球调整到合适的角度用力吹。
	步骤6　清理硬盘 硬盘的清理较为简单，硬盘的金属外壳可以用纸巾或者干燥的防静电抹布进行擦拭，硬盘反面的电路板先用油画笔轻轻扫去灰尘，然后使用吸耳球吹净即可。
	步骤7　清理主板 查看主板的蒙灰程度，如果主板蒙灰状况良好，则不需要将主板从机箱中拆卸下来。可用油画笔将主板整体清扫一遍后，用吹风机冷风模式将主板及机箱内壁都吹一遍，再用吸耳球把各个插槽和没有清理干净的角落吹净。 如果主板灰尘较多，则需要将主板从机箱中拆卸下来，然后将主板垂直竖立，使用油画笔将正反两面都轻轻刷净，再用洗耳球把各个插槽和没有清理干净的角落吹净。

续表

<table>
<tr><th>操作过程图</th><th>操作步骤说明</th></tr>
<tr><td>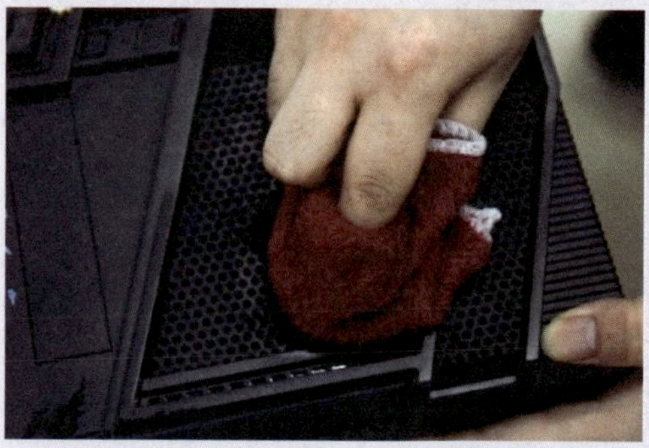</td><td>步骤 8　清理机箱
先用防静电柔软抹布轻轻擦去机箱表面的灰尘和杂物，注意不要用力过大以免划伤表面，然后使用吹风机的冷风挡吹去机箱内部和难以触及角落的灰尘。在清洁机箱外壳时，对于一般污渍，可以先用蘸有温和清洁剂的柔软抹布轻轻擦拭，然后用干净的干抹布擦干，确保不留水渍。需要注意的是，部分机箱外壳涂有特殊涂层，为避免损坏这些保护层并导致外壳氧化，应避免直接使用清洁剂。对于这类机箱，可使用柔软的油画笔轻轻拂去灰尘，或者用略微潮湿的柔软抹布轻轻擦拭，然后立即用干抹布擦干。</td></tr>
<tr><td>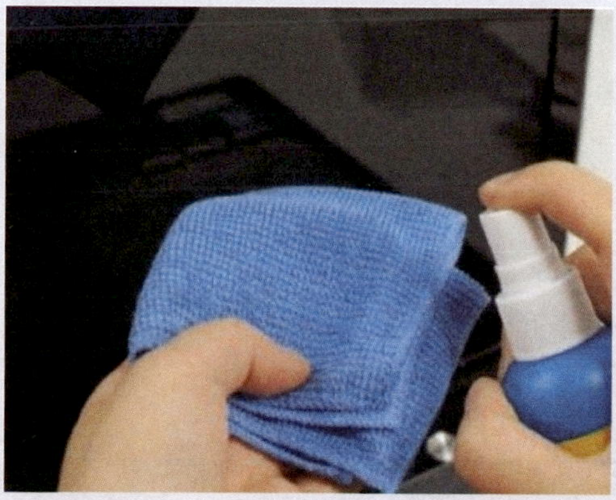</td><td>步骤 9　清洁显示器
首先用一块蘸有温水的防静电柔软抹布将显示器外壳擦干净，然后使用吹风机或洗耳球将显示器散热孔上的灰尘和堆积物清除，再用一块干净的干抹布将显示器屏幕上的灰尘擦掉，最后使用防静电屏幕清洁工具和干净的抹布来清洁屏幕。需要注意的是，部分显示器的屏幕表面涂有特殊涂层，使用酒精、洗洁精等有机溶剂会对屏幕造成损伤。</td></tr>
<tr><td></td><td>步骤 10　清洁键盘
键盘使用久了，按键之间和按键的下面会有碎屑颗粒堆积。若键盘卫生状态良好，可直接用湿抹布进行擦拭，再把键盘底朝上在桌上轻轻敲击，敲出键盘底座的碎屑颗粒。若键盘卫生状态较差，则要使用一字旋具将所有的键帽逐一撬下，使用拧干的抹布对键盘底座进行擦拭，并且用水清洗拆下来的按键。
需要注意的是，撬下按键前应先对键盘进行拍照，以免按键装回时错位，Enter 键、Shift 键和空格键往往有金属杆辅助固定，用力不当可能会导致按键锁扣损坏。</td></tr>
</table>

4. 协助机房完成一台或一台以上的计算机的整体清洁工作，在表 3–4–4 中记录清洁情况。

表 3–4–4　计算机清洁情况记录表

序号	设备名称	灰尘状况	使用工具	清洁心得

考核评价

按照表 3–4–5 中所列的评价项目和评价标准，以自我评价、小组评价和教师评价相结合的方式，对本任务的完成情况进行考核评价。

表 3–4–5　考核评价表

评价项目	评价标准	评价方式及权重			得分
		自我评价	小组评价	教师评价	
		20%	30%	50%	
职业素养	1. 遵守课堂纪律和机房管理制度 2. 学习主观能动性，动手能力 3. 团队协作能力				
专业能力	1. 能正确使用计算机硬件的各种清洁工具 2. 能规范清洁和保养计算机的各种常用硬件				
总分（职业素养得分 ×30% ＋专业能力得分 ×70%）					
教师签字		日期			

任务 5　排除常见计算机故障

学习目标

1. 能叙述计算机硬件的常见故障及判定依据。
2. 能对计算机硬件的常见故障进行排查和处理。
3. 能确认和解决计算机的常见故障。

环境准备

主板故障诊断卡、接入互联网的计算机、DiskGenius 软件等。

问题引入

在使用计算机的过程中，你是否遇到过计算机突然出现故障的情况？你是如何处理的？结合使用经验，填写表 3-5-1。

表 3-5-1　计算机突发故障

问题现象	是否遇到过	处理方法
计算机蓝屏，提示“Memory Error”		
计算机通电开机后，显示器指示灯闪烁，没有图像输出		
计算机通电开机后，发出连续的三长两短的报警声，系统无法启动		
操作系统运行过程中显示器突然无信号，计算机卡死		
计算机开机卡在 Windows 操作系统载入界面无法进入桌面		
复制资料时提示 I/O 写入错误		
系统正常启动，能听见开机声音，但显示器没有图像输出		
开机进入系统后看不到任何硬盘分区		

相关知识

一、计算机维修的基本原则

1. 观察原则

（1）观察计算机主机四周的实际情况，如放置位置、电源状态、外围设备连接情况、温度与湿度等；

（2）观察计算机故障现象、显示内容，对比它们与正常情况时的异同；

（3）观察计算机内部的环境情况，包括灰尘、连接、元器件颜色、硬件形状、指示灯状态等；

（4）观察计算机的软、硬件配置，包括安装了哪些硬件，硬件资源的使用情况，使用的是哪些操作系统，其上又安装了哪些应用软件，硬件驱动程序的版本等。

2. 有利环境原则

有利环境原则是指在待维修设备环境中，仅包括基本的运行硬件 / 软件，和被怀疑有故障的硬件 / 软件，并部署一个干净的操作系统，逐步添加用户常用的硬件和软件，然后进行分析判断，以准确识别并解决问题。

3. 先想后做原则

先分析判断，再进行维修，也就是先想好怎样做、从何处入手，再实际动手。将观察到的现象和相关案例结合起来，遇到不确定的问题时应尽可能地先查阅相关的资料，看有无相应的故障特点、故障排除案例等，再着手维修。

在分析判断的过程中，除了要结合自己的知识、经验来判断外，还需要在条件允许的情况下先向有经验的同事或技术支持工程师咨询和探讨。

4. 先软后硬原则

从整个维修判断的过程看，要先判断是否为操作系统或者软件所导致的故障，优先检查软件问题，当最终确定可以排除软件问题后，再从硬件方面着手检查。

5. 主次分明原则

在某些特殊情况下，计算机出现的故障现象很明显或者很有可能是两个或两个以上的故障导致的（例如，计算机启动过程中显示器无图像输出，但可以确定计算机已处于正常启动状态，在计算机启动完毕后，又有死机的现象出现），这类情况下，应将问题加以划分，逐个解决。根据经验先判断、维修主要的故障现象，当主要的故障修复完成后，再处理次要的故障现象，有时在主要故障处理成功后，作为连带故障的次要故障也可能无意中一并得到解决。

二、计算机维修的基本方法

1. 观察法

观察法是计算机维修中基础且重要的方法，通过观察，应重点了解以下几方面内容：

（1）周围的环境状况，包括可能导致故障的外部诱因；

（2）硬件自身的环境，包括插头连接、插座；

（3）软件所使用的操作系统环境；

（4）用户的操作习惯和操作过程。

需要注意的是，观察不仅要认真，而且要做到全面看待故障现象。

2. 最小系统法

最小系统是指从维修判断的角度来说能保证计算机开机或运行的最基本的运行环境。这一方法主要是先判断在最基本的软、硬件环境中，计算机是否可以正常工作。如果不能正常工作，即可判定最基本的软、硬件有故障，从而起到故障隔离的作用。以一台能正常运行的计算机来说，最小系统可以分为硬件最小系统和软件最小系统两种形式。

硬件最小系统由电源、主板、内存、鼠标、键盘、CPU 和 CPU 散热器组成。在这个系统中，没有任何附加设备的供电线和数据线连接，只有电源到主板的电源线连接。在启动计算机后，通过显示输出及主板报警声来判断这些核心组成部分是否可以正常工作。

软件最小系统由电源、主板、CPU、内存、显卡、显示器、键盘、硬盘，以及一个干净完整的操作系统组成。这个最小系统主要用来判断系统是否可以完成正常的启动与运行。

3. 逐步增加法和逐步减少法

逐步增加法以最小系统为基础，每次只向系统添加一个设备或软件，来检查故障现象是否消失或发生变化，以此来判断并定位故障部位。逐步减少法则与逐步增加法的操作相反。

逐步增加法和逐步减少法相结合，能较快地定位发生在其他非软件导致的故障的部位，提高维修效率。此外，逐步增加法和逐步减少法一般要与替换法配合，才能较为准确地定位故障部位。

4. 隔离法

隔离法是将可能妨碍故障判断的硬件或软件屏蔽起来的一种判断方法。它也是用来将可能相互冲突的硬件、软件隔离来判断故障是否发生变化的一种方法。所谓的隔离，对于软件来说，即停止其运行，或者是将其卸载；对于硬件来说，是指在设备管理器中禁用、卸载其驱动，或将硬件从系统中去除。

5. 替换法

替换法是用正常硬件去代替可能有故障的硬件，以判断故障现象是否消失的一种维修方法。正常硬件可以是同型号的，也可以是不同型号的，根据故障的现象或最小系统法中初步判定的故障类别，来考虑需要进行替换的硬件。

替换的顺序一般从硬件的故障率高低来考虑。故障率高的硬件先进行替换，将与怀疑有故障的硬件相连接的数据线、信号线等进行替换，之后是替换怀疑有故障的硬件、替换供电硬件，最后是替换与之相关的其他硬件。

维修中也可以按先简单后复杂的顺序进行替换，如先替换内存、CPU，后替换主板，又如在判断打印故障时，可先考虑打印机驱动是否有问题，再考虑打印机电缆是否有故障，最后考虑打印机或并口是否有故障等。

6. 比较法

比较法与替换法类似，即用正常硬件与怀疑有故障的硬件进行外观、配置、运行现象等方面的比较，也可在两台计算机之间进行比较。通过比较来判断故障计算机在环境设置、硬件配置方面的不同，从而找出故障部位。

三、主板故障诊断卡的使用

1. 主板故障诊断卡

在每次开机时，BIOS 对系统的电路、存储器、键盘、显示器、硬盘等各个硬件进行自检，并分析系统硬盘配置，对已配置的基本 I/O 设置进行初始化，一切正常后，再引导操作系统。主板故障诊断卡可将主板中 BIOS 内部自检程序的检测结果通过代码一一显示出来，通过查阅代码的含义速查表即可确定计算机的故障所在。主板故障诊断卡的外观如图 3-5-1 所示。

图 3-5-1　主板故障诊断卡的外观

2. 主板故障诊断卡的使用方法

在维修计算机时，通常以显示器是否能显示来判断是否使用主板故障诊断卡。先对关键硬件（CPU、内存、电源）进行测试，关键硬件发生故障时，开机后，自检过程中报错，显示器无显示，此时可将主板故障诊断卡插入扩充槽内，进一步检查判断。

根据卡上显示的代码，查出该代码所表示的故障原因和部位，即可以确定故障所在，尤其在计算机不能引导操作系统、黑屏、扬声器无声等较为复杂的情况下，使用主板故障诊断卡，通过查看代码和主板故障诊断卡上的指示灯，可以快速定位故障所在部位。

主板故障诊断卡常见指示灯的含义见表 3–5–2，常见代码的含义见表 3–5–3。

表 3–5–2 主板故障诊断卡常见指示灯的含义

指示灯名称	含义	说明
CLK	总线时钟指示灯	该指示灯在主板接通电源后应处于常亮状态，否则表示控制总线时钟信号的元器件已经损坏
BIOS	基本输入输出指示灯	主板运行时对 BIOS 有读操作时此灯闪亮（部分主板故障诊断卡不具备该功能）
IRDY	主设备准备完毕指示灯	有 IRDY 信号时此灯闪亮，否则不亮（部分主板故障诊断卡不具备该功能）
FRAME	帧周期指示灯	PCI 插槽有循环帧信号时此灯闪亮，其他时间常亮（部分主板故障诊断卡不具备该功能）
RST	复位指示灯	开机或按下 RESET 开关后此灯亮半秒钟后熄灭，若常亮不熄灭则属异常，可能原因是主板上的复位插针连接了加速开关或复位电路损坏
12 V	12 V 电源指示灯	空板上电时此灯应常亮，否则表示电源存在故障或主板有短路问题
−12 V	−12 V 电源指示灯	空板上电时此灯应常亮，否则表示电源存在故障或主板有短路问题
5 V	5 V 电源指示灯	空板上电时此灯应常亮，否则表示电源存在故障或主板有短路问题
−5 V	−5 V 电源指示灯	空板上电时此灯应常亮，否则表示电源存在故障或主板有短路问题（ISA 插槽特有）
3.3 V	3.3 V 电源指示灯	为 PCI 插槽特有，空板上电时此灯应常亮，有些有 PCI 插槽的主板不具备此电源，则此灯不亮

表 3-5-3　主板故障诊断卡常见代码的含义

代码	意义	说明
00（FF）	主板自检	原因可能是主板或 CPU 没有正常工作
01	处理器测试	表示 CPU 本身没有通过测试，这时应检查 CPU 的相关设备
C1～C5	内存自检	一般表示系统中的内存存在故障
0D	视频通道测试	一般表示显卡未完全通过检测
0D～0F	CMOS 停开寄存器读 / 写测试	一般表示 CMOS 检测未通过
12、13、2B、2C、2D、2E、2F、30、31、32、33、34、35、36、37、38、39、3A	显卡测试	表示显卡无法正常工作
1A、1B、20、21、22	AMI BIOS 存储器测试	一般表示系统中的内存存在故障
C0、CF	CPU 检查	表示 CPU 故障或 CPU 插槽接触不良
C1～C5 循环跳变	检测 BIOS	表示 BIOS 程序、CMOS 芯片或者南桥存在故障
25	北桥检测	表示北桥存在故障

任务实施

任务场景 1　某台式计算机出现故障，能通电，却无法正常启动。现需要利用观察故障表现及使用工具测试等手段来判断故障原因。

1. 根据所列出的故障表现，在表 3-5-4 中选择合适的故障处理方法并画“√”。

表 3-5-4　计算机故障处理方法

故障表现和处理过程	计算机维修的基本方法						
	观察法	最小系统法	逐步增加法	逐步减少法	隔离法	替换法	比较法
故障表现：计算机启动后，自检的过程中，到一定进度后卡死 处理过程：每拔掉一个非核心设备就启动一次计算机，一旦故障不再发生，则故障就出在最后拔掉的硬件上							

续表

故障表现和处理过程	计算机维修的基本方法						
	观察法	最小系统法	逐步增加法	逐步减少法	隔离法	替换法	比较法
故障表现：计算机启动后，自检的过程中，到一定进度后卡死 处理过程：先拔掉无关硬件设备，只保留电源、主板、CPU和内存，然后逐个增加硬件来检查故障。一旦故障发生，则故障就出在最新增加的硬件上							
故障表现：开机后，显示器没有图像输出 处理过程：对相关线缆进行排查后，发现是显示器的电源线接触不良							
故障表现：计算机启动后，显示器没有显示，主机发出“嘟嘟嘟”的提示音 处理过程：只保留计算机开机的核心组件，再次启动后故障依旧存在，更换内存条后故障消失							
故障表现：一台安装有多个硬盘的计算机启动后，显示器屏幕显示“Hard Disk Not Found.” 处理过程：对硬盘所用的供电线进行相互替换，再次启动后故障依旧存在，给主板放电后，故障消失							
故障表现：一台安装有多个硬盘的计算机运行过程中，操作系统偶尔卡死 处理过程：插拔内存条多次故障依旧存在，在另一台计算机上插入该内存条，一切正常，证明主板内存插槽有故障							

2. 利用主板故障诊断卡对实训用计算机进行测试，观察故障现象并将其填写在表3-5-5中。

表3-5-5　主板故障诊断卡获取的故障记录

故障问题	故障设备	故障表现	错误信息提示	提示音	主板故障诊断卡代码
逐个移除PS/2接口的鼠标和键盘	键盘				
	鼠标				
移除内存	内存				
移除硬盘数据线	硬盘				

续表

故障问题	故障设备	故障表现	错误信息提示	提示音	主板故障诊断卡代码
移除显卡	显卡				
移除主板电池	电池				

任务场景 2 某计算机近期开机后，出现“No partition bootable”或者“Reboot and Select proper Boot device or Insert Boot Media in selected Boot device”错误提示，无法正常启动。

根据错误提示，故障为找不到启动分区或找不到可启动媒体，这一般是由于木马病毒破坏或操作失误，造成主分区无法激活，导致计算机无法正常启动。

参照表 3-5-6 所列步骤激活操作系统所在的主分区，解决该故障。

表 3-5-6 硬盘分区无激活故障修复

<table>
<tr><th>操作过程图</th><th>操作步骤说明</th></tr>
<tr><td>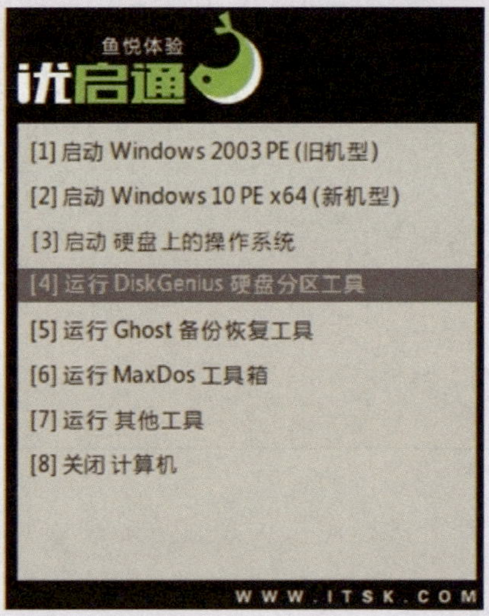
</td><td>步骤 1
下载“优启通”U 盘启动盘制作工具制作好相关的系统启动光盘或者 U 盘，然后启动计算机，并在 BIOS 中设置从以上设备引导系统，进入相关引导界面并选择“运行 DiskGenius 硬盘分区工具”。
【思考】
除了通过引导界面外，还有什么途径能运行 DiskGenius 硬盘分区工具？</td></tr>
<tr><td>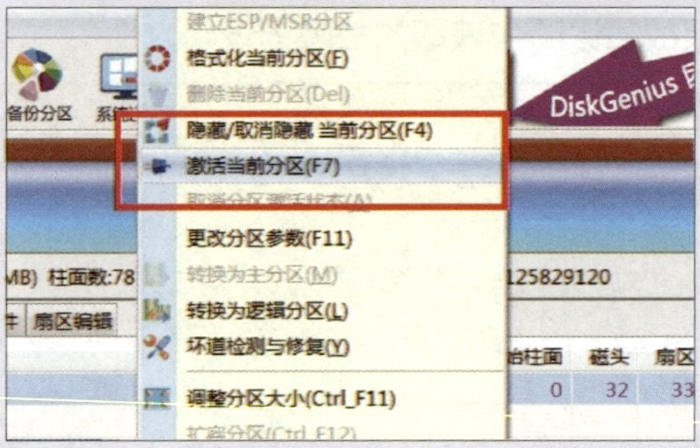
</td><td>步骤 2
在硬盘分区状态栏中右键单击安装有操作系统的分区，一般是主分区。在弹出的快捷菜单中选择“激活当前分区”。</td></tr>
</table>

续表

操作过程图	操作步骤说明
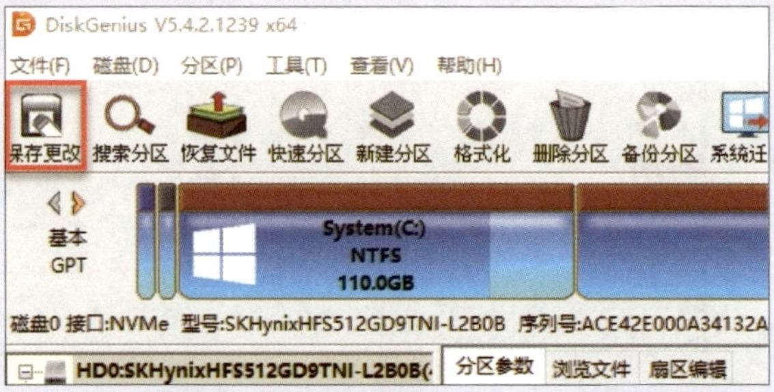	步骤 3 在常用工具栏中单击“保存更改”按钮，对刚才的硬盘修改操作进行保存。
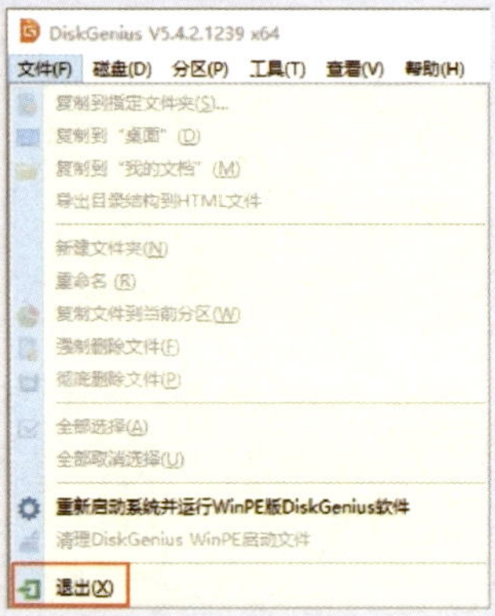	步骤 4 在软件顶部菜单栏中选择“文件”，在弹出的子菜单中选择“退出”。

任务场景 3　某计算机近期开机后，出现“Invalid Partition Table”错误提示，操作系统无法正常启动。

根据错误提示，故障为分区表失效（分区丢失），此故障一般是由于木马病毒破坏或者操作失误造成分区表错误导致的。

参照表 3-5-7 所列步骤修复计算机的分区表，排除该故障。

表 3-5-7　分区表丢失故障修复

操作过程图	操作步骤说明
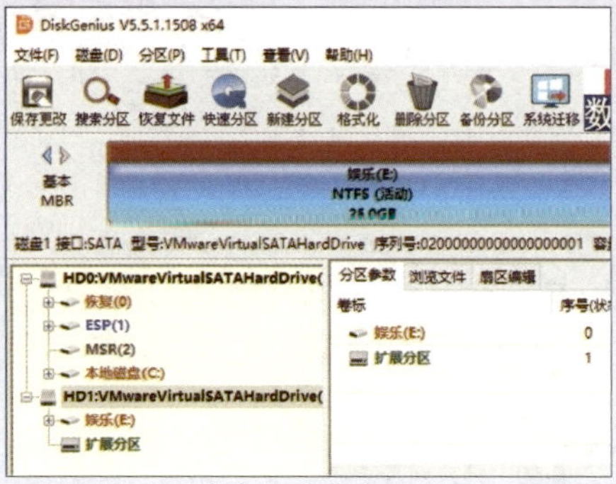	步骤 1 在 DiskGenius 硬盘分区工具主界面左侧的树状硬盘列表中选择丢失了分区的整块硬盘。

续表

操作过程图	操作步骤说明
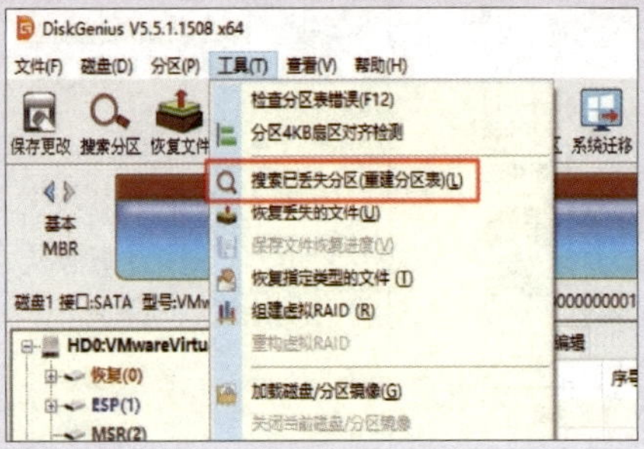	步骤 2 单击软件顶部菜单栏中的“工具”菜单，在展开的菜单中选择“搜索已丢失分区（重建分区表）”。
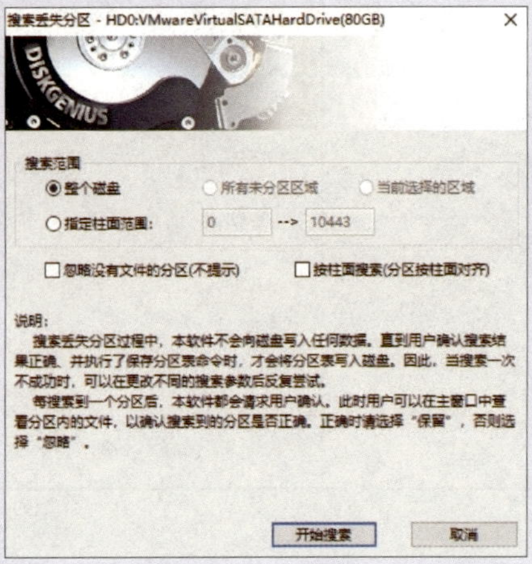	步骤 3 在“搜索丢失分区”对话框中的“搜索范围”栏中选择“整个磁盘”就可以对所有分区进行扫描以便进行恢复，如果只是丢失其中的一个或两个分区，可以通过估算的柱面范围并进行搜索设置，加快分区搜索速度。如果需要选择其他功能，如丢失的某个分区里面没有文件无须恢复，可勾选“忽略没有文件的分区（不提示）”。
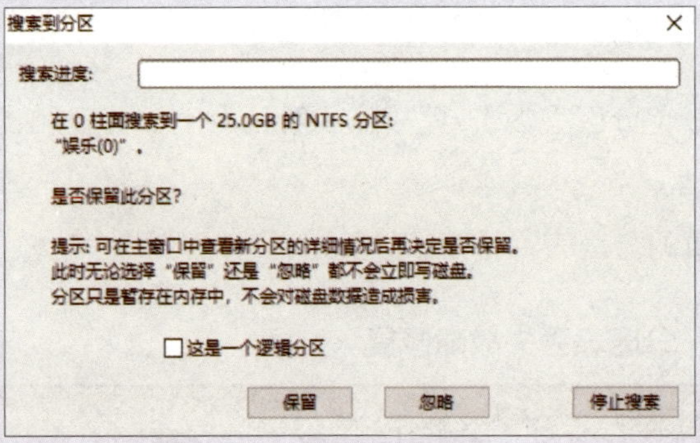 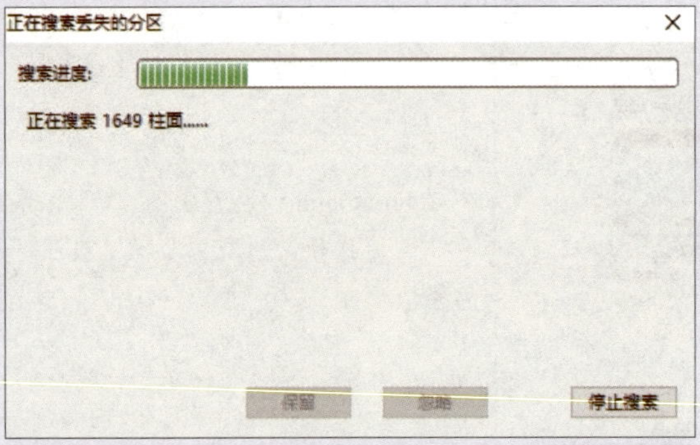	步骤 4 在搜索丢失分区的过程中，若确认找到的是需要恢复的丢失分区，则单击“保留”按钮，软件会将该分区保留下来，然后继续查找其他分区。 如果找到的分区与丢失的分区不同，则应单击“忽略”按钮。例如，硬盘的逻辑分区原有四个分区，但是提示中显示只有三个，那么则应单击“忽略”按钮，否则恢复的分区会有错误。

续表

操作过程图	操作步骤说明
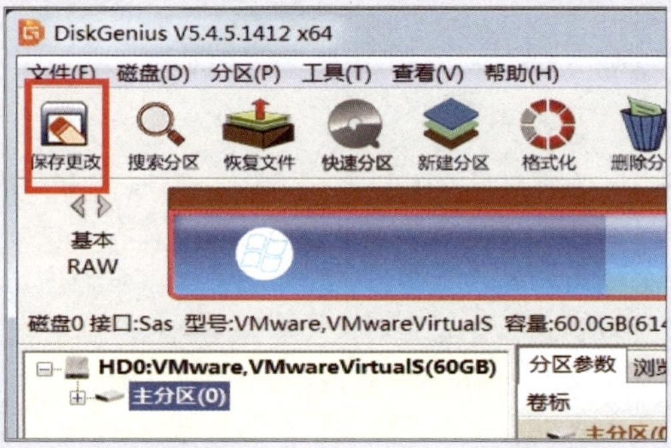	步骤 5 找到丢失的分区后，单击常用工具栏上的“保存更改”按钮，等待软件处理之后，系统便会恢复原来的分区列表。

任务场景 4　某计算机近期开机后，在引导系统的过程中出现蓝屏错误提示，或在使用过程中突然黑屏死机，重装系统后问题依旧。

根据故障现象分析，应判断为硬件所导致的故障，并且根据具体描述来看，有可能是硬盘出现坏道故障导致的一系列故障。

参照表 3-5-8 所列步骤对计算机硬盘进行扫描和修复，尝试排除该故障。

表 3-5-8　硬盘坏道故障检查与修复

操作过程图	操作步骤说明
	步骤 1 在 DiskGenius 硬盘分区工具左侧的树状列表中，选中需要进行硬盘坏道扫描的整块硬盘。
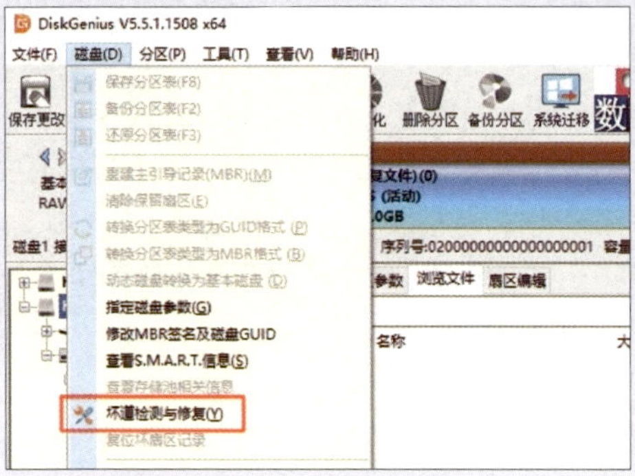	步骤 2 在软件顶部菜单栏单击“磁盘”菜单，在展开的菜单中选择“坏道检测与修复”进行坏道扫描。

续表

操作过程图	操作步骤说明
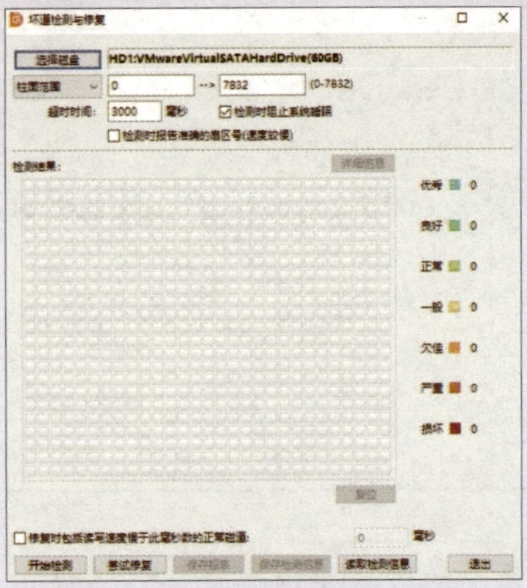	步骤 3 在“坏道检测与修复”窗口中单击“开始检测”按钮就可以对整个硬盘的分区进行坏道扫描。如需对硬盘某个部分进行扫描，可以粗略计算柱面范围后，设置相关搜索参数，包括扫描硬盘扇区的响应时间（即超时时间，扫描时间超过此值的扇区也将视作存在坏道），提升扫描效率。
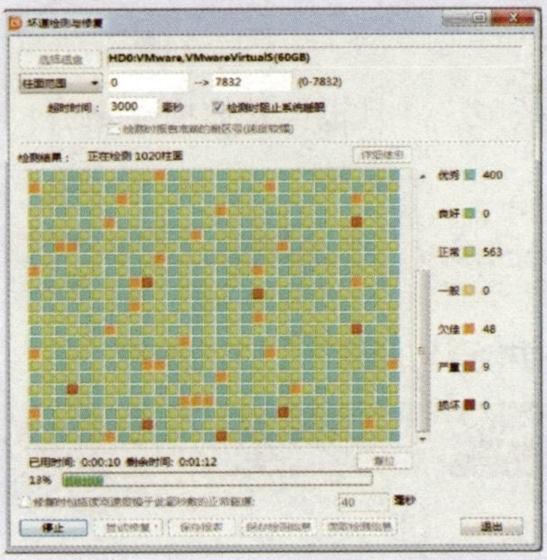	步骤 4 软件会在窗口中间的视图中将扫描结果直接显示出来，不同图例代表不同的含义，具体可以参考窗口右侧的图例说明。将鼠标移动到某个具体模块上，也可以显示出该模块的相关信息，如扇区号和柱面号等。检测过程中遇到坏道时，检测速度会变慢。
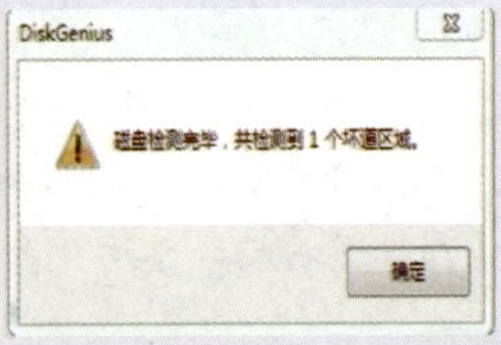	步骤 5 扫描完毕后，软件会将坏道统计出来并进行提示。
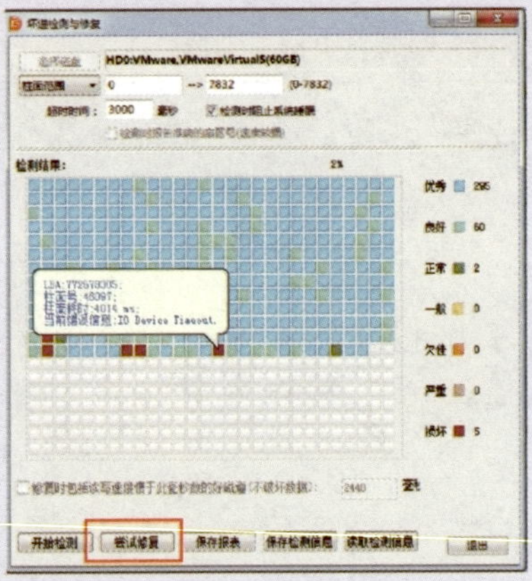	步骤 6 单击“尝试修复”按钮会出现相关的提醒供用户确认，这是因为在对坏道的修复过程中会有很大概率破坏相关区域的数据有效性，需要用户确认无误后才可以继续执行。因修复坏道耗时较长，也可以在进行修复前对本次的检测信息进行保存，以便下次载入相关的坏道信息，继续进行修复或检查。

续表

操作过程图	操作步骤说明
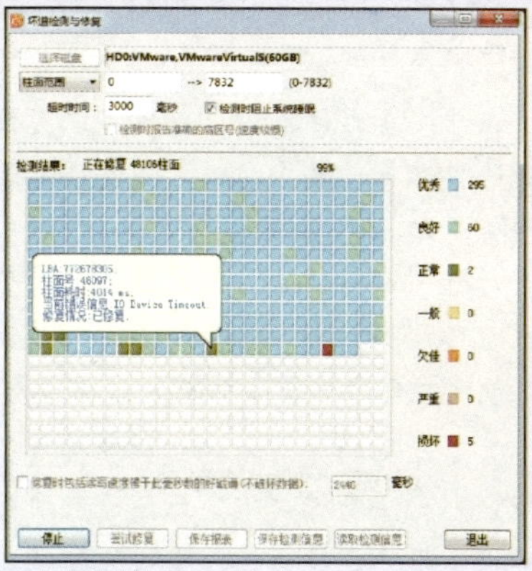	步骤 7 修复成功后会弹出提示框告诉用户修复了多少坏道，而在扫描窗口中的坏道的图标会发生改变。需要注意的是，即使坏道已经修复，为了数据安全，建议不再使用已出现坏道的硬盘，尤其不要在其上存放重要数据。

任务场景 5　某计算机硬盘内的重要数据文件因误操作被删除，现需对被误删的数据文件进行恢复。

一般情况下，操作系统在删除文件时的基本原理是对被删除文件做“删除标记”，并将文件数据占用的硬盘空间标记为“空闲”，因此，实际上文件的内容并没有真正被清除，仍保留在硬盘上。只要删除文件后没有建立新的文件、没有写入新的数据将其覆盖，那么这些被删除的文件就不会被破坏，有一定的可能加以恢复。

参照表 3-5-9 所列步骤对计算机硬盘进行扫描，尝试恢复被误删除的数据文件。

表 3-5-9　硬盘被误删数据文件的恢复

操作过程图	操作步骤说明
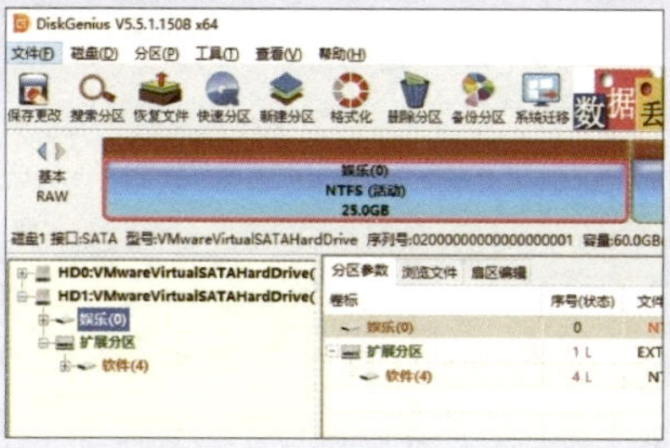	步骤 1 选中需要进行误删文件恢复的整块硬盘或某个具体分区。
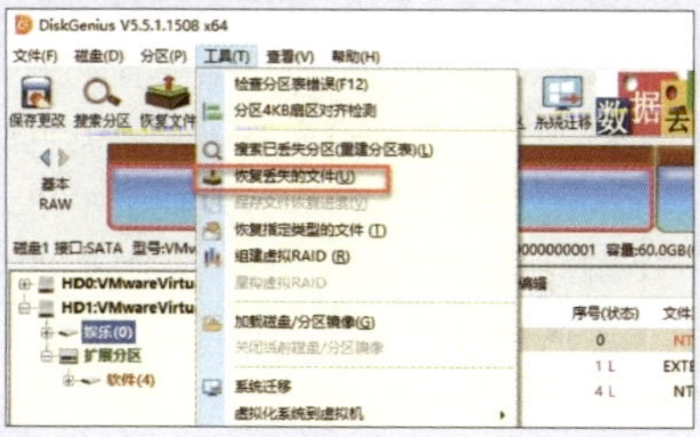	步骤 2 单击软件顶部菜单栏中的“工具”菜单，在展开的菜单中选择“恢复丢失的文件”，开启文件恢复过程。

续表

操作过程图	操作步骤说明
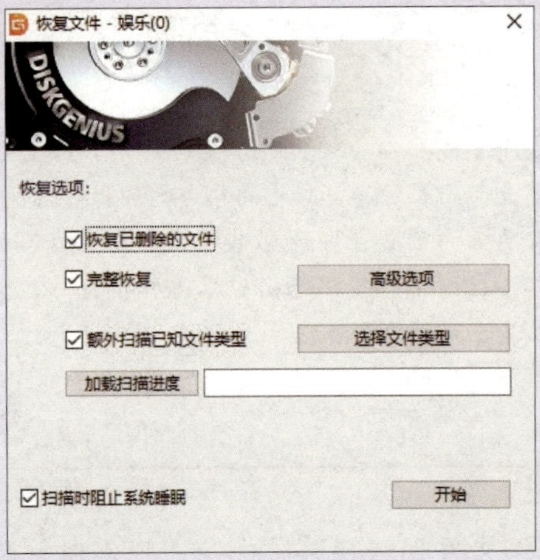	步骤 3 在“恢复文件”对话框中可以对恢复模式进行选择，其中勾选“恢复已删除的文件”复选框只会恢复最近被删除的文件；而勾选“完整恢复”复选框则会对整个分区进行检测扫描，将分区里曾经被删除但又没有被新数据覆盖的文件扫描出来。 需要注意的是，勾选“完整恢复”复选框后则无法勾选“恢复已删除的文件”复选框。用户还能通过对需要恢复的文件类型进行适当的筛选来提升扫描效率。设置完毕后，单击“开始”按钮进行扫描。
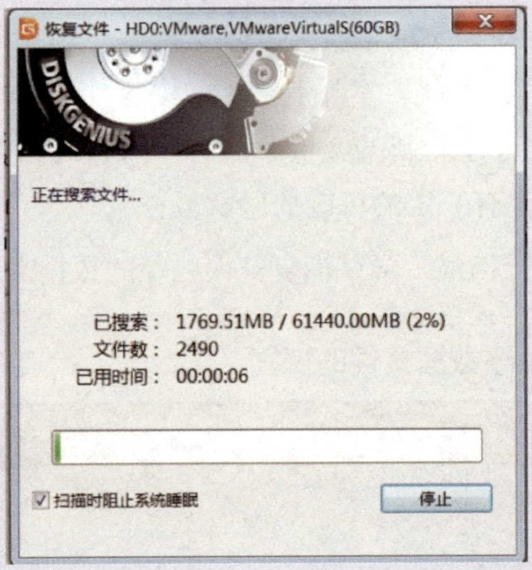	步骤 4 在扫描窗口中可以查看到已找到的文件数量和整个扫描进度。
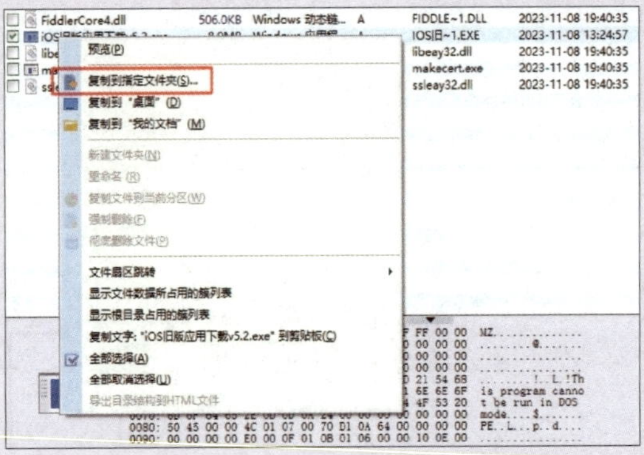	步骤 5 搜索完成后，“恢复文件”窗口自动关闭。软件主界面将显示搜索到的文件，每个已删除文件的前面都有一个复选框，左侧的文件夹层次图中的条目也加上了复选框。可以根据需要勾选需要恢复的文件并单击右键，在弹出的右键菜单中选择“复制到指定文件夹”选项，将文件复制到其他位置。

续表

<table>
<tr><th>操作过程图</th><th>操作步骤说明</th></tr>
<tr><td>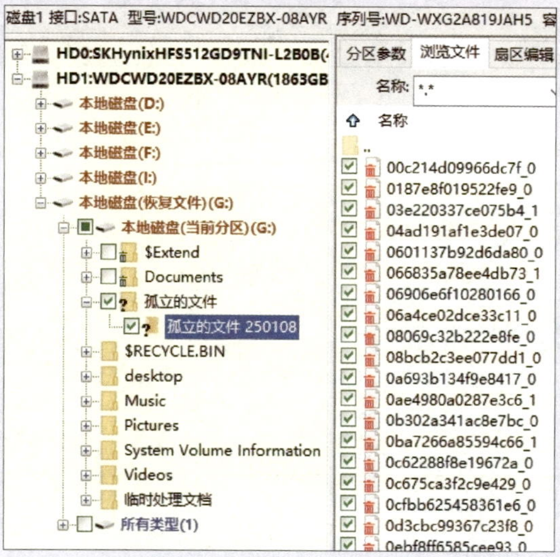
</td><td>步骤 6

对于不能确定归属的文件及文件夹，软件将它们统一放到一个名为“丢失的文件”的内存文件夹中。如果在原位置找不到要恢复的文件，可以尝试在“丢失的文件”文件夹中查找文件。</td></tr>
<tr><td>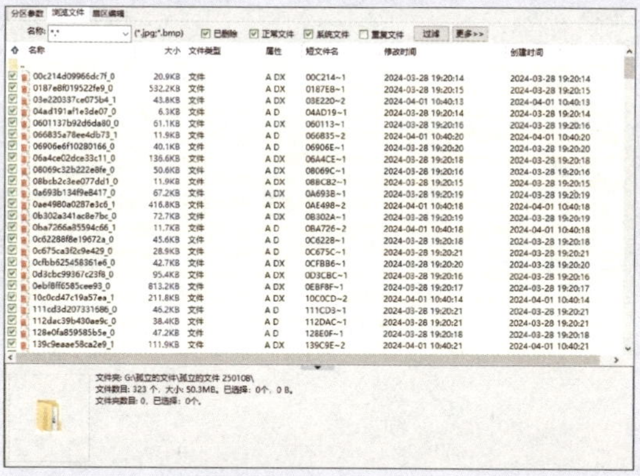</td><td>【小技巧】

恢复文件列表中的“属性”栏中对已删除文件增加了“D”和“X”两个标记。“D”表示这是一个已删除的文件。“X”表示这个文件的数据可能已被部分或全部覆盖，文件数据完全恢复的可能性较小。为方便用户识别搜索到的文件，可以让软件同时显示未删除的正常文件，方法是在“浏览文件”子窗口顶部勾选“正常文件”复选框。

需要注意的是，正常文件没有复选框，不可选择。</td></tr>
</table>

考核评价

按照表 3-5-10 中所列的评价项目和评价标准，以自我评价、小组评价和教师评价相结合的方式，对本任务的完成情况进行考核评价。

表 3-5-10　考核评价表

评价项目	评价标准	评价方式及权重			得分
		自我评价	小组评价	教师评价	
		20%	30%	50%	
职业素养	1. 遵守课堂纪律和机房管理制度 2. 学习主观能动性，动手能力 3. 团队协作能力				
专业能力	1. 能运用计算机故障排查和处理的基本原则和基本方法进行故障处理 2. 能利用相关检测工具定位并排除常见的计算机故障 3. 能灵活利用相关软件处理硬盘数据文件的常见故障				
总分（职业素养得分 ×30%＋专业能力得分 ×70%）					
教师签字		日期			